国家社科基金后期资助项目
出版说明

　　后期资助项目是国家社科基金设立的一类重要项目，旨在鼓励广大社科研究者潜心治学，支持基础研究多出优秀成果。它是经过严格评审，从接近完成的科研成果中遴选立项的。为扩大后期资助项目的影响，更好地推动学术发展，促进成果转化，全国哲学社会科学工作办公室按照"统一设计、统一标识、统一版式、形成系列"的总体要求，组织出版国家社科基金后期资助项目成果。

全国哲学社会科学工作办公室

国家社科基金
后期资助项目
GUOJIA SHEKE JIJIN HOUQI ZIZHU XIANGMU

《巴黎协定》遵约机制研究

Research on the Compliance Mechanism of
the Paris Agreement

冯帅 著

法律出版社
LAW PRESS·CHINA

——北京——

图书在版编目(CIP)数据

《巴黎协定》遵约机制研究 / 冯帅著. -- 北京：
法律出版社，2023
ISBN 978 - 7 - 5197 - 8129 - 3

Ⅰ. ①巴… Ⅱ. ①冯… Ⅲ. ①气候变化 - 研究 - 世界
Ⅳ. ①P467

中国国家版本馆 CIP 数据核字〔2023〕第 138570 号

《巴黎协定》遵约机制研究 《BALIXIEDING》 ZUNYUE JIZIII YANJIU	冯 帅 著	策划编辑 徐 菲 责任编辑 徐 菲 装帧设计 李 瞻

出版发行 法律出版社	**开本** 710 毫米 × 1000 毫米 1/16
编辑统筹 法律考试・职业教育出版分社	**印张** 15 **字数** 255 千
责任校对 王 丰 郭艳萍	**版本** 2023 年 10 月第 1 版
责任印制 胡晓雅	**印次** 2023 年 10 月第 1 次印刷
经 销 新华书店	**印刷** 北京虎彩文化传播有限公司

地址:北京市丰台区莲花池西里 7 号(100073)

网址:www. lawpress. com. cn   销售电话:010 - 83938349

投稿邮箱:info@ lawpress. com. cn   客服电话:010 - 83938350

举报盗版邮箱:jbwq@ lawpress. com. cn   咨询电话:010 - 63939796

版权所有・侵权必究

书号:ISBN 978 - 7 - 5197 - 8129 - 3   定价:62.00 元

凡购买本社图书,如有印装错误,我社负责退换。电话:010 - 83938349

基金项目
国家社会科学基金后期资助项目，项目批准号：21FFXB050

中英文及缩略语对照表

序号	中文全称	英文全称	英文简称
1	世界大都市气候先导集团	C40 Cities Climate Leadership Group	C40
2	碳边境调节机制	carbon border adjustment mechanism	CBAM
3	共同但有区别责任	common but different responsibilities	CBDR
4	共同但有区别责任 + 各自能力	common but different responsibilities and respective capabilities	CBDR-RC
5	《巴黎协定》缔约方会议	Conference of the Parties Serving as the Meeting of the Parties to the Paris Agreement	CMA
6	《京都议定书》缔约方会议	Conference of the Parties Serving as the Meeting of the Parties to the Kyoto Protocol	CMP
7	缔约方大会	Conference of Parties	COP
8	新型冠状病毒感染	Corona Virus Disease 2019	COVID – 19
9	八国集团	Group of Eight	G8
10	二十国集团	Group of 20	G20
11	国内生产总值	Gross Domestic Product	GDP
12	国民生产总值	Gross National Product	GNP
13	国家自主贡献预案	intended nationally determined contributions	INDC
14	政府间气候变化专门委员会	Intergovernmental Panel on Climate Change	IPCC
15	可测量、可报告、可核实	monitoring, reporting, verification	MRV
16	国家自主贡献	nationally determined contributions	NDC
17	消耗臭氧层物质	ozone-depleting substances	ODS
18	经济合作发展组织	Organization for Economic Co-operation and Development	OECD
19	各自能力	respective capabilities	RC
20	联合国环境规划署	United Nations Environment Programme	UNEP

序号	中文全称	英文全称	英文简称
21	《联合国气候变化框架公约》	United Nations Framework Convention on Climate Change	UNFCCC
22	世界气象组织	World Meteorological Organization	WMO
23	世界贸易组织	World Trade Organization	WTO

目 录 Contents

导　论

一、研究背景和意义

(一)研究背景

根据联合国环境规划署(United Nations Environment Programme, UNEP)报告,大气二氧化碳(carbon dioxide,CO_2)浓度与全球平均温度直接相关,且将导致冰川消融、极端气候频发、海平面上升和生物多样性锐减等连锁反应。[1] 而 2007 年政府间气候变化专门委员会(Intergovernmental Panel on Climate Change,IPCC[2])第四次评估报告指出,自工业化以来,化石燃料使用是导致 CO_2 浓度增加的主要原因。换言之,尽管气候变化的科学性仍然存疑,但它很可能是人类活动所导致的。[3] 在此背景下,《巴黎协定》于 2015 年 12 月 12 日通过,并自 2016 年 11 月 4 日生效。其在第 2 条表示,应在 21 世纪末将全球平均升温幅度控制在工业化前水平以上低于 2℃之内,并努力限制在 1.5℃以内。[4] 应当说,《巴黎协定》一开始便被寄予厚望——通过温室气体减排来实现温升控制目标。为此,在第 15 条,其主张建立一套机制,以促进执行和遵守有关规定。

2018 年 10 月,IPCC 在韩国仁川发布《全球升温 1.5℃特别报告》(以下简称《1.5℃报告》),认为若要实现《巴黎协定》下的 2℃目标,则至 2030 年全球净人为 CO_2 排放在 2010 年的水平上减少 25%,并在 2070 年前后达到净零;若要实现温升 1.5℃目标,则至 2030 年全球净人为 CO_2 排放应在 2010 年的水平上减少 45%,且在 2050 年前后达到净零。[5] 这意味着全球减

---

[1] See UNEP, *What are the Effects and Impacts of Climate Change?*, UNEP (Aug. 22, 2022), https://www.unep.org/explore-topics/climate-change/facts-about-climate-emergency.

[2] IPCC 由世界气象组织(World Meteorological Organization,WMO)和 UNEP 于 1988 年创建,拥有 195 个成员方,旨在为决策者定期提供气候变化的科学基础、影响和未来风险评估以及适应和减缓的可选方案。

[3] See IPCC, *Climate Change 2007: The Physical Science Basis*, Cambridge University Press, 2007, p.2-5.

[4] 《巴黎协定》第 2 条:"……把全球平均气温升幅控制在工业化前水平以上低于 2℃之内,并努力将气温升幅限制在工业化前水平以上 1.5℃之内,同时认识到这将大大减少气候变化的风险和影响……"

[5] See IPCC, *Special Report: Global Warming of 1.5℃*, IPCC (Oct. 8, 2018), https://www.ipcc.ch/sr15/.

排已然迫在眉睫。

但是,数据显示,大气 CO_2 浓度已从工业时代(1750 年)的 277ppm 增加到 2019 年的 409. 85 ±0. 1ppm。[1] 其中,从 1959 ~2019 年的测量来看,81% 的排放量由化石 CO_2 排放所引起,另有 19% 由土地利用变化所导致。在分布上,这些 CO_2 含量有约 45% 进入大气层,约 24% 流入海洋,另有约 32% 停留在陆地。从变化上来看,全球化石 CO_2 排放约每十年增加一次,从 20 世纪 60 年代的平均 3.0 ±0.2 GtC[2]/年增长到 2010 ~2019 年的平均 9. 4 ±0. 5 GtC/年,而土地利用变化所产生的 CO_2 排放则相对稳定;大气中的 CO_2 含量从 20 世纪 60 年代的平均 1.8 ±0.07 GtC/年增加到 2010 ~2019 年的平均 5. 1 ±0. 02 GtC/年,海洋中的 CO_2 含量从 20 世纪 60 年代的平均 1. 0 ±0. 3 GtC/年增加到 2010 ~2019 年的平均 2. 5 ±0. 6 GtC/年,陆地中的 CO_2 含量也从 20 世纪 60 年代的平均 1. 3 ±0. 4 GtC/年增加到 2010 ~2019 年的平均 3. 4 ±0. 9 GtC/年。故要实现《巴黎协定》温升控制目标,尚存在很大差距。正如 UNEP 在《2020 排放差距报告》中所强调的,若按照目前排放速度,至 21 世纪末,全球平均气温至少将升高 3℃。[3]

一方面,作为 2020 年之后全球气候治理的法律基础,《巴黎协定》虽已全面实施,但在各成员方的国家自主贡献(nationally determined contributions, NDC)机制的“自主性”下,缔约方的遵约仍然未尽完善——对于发达国家或地区而言,尚缺乏遵约意愿;而对于发展中国家或地区来说,还不具备充分履约能力。UNEP 的《2020 生产差距报告》指出,2020 ~2030 年,全球煤炭、石油和天然气的产量分别下降 11% 、4% 和 3% ,才能与 1.5℃路径保持一致。但遗憾的是,各方正在计划并预计每年增加 2% ,由此或将导致 2030 年温升目标增至 120% 。[4] 另一方面,根据《1.5℃报告》,全球“碳中和”应于 2050 年前后实现。除了苏里南和不丹已经达到“碳中和”,另有欧盟、美国、

----

① ppm 表示百万分比浓度,即百万分率或百万分之几。相关分析可参见 Global Monitoring Laboratory, *Trends in Atmospheric Carbon Dioxide: Global Monthly Mean CO_2*, Global Monitoring Laboratory (Aug. 22,2022), https://www. esrl. noaa. gov/gmd/ccgg/trends/global. html.

② GtC 为 gigatonnes of carbon 的缩写,是一种计量单位,1GtC 表示 10 亿吨碳。相关数据可参见 Pierre Friedlingstein et al. , *Global Carbon Budget* 2020, 12 Earth System Science Data 3269 (2020).

③ See UNEP, UNEP DTU Partnership & World Adaptation Science Programme (WASP), *Emissions Gap Report* 2020, UNEP (Jan. 14,2021), https://www. unep. org/zh-hans/resources/2020 shiyingchajubaogao.

④ See SEI et al. , *The Production Gap Report: 2020 Special Report*, Production Gap (Aug. 18, 2022), http://productiongap. org/2020report.

英国等 50 个地区或国家在立法或政策中明确了时间表，①部分国家或地区在提交的 NDC 文件中将之作为履行承诺之一。因此，如何促使缔约方在完成己方法律和政策规定之时，遵守《巴黎协定》的有关规定及其 NDC 承诺，成为横亘在各缔约方面前的重大现实问题。

在第 15 条，《巴黎协定》主张建立的机制即遵约机制。所谓遵约，一般具有两层含义：一是遵从合约、契约、合同规定——主要指遵守己方法律和政策；二是遵从公约、条约规定——主要指遵守国际法。本书采取第二层含义，即遵约（compliance of treaties）是指对国际条约及相关规则和制度的遵守。遵约机制是在遵约之基础上，通过国际条约而固化的一套明示或默示的原则和规则程序。② 遵约、履约、遵守和履行虽然相似但亦存在区别。遵约表征的是，自身行为符合条约规范，具有静态性，强调是否达到条约要求的一种"结果"，亦可理解为"遵守条约"；履约表示的是，采取行动和措施来执行条约义务，具有动态性，强调是否按条约要求而进行有关行为的一种"过程"，亦可理解为"履行条约"；而遵守和履行则为一般意义上的概念，同样具有静态和动态之分，但在单独使用时并不专门指向条约或国际法。正因如此，遵约与履约并不完全一致。比如，苏里南和不丹即使不履约，也能遵约；而部分发展中国家即使履约，但因能力限制而难以达到《巴黎协定》目标，即未能遵约。故在实践中，往往存在"履约 + 遵约"、"履约 + 未遵约"、"未履约 + 遵约"和"未履约 + 未遵约"四种逻辑关系。其中，"履约 + 遵约"应为《巴黎协定》下的理想状态；"履约 + 未遵约"通常发生在能力不足的发展中国家；"未履约 + 遵约"更多地出现于减排标准和能力较高的发达国家；而"未履约 + 未遵约"的则大多为"恶意"逃避国际法义务。③ 就该层面而言，促进执行和遵守条约的机制通常指"履约和遵约机制"。但为了行文方便，本书称为遵约机制。

一般来说，遵约机制具有预防性、非对抗性和内生性。其中，预防性是指遵约机制以预防不遵约为主，以减少因履约而引发的争端；非对抗性是指遵约机制侧重于促进、激励和诱导，而不以强制性为保障；内生性是指遵约机制往往具有针对性，涉及的通常为某项条约的特定履行问题。④ 不过，这也非绝对。在某些情况下，遵约机制也兼具事后救济性和执行性，比如《京

---

① See Energy and Climate Intelligence Unit, *Net Zero Tracker: Net Zero Emissions Race*, ECIU（Aug. 18,2022），https://eciu. net/netzerotracker.

② 参见王晓丽：《多边环境协定的遵守与实施机制研究》，武汉大学出版社 2013 年版，第 30 页。

③ 参见秦天宝、侯芳：《论国际环境公约遵约机制的演变》，载《区域与全球发展》2017 年第 2 期。

④ 参见王晓丽：《多边环境协定的遵守与实施机制研究》，武汉大学出版社 2013 年版，第 33 ~ 35 页。

都议定书》遵约机制;在某些情况下,遵约机制也可适用于较广泛的领域,比如《国际劳工组织章程》遵约机制。

为了防止不遵约,除了第15条的原则性规定,2018年《巴黎协定》第一次第三期缔约方会议通过了第20/CMA.1号决定——《〈巴黎协定〉遵约模式与程序》(以下简称《巴黎遵约程序》)。那么,由《巴黎协定》第15条和《巴黎遵约程序》所构建的《巴黎协定》遵约机制,能否肩负起缔约方的遵约使命,尚待深入研究和探索。

(二)研究意义

本书具有理论和现实两重维度的研究意义。

1.理论意义

本书的理论意义主要有以下三点。

一则为《巴黎协定》遵约机制的研究提供一种综合性分析框架。本书聚焦于《巴黎协定》遵约机制,注重解释方法、因果逻辑和价值分析的有机结合,从国际法上遵约机制的理论诠释和规范表达入手,以遵约机制的"蒙特利尔模式"和"京都模式"为参照,总结出其传承和发展的一般规律,以加深对《巴黎协定》遵约机制的理性认识。同时,以全球"碳中和"为引,对《巴黎协定》遵约机制所暴露的不足进行反思,并将新型国际关系理念注入其中,在对"全球共治"和"全球善治"予以考察之后,试图构建"风险—信任—民主"的机制完善模型。为学术界相关研究提供一种"传承—发展—完善"的纵向性和"不足—反思—完善"的横向性综合分析框架。

二则有利于丰富国际法实施的理论研究。国际法实施理论关系着对国际法性质的解读,也与国际法效力密切相关。本书重点探讨《巴黎协定》遵约机制所隐含的价值追求及其与国家利益和国际法的互动关系,通过分析《巴黎协定》"转化"或"并入"国内法的执行结构,重点关注国际法实施中的非强制性逻辑——一方面揭示了《巴黎协定》遵约机制的发展趋势,另一方面阐明了国际法与国内法的互动过程,展示出国际法实施机制从个体化到组织化、从形式化到实质化的演进,有利于丰富国际法实施理论的个案研究和实证内涵。

三则有利于促进法学、制度经济学和国际关系学的跨学科动态研究。《巴黎协定》遵约机制虽为国际法上的制度安排,但它内含权力和利益观念,通过重现国家能力和社会结构,以"成本—效益"为框架,可彰显国家遵约的内在逻辑。换言之,《巴黎协定》遵约机制的构建和运行无法回避国家理性选择和社会制度预期,不得不考虑它们在规则设计上的因果起源和影响,并通过制度绩效来反思路径偏差。因此,本书重点剖析《巴黎协定》遵约机制的规则内容及其背后的政治、经济和利益博弈,借助"法学—制度经济学—国际关系学"的研究范式进行深入分析,有利于推动法学、制度经济学和国际关系学的跨学科动态研究。

2. 现实意义

本书的现实意义也主要有以下三点。

一是为《巴黎协定》遵约机制的完善提供学术支持。《巴黎协定》遵约机制虽已整体构建,但在很多细节上仍无法突破,既难以调和缔约方的利益分歧,也减损了其"促进遵约"的目标导向。本书通过引入"善治"和"民主"概念,在区分价值理性和工具理性、程序公正和实体公正的基础上,明确缔约方的权利基础及其边界,在倡导"国家+非国家"广泛合作之时,以国家能力的界定和遵约措施的性质为突破口,主张"弱"执行性——一方面体现了非对抗性和非惩罚性,另一方面适度增强了遵约机制的法律效力。今后几年将是《巴黎协定》遵约机制的完善阶段,本书力求为之提供学术支持和智力支撑。

二是为我国深度参与全球气候治理提供参考。在全球"碳中和"目标下,任何国家都无法独善其身。本书通过对《巴黎协定》遵约机制的研究,进一步阐述我国基本立场及主要贡献,在对"价值引领"和"行动领导"予以辨析的基础上,明确我国身份定位和角色选择,既为维护我国作为发展中国家的发展权益、争取合理的排放空间提供参考,也为输出人类命运共同体理念、构建"气候变化命运共同体"、赢得更多规则主动权、提升国际话语权、传播"中国方案"和增强我国在国际法律事务中的处理与应对能力提供启示。同时,在"南南""南北"合作中,通过发挥我国的"桥梁"作用,不断为全球气候治理注入正能量,以巩固我国文明大国和负责任大国的形象。

三是为我国相关法律制度的完善和优化提供对策建议。遵约机制蕴含着国际法的国内执行问题,是国际法与国内法之间的一条纽带。本书通过对《巴黎协定》遵约机制的研究,分析"碳中和"背景下我国NDC承诺的履行,并探讨如何以全国统一碳交易市场为契机,形成"国家—发展"型的减排制度供给。同时,在科学立法、综合执法、能动司法和全民守法等方面建构我国气候法治路径,试图对国内相关法律制度完善及立法体系间的协调提供对策建议,以期助力于"能源法"、"气候变化应对法"和"碳中和促进法"的早日出台。

二、国内外研究现状

遵约机制作为国际法实施的重大理论和制度问题,引起了国内外学者的广泛关注,近年来,相关研究已取得一定进展。

(一)国内研究现状

国内对遵约机制的研究较晚,尚未形成系统的理论架构和学派,大致围绕着"动因—解决"的思路进行研究。

1. 对遵约机制的产生缘由进行研究

有学者指出,传统国际法实施机制在多边条约的履行和实施上越发吃力,尤其在涉及国际公共事务时表现明显。因此,为了保障条约的有效实施,遵约机制在传统国际法实施机制之外产生,首次现身于《国际劳工组织章程》——其出现是主、客观因素共同作用的结果,设置制裁措施或可有效保障各国遵约。[1] 另有学者对国际环境法上的遵约行为进行研究,认为传统履约保障机制无法契合环境条约的非互惠性,且以报复和制裁为主的强制对抗措施与国际环境法的预防原则不符,故遵约机制的产生是基于互惠原则,且主要存在于国际环境法——重在促进条约履行,具有非对抗性,反映了缔约方的利益诉求,因而无须采取强制性不遵约惩罚措施。[2] 在此基础上,有学者提出一种更包容的解释路径——从现实主义、自由主义和构建主义角度分别论述了遵约动力,主张遵约机制是缔约方"共同利益取向"下的"共同行为模式",彰显了国家与国际法的互动,并通过提升国际法的遵守程度,构建更合理的全球秩序,故其产生是内部利益需求和外部政治压力的综合呈现。[3]

2. 对遵约机制的主要特点进行研究

有学者认为,既然遵约机制是为了弥补传统履约保障机制的不足而发展起来的,那么,其必然表现出自身特点——预防性、多边性、非对抗性和内生性。其中,预防性关注事前应对措施,以促进遵约为导向;多边性表明是否遵约的判定由集体作出,而非个别国家;非对抗性意味着遵约机制不以强制性为目的,而以国际合作为基础;内生性表明遵约机制具有针对性,是就某项条约而建立的具体制度。[4] 不过,也有学者在分析国际核不扩散机制后主张,遵

---

[1] 参见蒲昌伟:《作为国际法实施新机制的不遵约机制新探》,载《哈尔滨师范大学社会科学学报》2016 年第 4 期。

[2] 参见陈文彬:《国际环境条约不遵约机制的强制性问题研究》,载《东南学术》2017 年第 6 期。

[3] 参见高晓露:《国际环境条约遵约机制研究——以〈卡塔赫纳生物安全议定书〉为例》,载《当代法学》2008 年第 2 期;温树斌:《论国际法的遵守》,载《昆明理工大学学报(社会科学版)》2009 年第 5 期;何志鹏:《国际法的遵行机制探究》,载《东方法学》2009 年第 5 期。

[4] 参见唐颖侠:《国际气候变化条约的遵守机制研究》,人民出版社 2009 年版,第 83～147 页;王晓丽:《多边环境协定的遵守与实施机制研究》,武汉大学出版社 2013 年版,第 32～35 页;朱鹏飞:《国际环境条约遵约机制研究》,载《法学杂志》2010 年第 10 期。

约机制并非总是自主性——在缔约方"迫不得已"地接受时即体现了强制性。因此,其存在"自主遵约"和"强制遵约"之分——彰显的是国家遵约方式。① 另有学者指出,由于阻碍遵约的因素不仅包括国家意愿也包括国家能力,因此,遵约机制是国际公共产品的供给国促使能力较弱国让渡部分执法权,以代其履约,故后者对前者存在长期经济依赖和短期政治依赖。换言之,遵约机制兼具政治性和经济性,且与国家整体战略目标相协调。②

3. 对具体领域的遵约机制进行研究

有学者对《联合国海洋法公约》的争端解决机制和《联合国反腐败公约》的遵约审议机制进行分析,认为遵约审议在本质上属于"同侪审议",以尊重主权和不干涉内政为基本原则。在方式和结果上,其以"桌面审议"为主,通过成功经验和良好做法来敦促缔约方履约。③ 另有学者引入新冠病毒肺炎(Corona Virus Disease 2019,COVID - 19)的传播来分析《世界卫生条例》,认为由于引向性遵约机制匮乏,全球公共卫生治理的实效性大打折扣,既不能让成员的义务得以落实,也无法形成治理合力。他们进一步指出,在构建《世界卫生条例》遵约机制时,应以理念补位为前提,以实质公平为义务分配标准。④ 还有学者对《名古屋议定书》《不扩散核武器条约》和北极环境法的遵约目标与程序进行系统研究,认为遵约机制通常在是否具有法律约束力、是否强调共同但有区别责任(common but different responsibilities,CBDR)原则、是否建立遵约委员会、是否规定惩罚性措施等方面产生分歧——根源在于国内立法,故遵约机制的完善应以国内法优化为重心。⑤

4. 对《巴黎协定》遵约机制的构建进行研究

围绕该议题的研究较少。有学者将《巴黎协定》遵约机制与之前的遵约机制进行比较,指出国际环境法上的遵约机制经历了从被动到主动、从促进性措施到惩罚性措施的变迁,而在《巴黎协定》下,遵约机制较以往更为灵活

① 参见梁长平:《国际核不扩散机制的遵约研究》,天津人民出版社 2016 年版,第 13~35 页。

② 参见康杰:《国际公共产品供给中的遵约困境与解决——以 19 世纪国际反贩奴协定体系为例》,载《国际政治研究》2015 年第 3 期。

③ 参见杨泽伟:《〈联合国海洋法公约〉的主要缺陷及其完善》,载《法学评论》2012 年第 5 期;柳华文:《〈联合国反腐败公约〉履约审议机制刍议》,载《当代法学》2014 年第 1 期。

④ 参见贺嘉:《全球公共卫生治理中的成员遵约机制研究》,载《西南政法大学学报》2020 年第 3 期;叶子燕、翟珮玉:《〈国际卫生条例(2005)〉的遵约困境及其作用机制的改善》,载《武汉交通职业学院学报》2020 年第 3 期;刘雁冰、马林:《〈国际卫生条例〉在新冠疫情应对中的困境与完善》,载《西北大学学报(哲学社会科学版)》2021 年第 4 期。

⑤ 参见徐靖、李俊生、薛达元:《〈遗传资源获取与惠益分享的名古屋议定书〉遵约机制的谈判进展与对策》,载《生物多样性》2012 年第 6 期;臧春鑫等:《〈名古屋议定书〉政府间委员会谈判进展回顾》,载《生物多样性》2014 年第 5 期。

和透明,惩罚性虽受到削弱,但试图通过国家报告和定期审议机制来加以弥补。① 另有学者将《巴黎协定》遵约机制定义为"透明度框架 + 全球盘点",认为其打破气候治理机制的困境,一方面实现了遵约机制的"软着陆",另一方面通过"棘轮锁定"模式降低了缔约成本、提升了减排成效。他们强调,《巴黎协定》遵约机制虽对传统机制进行革新,但在程序上仍存在缺陷,对此,应实现减排与遵约程序之平衡。② 还有学者针对美国退出一事,提出了《巴黎协定》遵约机制的完善方向,认为"管理路径"式的遵约机制无法应对单方退出行为,故"促进遵约"和"推动遵约"应并行。③ 他们主张,遵约机制不仅应充分体现《巴黎协定》的目的,还需与其他机制统筹协调,在吸收其他机制的内核之时,采取"灵活措施 + 强制措施",对"恶意"逃避履约的行为进行谴责,如中止成员方资格等。④

5. 对我国的遵约行为及其效果进行研究

有学者从国际人权机制的遵约出发,认为我国对国际法的遵守存在"程序性遵约"、"行为遵约"、"制度遵约"、"政治遵约"和"社会遵约"五种方式,而这也反映出国际社会对中国身份的"形式承认"、"分配承认"和"价值承认",内含"参与实践—体系承认—体系变革"的结构逻辑。⑤ 还有学者梳理了中国在《保护臭氧层维也纳公约》、《蒙特利尔破坏臭氧层物质管制议定书》(以下简称《蒙特利尔议定书》)、《京都议定书》、《生物多样性公约》(Convention on Biological Diversity)下的主要遵约状况,指出尽管我国已经付出诸多努力以遵守条约,通过"国际协定—国内立法—地方实施"的框架来扫除障碍,但履约能力不足、资金和技术瓶颈等问题仍然制约着其实际遵约效果。⑥

(二) 国外研究现状

与国内研究相比,国外学者对遵约机制的研究更早,且大致遵循"理

① 参见秦天宝、侯芳:《论国际环境公约遵约机制的演变》,载《区域与全球发展》2017 年第 2 期。
② 参见梁晓菲:《论〈巴黎协定〉遵约机制:透明度框架与全球盘点》,载《西安交通大学学报(社会科学版)》2018 年第 2 期;高翔:《气候变化〈巴黎协定〉的逻辑及其不足》,载黄以天主编:《气候谈判与国际政治(复旦国际关系评论)》第 29 辑,上海人民出版社 2021 年版。
③ 参见魏庆坡:《美国宣布退出对〈巴黎协定〉遵约机制的启示及完善》,载《国际商务(对外经济贸易大学学报)》2020 年第 6 期。
④ 参见陈文彬:《论环境正义视角下的国际环境法不遵约机制》,载《盐城师范学院学报(人文社会科学版)》2020 年第 5 期;易卫中:《论后巴黎时代气候变化遵约机制的建构路径及我国的策略》,载《湘潭大学学报(哲学社会科学版)》2020 年第 2 期;杨博文:《〈巴黎协定〉减排承诺下不遵约情事程序研究》,载《北京理工大学学报(社会科学版)》2020 年第 2 期。
⑤ 参见李晓燕:《中国参与国际人权机制的阶段性"遵约"行为研究》,载《人权》2016 年第 6 期。
⑥ 参见王晓丽:《多边环境协定的遵守与实施机制研究》,武汉大学出版社 2013 年版,第 163 ~ 178 页。

论—制度—实践"这一研究框架。

1. 关于遵约机制的理论研究

对理论问题进行研究的成果颇丰,且主要有四条进路。(1)对遵约机制的行为理论进行研究。比如,自然法学派认为,条约必须信守是各国必不可少的义务,因为其是保持国际和平的必要条件,也是国际法规范的基础;① 实证法学派根据国际法与国内法的"实质差异",逐渐形成遵约的"单纯同意说"、②"国家自限说"③和"共同意思说";④基本规范学派则强烈反对实证法学派观点,认为遵约仅是出于人们的法律意识,并经国际习惯加以确认。⑤ (2)对遵约机制的适用理论进行研究。如有学者将遵约机制的研究范围从国际条约扩展至国际习惯法和国际软法;⑥另有学者将遵约机制的主体从主权国家延伸至国家内部结构和非国家行为体。⑦ (3)对遵约机制和制度有效性的关系进行探讨。如有学者认为,遵约机制并不等同于制度有效性,⑧只有将该逻辑理顺,才能深入理解制度和条约的因果关系,以及遵约机制的形成原理。⑨ (4)对遵约机制的理论进行跨学科分析。如有学者将遵约机制置于国际关系学、⑩社会学、经济学、心理学和伦理学⑪进行研

① See H. M. Frost, *Wolff's Law and Bone's Structural Adaptations to Mechanical Usage*: *An Overview for Clinicians*, 64 The Angle Orthodontist 175 (1994).

② See R. Jennings & A. Watts, *Oppenheim's International Law*, 9th edition, Longman, 2008.

③ See Van der Vyver J. D., *Statehood in International Law*, 5 Emory International Law Review 9 (1991).

④ See D. F. Vagts, *Hegemonic International Law*, 95 American Journal of International Law 843 (2001).

⑤ See Koskenniemi Martti, *The Gentle Civilizer of Nations*: *The Rise and Fall of International Law 1870 – 1960*, Cambridge University Press, 2001; Charles De Visscher, *Theory and Reality in Public International Law*, Princeton University Press, 2015.

⑥ See Navin Beekarry, *The International Anti-money Laundering and Combating the Financing of Terrorism Regulatory Strategy*: *A Critical Analysis of Compliance Determination in International Law*, 31 Northwestern Journal of International Law and Business 137 (2011).

⑦ See Anne-Marie Slaughter, *A New World Order*, Princeton University Press, 2004; Shina Baradaran et al., *Does International Law Matter?*, 97 Minnesola Law Review 743 (2013).

⑧ See Sue Wright, Elizabeth Sheedy & Shane Magee, *International Compliance with New Basel Accord Principles for Risk Governance*, 58 Accounting & Finance 279 (2018).

⑨ See Rosalind Reeve, *Policing International Trade in Endangered Species*: *The CITES Treaty and Compliance*, 1st edition, Routledge, 2002.

⑩ See Beth A. Simmons & Lisa Martin, *International Organizations and Institutions*, in Walter Carlsnaes, Thomas Risse-Kappen & Beth A. Simmons eds., Hand Book of International Relations, Sage Publications, 2002, p. 192 – 211.

⑪ See Stig S. Gezelius & Maria Hauck, *Toward a Theory of Compliance in State-regulated Livelihoods*: *A Comparative Study of Compliance Motivations in Developed and Developing World Fisheries*, 45 Law and Society Review 435 (2011).

究,以期对遵约机制作全面系统解析,主张遵约机制的构建、启动和运行是多因素共同作用的结果。

2. 关于遵约机制的制度研究

从制度层面进行的研究也较多,且主要沿着三条路径。(1)对遵约机制的相关概念进行辨析。如有学者结合多边环境条约实践,对"遵约"、"承诺"、"实施"、"执行"和"有效"等概念进行区分,① 认为由于动机不同,遵约并不等同于国家承诺;② 实施虽然可作为遵约前提,但遵约也可脱离实施而独立存在,即遵约可在没有实施行为时发生;因国际法拘束力较弱,故其通常缺乏统一执行机制来加以保障,换言之,遵约并不等同于执行,最多可视为"弱"执行;遵约与有效只在特定基线或标准下才建立联系,但二者却不必然相关——当法律标准落后于行为基线时,遵约程度高但有效性低,而当法律标准过高时,即使出现有效性但仍有可能未遵约。③ (2)对环境条约遵守不能的障碍进行归纳。④ 如有学者认为,遵约机制虽取代了传统争端解决机制,但作为一项预防冲突的政治安排,⑤ 通常存在"软补救"和"软执行程序"等特征。⑥ (3)对《蒙特利尔议定书》和《京都议定书》下的遵约机制进行比较。如有学者主张,《蒙特利尔议定书》遵约机制篇幅虽小,但却取得了巨大成功,通过遵约行为实现了预期目标;《京都议定书》遵约机制存在显性和隐性两种规则,以声誉保护和排放交易为基本方式,虽提高了效率但却可能以不遵约为代价。⑦ 故他们得出结论:前者优于后者。⑧ 此外,还有学者

① See Edith Brown Weiss & H. K. Jacobson, *Engaging Countries: Strengthening Compliance with International Environmental Accords*, MIT Press, 2000.

② See Oona A. Hathaway, *Between Power and Principle: An Integrated Theory of International Law*, 72 University of Chicago Law Review 469 (2005).

③ See Oran R. Young & Marc A. Levy, *The Effectiveness of International Environmental Regimes*, in Oran R. Young ed., Effectiveness of International Environmental Regimes: Causal Connections and Behavioural Mechanisms, The MIT Press, 1999, p. 4–5.

④ See Pamela S. Chasek, David L. Downie & Janet Welsh Brown, *Global Environmental Politics: Dilemmas in World Politics*, 7th edition, Westview Press, 2016.

⑤ See Nils Goeteyn & Frank Maes, *Compliance Mechanisms in Multilateral Environmental Agreements: An Effective Way to Improve Compliance?*, 10 Chinese Journal of International Law 791 (2011).

⑥ See Elena Fasoli & Alistair McGlone, *The Non-Compliance Mechanism under the Aarhus Convention as "Soft" Enforcement of International Environmental Law: Not So Soft After All!*, 65 Netherlands International Law Review 27 (2018).

⑦ See Andries Nentjes & Ger Klaassen, *On the Quality of Compliance Mechanisms in the Kyoto Protocol*, 32 Energy Policy 531 (2004).

⑧ See Michael Grubb, Christiaan Vrolijk & Duncan Brack, *Routledge Revivals: Kyoto Protocol (1999): A Guide and Assessment*, Routledge, 2018.

对国际人道法和国际刑法领域的遵约机制进行了分析。[1]

3. 关于《巴黎协定》遵约机制的针对性研究

在对《巴黎协定》遵约机制进行研究时,主要存在两条进路。(1)对《巴黎协定》遵约机制的运行模式进行分析。如有学者指出,《巴黎协定》遵约机制作为监督体系,通常以两种方式运行:一是通过可测量、可报告、可核实(monitoring,reporting,verification,MRV)的全球盘点机制来接收信息;二是通过审议缔约方是否遵约来实现集体行动进展。[2] (2)对《巴黎协定》遵约机制进行评价。有学者充分肯定该机制,认为《巴黎协定》的有效性由参与、雄心和遵约三个要素决定。其中,"遵约"表征了缔约方对各自义务的履行程度。然而,由于"遵约"或将对"参与"和"雄心"形成威慑,从而影响缔约方行动,因此,《巴黎协定》遵约机制融入 NDC 的复杂架构,并区分了灵活履约方式。[3] 他们强调,《巴黎协定》遵约机制非常适合现有架构,且在各方之间取得了适当平衡。[4] 对此,有学者不赞成,认为"自下而上"框架在一定程度上默许了"搭便车"(free-riders)行为,导致缔约方缺乏减排雄心,因此,各方遵约前景不甚乐观。[5] 另有学者表示,《巴黎协定》遵约机制既缺乏执行性,也无促进性。因此,在没有制裁的情况下,遵约行动将产生额外成本或消除所得收益,表明该机制更多的是出于政治判断而非规则设计——对于"促进遵约"而言几乎没有任何价值。[6]

4. 关于遵约机制的实证研究

从实证角度进行的研究较少,主要路径有二:(1)通过调查、访谈等形

[1] See Jennifer Templeton Dunn, Katherine Lesyna & Anna Zaret, *The Role of Human Rights Litigation in Improving Access to Reproductive Health Care and Achieving Reductions in Maternal Mortality*, 17 BMC Pregnancy and Childbirth 367 (2017); Neil Boister, *An Introduction to Transnational Criminal Law*, 2nd edition, Oxford University Press, 2018.

[2] See C. Voigt, *The Compliance and Implementation Mechanism of the Paris Agreement*, 25 Review of European, Comparative & International Environmental Law 161 (2016).

[3] See R. B. Mitchell, *Compliance Theory*, in D. Bodansky, J. Brunnée & E. Hey eds., The Oxford Handbook of International Environmental Law, Oxford University Press, 2007, p. 893; C. Voigt & F. Ferreira, *Differentiation in the Paris Agreement*, 6 Climate Law 58 (2016).

[4] See Ahmad Jidan Pahlevi, *United States Rejoins the Paris Agreement in 2021 Compliance Theory*, Research Gate (Aug. 22, 2022), https://www. researchgate. net/publication/362646766_United_States_Rejoins_the_Paris_Agreement_in_2021_Compliance_Theory.

[5] See Vegard H. Tørstad, *Participation, Ambition and Compliance: Can the Paris Agreement Solve the Effectiveness Trilemma?*, 29 Environmental Politics 761 (2020).

[6] See Anna Huggins, *The Paris Agreement's Article 15 Compliance Mechanism: An Incomplete Compliance Strategy*, in Zahar Alexander & Mayer Benoit eds., Debating Climate Change, Cambridge University Press, 2021, p. 99 – 110.

式,运用统计学、经济学等方法,对遵约机制进行定性和定量研究。① 如有学者通过对国际货币法中的遵约机制进行实证分析,指出国家遵约源自市场竞争而非国际货币基金组织(International Monetary Fund)的政策压力。②(2)通过数值模型对缔约方的遵约情况进行基准测试。如有学者构建了"透明度遵守指数",指出发达国家在透明度上属于"高度"参与,而发展中国家存在"不同"参与。不过,他们也表示,以量化标准来衡量遵约与否,虽然普遍但仍需进一步研究。③

(三)国内外研究现状分析

1.国内外研究的主要特点

从现有研究来看,大致呈现两大特点:(1)国内外学者已对国际法上的遵约机制进行了相当程度的研究,研究脉络逐渐清晰,并已注意到国际环境法领域的遵约机制。(2)国内外学者的研究侧重点各有不同:国内学者重点围绕"动因—解决"这一思路进行研究,兼顾我国遵约现状及其完善,制度性尤为明显;而国外学者主要遵循"理论—制度—实践"这一研究范式,理论分析更为深入。总的来说,现有研究既有理论层面的分析,也有现实机制的建立,一方面可以帮助形成本书的研究思路,另一方面也可为本书的深入展开提供参考。

2.国内外研究的不足之处

尽管国内外研究为本书提供了重要的理论基础和制度参照,但其多集中于国际法上的遵约机制,而对国际环境法领域的遵约机制关注不够——"共性"研究有余,"个性"研究不足。就目前来看,现有关于《巴黎协定》遵约机制的成果多侧重于"构建",但它已于 2018 年 12 月成型,相关研究还未跟进。而从理论层面对之进行的分析,也多以评价为主,部分学者虽已意识到该机制的潜在缺陷,但未提出体系性的优化方案。尤其是在全球"碳中和"目标下,《巴黎协定》遵约机制关系着缔约方行动与否,指向的是全球温升幅度,故对其传承、发展、不足与未来完善等方面进行深入系统研究,探寻

① See Laura A. Dickinson, *Military Lawyers on the Battlefield: An Empirical Account of International Law Compliance*, 104 The American Journal of International Law 1 (2010).

② See Beth A. Simmons, *International Law and State Behavior: Commitment and Compliance in International Monetary Affairs*, 94 The American Political Science Review 819 (2000).

③ See Romain Weikmans & Aarti Gupta, *Assessing State Compliance with Multilateral Climate Transparency Requirements: "Transparency Adherence Indices" and Their Research and Policy Implications*, 21 Climate Policy 635 (2021).

其内在结构和逻辑,应可助力于促进遵约。是以本书在现有研究基础上具有较大的探索和创新空间。

三、研究思路、方法与主要内容

本书的研究对象为《巴黎协定》遵约机制,核心问题是《巴黎协定》遵约机制对"蒙特利尔模式"和"京都模式"的传承与发展,以及其局限与不足,在此基础上进行深刻的理论反思并提出可行性的完善建议,最后落脚于中国立场及其主要贡献。

(一)研究思路与方法

本书遵循"问题导向"意识,沿着"提出问题—分析问题—解决问题"的思路,划分"国际—国内"两条主线。国际层面:首先,对国际法上遵约机制的理论基础和规范表达进行系统梳理;其次,对国际环境法领域的遵约机制从"蒙特利尔模式"到"京都模式"再到"巴黎模式"的发展历程,以及"巴黎模式"的范式生成逻辑和规则构造理路进行深入分析;再次,对《巴黎协定》遵约机制所暴露的不足进行系统阐述,并通过国际实践加以证立;最后,在此基础上,针对性地提出《巴黎协定》遵约机制的理念转型、制度优化和要素完善路径。国内层面:首先,对《巴黎协定》遵约机制完善下的中国立场进行深入剖析,明确其身份定位和角色选择;其次,通过国际层面的深度参与和国内层面的积极行动,细致研究其主要贡献及其作为空间。

其间,综合采用的研究方法主要有以下四种。

1. 文献研究法。通过文献研究法全面梳理遵约机制的理论来源,并分析其在《巴黎协定》遵约机制下的各自呈现。同时,通过系统搜集和分析现有国际法文件(尤其是国际环境法文件)中有关遵约的各项规定,总结、归纳不同的机制构建模式。此外,在参考现有研究基础上,对《巴黎协定》遵约机制的效果进行评价和反思,以找出理念转型、制度优化和要素完善的需求与突破口。

2. 比较研究法。通过历史和当代的纵向比较,以及同期国际法文件的横向比较,对遵约机制的"蒙特利尔模式"、"京都模式"和"巴黎模式"进行全面分析,探寻三者在基本形式、目标定位、根本原则和履约内容上的传承,以及后者在遵约动力、遵约主体和遵约判定上的新发展。同时,通过比较研究,明确发达国家与发展中国家的能力差异,强调资金援助和技术支持对于发展中国家遵约的重要性。

3.跨学科研究法。《巴黎协定》遵约机制蕴含着国家间的权力角逐和利益博弈,带有国际政治和"成本—效益"属性。因此,为了深入研究,适度引入法学、制度经济学、国际关系学和国际政治学的相关研究方法和理论成果,以探求内部结构,并分析其与资金、技术、能力建设、透明度和全球盘点等机制的互动——试图全方位、多角度地解读,以还原其本来面貌。

4.实证研究法。基于 IPCC、UNEP 和 WMO 的统计数据以及各国"碳中和"立法与政策现状,持续追踪缔约方的遵约状况,从外在表现方面论证《巴黎协定》遵约机制的缺陷与不足,在此基础上,分析其内在的理论和制度偏差,进而形成理念转型、制度优化和要素完善的基本思路。

(二)主要内容

除了"导论"和"结论",本书共分为七章。

第一章为国际法上的遵约机制:理论诠释与规范表达。本章按照"理论—制度"的互动逻辑,分为两个小节:国际法上遵约机制的理论诠释和国际法上遵约机制的规范表达。其中,第一节回答一个中心问题,即国际法上的遵约机制缘何形成? 要回答该问题,就需从理论层面探究其内在原理。故该节重点阐述国际法遵守理论、国际机制理论和条约必须信守原则之于遵约机制的指引和向导,分析它们在遵约机制中的不同侧重和各自考量。第二节全面梳理不同国际法文件中的遵约机制,尤其是国际劳工法、国际人权法、战争与武装冲突法、国际贸易法和国际环境法中的遵约规范,展现遵约机制的构建需求及其与传统争端解决机制的边界。

第二章为国际环境法上的遵约机制:蒙特利尔模式—京都模式—巴黎模式。本章分为三个小节:"促进遵约 + 争端解决"的"蒙特利尔模式"、"促进遵约 + 处理不遵约"的"京都模式"和"促进遵约"的"巴黎模式"。其中,第一节从《蒙特利尔议定书》第 8 条展开,梳理《不遵守情事程序》下的内容设计,阐释"促进遵约 + 争端解决"的行动逻辑,并引入《联合国气候变化框架公约》第 13 条和《多边协商程序》来加以证立。第二节从《京都议定书》第 18 条出发,分析《京都遵约程序》下的规则塑造,厘清"促进遵约 + 处理不遵约"的结构变迁。第三节从《巴黎协定》第 15 条切入,解析《巴黎遵约程序》下的制度安排,展现"促进遵约"的价值创新。

第三章为《巴黎协定》遵约机制的传承:从基本形式到主要内容。本章重在梳理《巴黎协定》遵约机制的经验借鉴,并分为四个小节:"条约授权 + 缔约方会议"的基本形式、"促进遵约 + 国际合作"的目标定位、"共同但有区别责任＋各自能力”的根本原则和"资金援助＋技术支持"的履约内容。其中,第一节从形式上解构三种模式的规则分布,通过阐明"条约授权"和"缔约方会议"的各自功能,凝练出《巴黎协定》遵约机制下"国际硬法＋国际软法"的组合安排。第二节从目标上深入三种模式的价值驱动,通过厘清"促进遵约"和"国际合作"的行为向导,透视《巴黎协定》遵约机制下促进性与合作性的本质及其内在要求。第三节从原则上考察三种模式的法益平衡,通过解读"共同但有区别责任"和"各自能力"的科学含义,理顺《巴黎协定》遵约机制下排放权与发展权的内在张力及其调适。第四节从内容上剖析三种模式的履约路径,通过梳理"资金援助"和"技术支持"的规则演进,明确《巴黎协定》遵约机制下国家援助和履约结果的协同增效。

第四章为《巴黎协定》遵约机制的发展:动力、主体与遵约判定。本章主要回答一个核心问题,即《巴黎协定》遵约机制是否为"蒙特利尔模式"和"京都模式"的升级版本? 要回答该问题,就需深入遵约机制的内部构造。故本章分为三个小节:从"强制遵约"到"自主遵约"的遵约动力、从"发达国家"到"发达国家＋发展中国家"的遵约主体和从"自上而下"到"自上而下＋自下而上"的遵约判定。其中,第一节通过对"强制遵约"和"自主遵约"的概念辨析,厘清《巴黎协定》遵约机制的潜在属性及其动力来源。第二节从"损—益"框架出发,区分发达国家和"发达国家＋发展中国家"的结构型差异,在考察"蒙特利尔模式"和"京都模式"的规制对象之基础上,重现《巴黎协定》遵约机制下的主体责任和义务。第三节从逻辑体系上界定"自上而下"、"自下而上"和"自上而下＋自下而上"三种模型,通过梳理缔约方、缔约方会议和遵约委员会的角色权重,展示《巴黎协定》遵约机制的程序启动和运行逻辑。

第五章为《巴黎协定》遵约机制的不足:现实表征与法理检视。本章按照"实践—制度—理论"的反向逻辑,深入阐明《巴黎协定》遵约机制的不足。由此,分为三个小节:《巴黎协定》遵约机制不足的现实表征、《巴黎协定》遵约机制不足的制度检视和《巴黎协定》遵约机制不足的理论反思。其中,第一节回答了一个核心问题,即《巴黎协定》遵约机制的不足主要体现在哪些方面? 为此,本节从国际组织的统计数据切入,评估 NDC 的履行前景及其与全球"碳中和"的潜在差距,并以美、欧两大主体的近期表现及各国"碳中和"目标为侧重,论述遵约强度及其效力的局限。第二节主要论述这些不足反映在制度层面折射出哪些现象。为此,本节重点关注规则内容的"空心化"困境、履约主体的"多元非协同"困境和机制运行的"选择性失语"困境。第三节剥去实践和制度的"外衣",还原出最本质、最核心的问题,深入阐释《巴黎协定》遵约机制对国际法价值理性的偏离,及其对程序公正和实体公正的错位考量。

第六章为《巴黎协定》遵约机制的完善:理念转型与制度优化。本章遵循"宏观—微观""由内至外"的分析路径,重点阐述《巴黎协定》遵约机制的完善方案。故分为三个小节:《巴黎协定》遵约机制的理念转型、《巴黎协定》遵约机制的制度优化和《巴黎协定》遵约机制的要素完善。其中,第一节回答《巴黎协定》遵约机制的价值归属应当如何体现?要回答这一问题,就需从国际关系的演进规律、"全球共治"和"全球善治"的理论创新出发,探讨国际权力的格局变迁和"风险—信任—民主"的模型构建。第二节基于缔约方的权利和遵约机制本身,从制度上补齐《巴黎协定》遵约机制的"短板",以平衡"供需"。第三节回答《巴黎协定》遵约机制应当如何承载理念转型和制度优化?为此,本节从国家能力的界定、遵约机构的职能、程序启动主体、委员会审议范围、遵约措施的性质、遵约机制与其他机制的关系等方面逐一探析。

第七章为《巴黎协定》遵约机制的完善:中国立场及其主要贡献。本章落脚于中国,分为三个小节:《巴黎协定》遵约机制完善下的中国立场、《巴黎协定》遵约机制完善下的中国国际参与、《巴黎协定》遵约机制完善下的中国国内行动。其中,第一节重申中国的发展中国家性质,通过"价值引领"和"行动领导"的含义区分,强调其"价值引领者"的角色定位。第二节、第三节回答中国在《巴黎协定》遵约机制的完善下可作出哪些贡献?为此,第二节和第三节结合"碳达峰""碳中和"目标,从国际层面的深度参与和国内层面的积极行动上进行考量,主张通过价值理念的引领、"中国方案"的输出、NDC 承诺的更新、减排制度的供给、"双碳"立法的布局、综合执法的引入、能动司法的发挥和多元主体的参与,来形成"内外兼修"的行为向度,并打造"多位一体"的作为空间。

(三)主要内容的框架结构

本书的主要框架结构,如图 0 - 1 所示。

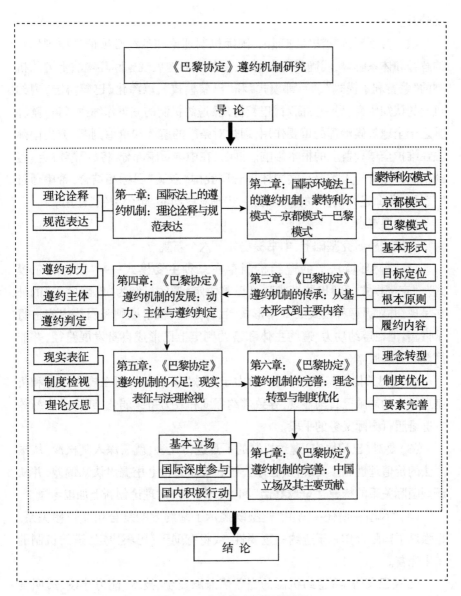

图 0-1　本书的主要框架结构

四、创新和不足之处

(一)主要创新

本书拟在以下三方面有所创新。

1. 学术思想

国内外学者虽已开始关注《巴黎协定》遵约机制,但不足以形成体系性研究。与既有研究相比,本书试图通过创新学术思想,对相关问题作全面系统分析。

故一方面对国际法实施理论、国际机制理论和条约必须信守原则作目的解释和体系解释,明确其内在追求,更加全面地展现国际环境法上遵约机制的"蒙特利尔模式"、"京都模式"和"巴黎模式",以深化《巴黎协定》遵约机制的认知研究;另一方面对《巴黎协定》遵约机制的完善作细致考量,阐释其之于全球气候治理的重要作用,通过对条款的解读和价值判断,突出国际法在维护全球利益上的根本影响。同时,在中国贡献部分,将《巴黎协定》遵约机制的完善与人类命运共同体理念同我国"双碳"目标相结合,希望通过"气候变化命运共同体"的推出,进一步确立我国的"价值引领"作用。

2. 主要观点

在国内外研究基础上,本书提出如下六个新观点。

(1)国际环境法上的遵约机制存在三种主要模式——"蒙特利尔模式"、"京都模式"和"巴黎模式"。《巴黎协定》遵约机制为"巴黎模式"的外在呈现,并对另两种模式的基本形式、目标定位、根本原则和履约内容进行了借鉴,但在遵约动力、遵约主体和遵约判定上已形成自身发展路径,并非简单的升级版本。

(2)《巴黎协定》遵约机制将助力于全球"碳中和",但在规则内容和机制运行上的局限已日渐显现,导致遵约强度和效力持续弱化,或将成为缔约方逃避履行国际义务的手段。

(3)要对《巴黎协定》遵约机制的不足进行完善,就需深入其根源,从国际法的价值理性和工具理性、程序公正和实体公正上挖掘出认知偏差,并从新型国际关系的构建、"全球共治"和"全球善治"的理论创新上加以考量。

(4)"风险—信任—民主"模型既揭示了缔约方的复合相互依赖关系,也强调了国际合作之于遵约的重要性,或将有助于《巴黎协定》遵约机制的未来完善。

(5)《巴黎协定》遵约机制的完善需兼顾资金、技术、能力建设、透明度和全球盘点等机制的优化,并通过确立其内在联系,加强外部协同。

(6)中国仍是发展中国家,可在《巴黎协定》遵约机制的完善中发挥更大作用,但应偏向于"价值引领"而非"行动领导";可输出中国理念和方案,并深化国际层面的参与和国内层面的贡献,但需建立在自愿的基础上,且不能超过必要限度。

3. 研究方法

与既有研究相比,本书主要运用法学研究范式进行基本理论的证成与制度框架的形塑。通过构建"法学—制度经济学—国际关系学"的研究模型,引入不同学科的相关研究方法和理论成果进行综合研究,以探析利益博弈表象下的法律问题———一方面试图突破不同学科的藩篱,以开拓法学研究新视野;另一方面希望确保观点的准确性、内容的全面性、理论的深度性和对策建议的针对性。

(二)不足之处

本书力求凸显全面性、客观性和准确性,但在如下两方面还存在不足:一是《巴黎协定》遵约机制构建于 2018 年 12 月,可参考文献不多,其实施效果如何,还有待深入检验。二是《巴黎协定》遵约机制内含缔约方的利益分歧。因此,本书中的"要素完善"能否有效解决《巴黎协定》遵约机制所面临的困境,还有待进一步论证。这些将是笔者未来的研究方向和重点。

第一章 国际法上的遵约机制：
理论诠释与规范表达

徒法不足以自行。遵约伴随国际法发展而产生，并已成为国际法领域的重要议题。前文已述，关于何为遵约，学术界争论焦点主要有二：其一，遵守的"约"是国际法还是国内法；其二，遵守的"约"是一项具体的条约规则还是所有条约。① 对此，本书认为，"约"应解释为"条约"而非狭义上的"约定"，故遵守的应是国际法而非国内法。在国际社会背景下，国际秩序的变革从未停歇，作为生长于国际法与国际关系之下的遵约机制，其塑造必然也将受此影响。事实上，就理论层面而言，其确实存在不同角度的注解。

第一节 国际法上遵约机制的理论诠释

尽管条约通常是缔约方之间相互妥协的结果，但其很少与缔约方意愿完全相悖。因此，在讨论遵约机制时，主要是讨论基于计划外的情况可能导致的不遵约。就该问题，学术界已分别从国际法遵守理论、国际机制理论和条约必须信守原则等方面做了阐释。

一、国际法遵守理论的内在指引

20 世纪 60 年代，美国国际法学者亨金就对国际法遵守问题进行了研究，他认为，几乎所有国家在一切情况下，均应遵守几乎所有国际法并承担相关义务。这一分析为国际法遵守理论的深入研究奠定了基础。② 随着国际法文件数量激增，20 世纪 90 年代，国际法遵守理论成为国际法的重要研究领域，进而得到理论国际法学界和实务国际法学界甚至国际关系学界的广泛关注。

一般来说，国际法遵守理论可从四个方面进行解读：现实主义（包括执行主义）、自由主义、规范主义和理性选择主义。③

---

① See Harold Hongju Koh, *Why Do Nations Obey International Law?*, 106 The Yale Law Journal 2599 (1996 – 1997).

② See Louis Henkin, *How Nations Behave: Law and Foreign Policy*, Frederick A. Praeger, 1968, p. 5 – 8.

③ 参见[美]威廉·布拉德福德：《领袖人格理论——遵守战争法的一种理论》，高云端编译，载刘志云主编：《国际关系与国际法学刊》第 6 卷，厦门大学出版社 2016 年版。

（一）现实主义下的国际法遵守理论

国际法遵守理论的现实主义代表人物为杰克·戈德史密斯和埃里克·波斯纳。他们认为,国际法长期处于"无政府"状态,国家为了自身利益,将不可避免地追求本国权力最大化。因此,在国际法遵守上,国家往往不是出于对国际法的偏好或其道德影响力,而是纯粹利益使然。由此,国际法遵守可分为四种行为模式:巧合、协调、合作和强迫。"巧合",是指国家在未考虑国际法情况下作出的遵约行为,恰与国际法一致;"协调",是指国家作出的遵约行为,仅仅出于便利而非其他;"合作",是指国家作出的遵约行为,主要是出于国家间的互惠利益;"强迫",是指弱国作出的遵约行为,主要是源于强国的迫使而非自愿,以满足强国利益。[1] 他们承认国家遵守国际法的这一事实,但同时主张,其原因是主权利益的存在。换言之,国家遵守国际法是现实利益下的行为抉择,而非国际法本身的吸引力或国家的某种偏好。詹姆斯·莫罗以现实主义为基础,进一步认为,国际法本身对国家行为的塑造能力微乎其微,但同时强调,威慑性、强制力和惩罚性是使国际法得以有效遵守的重要保障——此即为国际法遵守理论的执行主义。[2]

从本质上来说,戈德史密斯和波斯纳的结论是一种理性现实主义的思维,注重国家利益在国际法遵守上的影响。而以摩根索为代表的经典现实主义者对国际法遵守进行了另类解读,认为既然权力是决定国家行为的根本,那么国家对国际法的遵守即受到权力驱使。[3] 结构现实主义者对此进行了科学改造,他们主张,国际体系是由功能相似但能力不同的诸多单元所构成,这种结构决定着国家对国际法的遵守。换言之,他们认为,权力通过国际体系的结构而作用于国家身上,促使国家作出是否遵守国际法的行为。[4] 在此基础上,进攻性现实主义直接否定了国际法本身的作用,认为权力制衡是主导国际关系和决定国际法遵守的关键。[5]

总体而言,在现实主义看来,国家对国际法的遵守要么是利益驱使,要

---

[1] See Jack L. Goldsmith & Eric A. Posner, *The Limits of International Law*, Oxford University Press, 2005, p. 13;韩永红:《国际法何以得到遵守——国外研究述评与中国视角反思》,载《环球法律评论》2014 年第 4 期。

[2] See James D. Morrow, *The Laws of War, Common Conjectures, and Legal Systems in International Politics*, 31 Journal of Legal Studies S41 (2002).

[3] See Hans J. Morgenthau, *Politics among Nations: The Struggle for Power and Peace*, Alfred A. Knopf, 1984, p. 211.

[4] 参见[美]肯尼思·华尔兹:《国际政治理论》,信强译,苏长和校,上海人民出版社 2008 年版,第 103 ~ 104 页、第 111 ~ 115 页、第 213 页。

[5] See John J. Mearsheimer, *The False Promise of International Institutions*, 19 International Security 5 (1994 – 1995).

么是权力压制——不承认国际法之于国家行为的约束或塑造,将国情或实力作为国家是否遵守的绝对变量。不过,现实主义的论断很快便受到美国学者的大量批评。以奥康纳为代表的国际法学者认为,以上观点存在一个基本谬误,即事实和前提错误,且在实证研究上明显匮乏。布坎南也指出,若上述结论得到认可,则国家对国际法的遵守表现为一种纯粹的工具主义,强调的是物质性要素,且公民无力阻止政府的这种行为。麦金尼斯亦认为,现实主义扩大了行政权而限制了司法能动性,使国际法的国内适用范围被明显压缩。①

(二) 自由主义下的国际法遵守理论

与现实主义的解释路径不同,自由主义坚信国际法和国际组织可以通过制度性力量来实现世界和平,其代表人物为安德鲁·莫拉维茨克。他对现实主义所主张的"国家是追逐权力的单一行为体"进行反驳,认为国际法遵守由国家内部政治结构所决定,包括市民社会、组织、机构和个人等。换言之,国家对国际法的遵守,仅仅是国内集体和个人行为、意愿的一种外在表现,因此,国家的遵守行为是由国家内生而成,而非其他外在因素。② 该观点预设了三个前提:一是国家由寻求各自利益的独立个体所构成;二是政府代表国内社会的某些部分,并为个体与国家行为和国际组织搭建起沟通桥梁;三是国家行为是国家偏好的外在反映。③ 在此过程中,理念自由主义、商业自由主义和共和自由主义为三个变量。它们展现了社会认同与经济利益的需求,以及国内机构如何将该需求转化为国家政策。④ 自由主义还倡导"自由和平",将国家分为"自由国家"与"非自由国家",认为自由国家间的条约通过国内法院的"纵向执行"来实施,以此阻却其他外界因素,从而确保国际法的遵守。⑤ 他们主张,国际法遵守在某种程度上是对国家主

---

① See Mary Ellen O'Connell, *The Power and Purpose of International Law: Insights from the Theory and Practice of Enforcement*, Oxford University Press, 2008, p. 1 – 3; Allen Buchanan, *Democracy and the Commitment to International Law*, 34 Georgia Journal of International and Comparative Law 305 (2005); Margaret E. McGuinness, *Exploring the Limits of International Human Rights Law*, 34 Georgia Journal of International and Comparative Law 393 (2006); 韩永红:《国际法何以得到遵守——国外研究述评与中国视角反思》,载《环球法律评论》2014 年第 4 期。

② See Andrew Moravcsik, *Taking Preferences Seriously: A Liberal Theory of International Politics*, 51 International Organization 513 (1997).

③ See Anne-Marie Slaughter, *International Law and International Relations Theory: A Dual Agenda*, 87 American Journal of International Law 205 (1993).

④ See Andrew Moravcsik, *Taking Preferences Seriously: A Liberal Theory of International Politics*, 51 International Organization 513 (1997).

⑤ See Anne-Marie Slaughter, *International Law in a World of Liberal States*, 6 European Journal of International Law 503 (1995).

权的限制。以上观点在五个方面受到学者质疑:一是"自由国家"与"非自由国家"的分类是否科学;二是与非自由国家相比,自由国家能否更好地遵守国际法;三是在"纵向执行"中,国内法院的执行能力在多大程度上可以及于国际法;四是在争端解决中,基于普遍管辖权的跨国诉讼是否具有合法性;五是自由主义论是否切合实际。①

　　自由主义的另一代表人物卡尔·多伊奇指出,在降低合作成本、减少沟通障碍、协调国家之间预期等方面,国际法均发挥着重要作用。在"成本—效益"基础上,他主张国家对国际法的遵守是因其强制力。换言之,如果不遵守国际法,则国家可能付出更大代价;反之,如果遵守,则在合作中将享受更多便利。② 该论断与罗伯特·基欧汉的看法基本一致。作为新自由主义的代表人物,基欧汉认为,国家行为并非由体系结构所决定,而是受到国际制度影响。他强调,权力因素之于国际法的遵守而言并非必要,因为,在合作能带来绝对收益的情况下,国家通常会选择遵守国际法。③ 从逻辑上来看,基欧汉的观点更为强调制度的引导作用。而其他新自由主义者则更重视国家之外的非国家行为体,提倡国内因素之于国际关系的推动。尽管如此,总的来说,自由主义下的国际法遵守理论是通过"利益计算"来对国家行为予以解读,体现了国家利益对于国际法遵守的主导性。不过,由于自由主义下的国际法遵守理论缺乏固定范式,因此,其往往被指责为"乌托邦"。④

　　事实上,随着相关理论发展,现实主义和自由主义下的国际法遵守理论渐有合流之势。比如,戈德史密斯和波斯纳提出"国际法局限论",认为国家遵守国际法是基于对权力和利益的考量,而非存在某种偏好。⑤ 古兹曼提出"3R"理论,从互惠(reciprocity)、报复(retaliation)和声誉(reputation)等角度对国家利益做扩大解释——将声誉也纳入国家利益范围,并认为,即使没

---

① See Harold Hongju Koh, *Why Do Nations Obey International Law?*, 106 The Yale Law Journal 2599 (1996 - 1997); Anne-Marie Slaughter, *A New World Order*, Princeton University Press, 2004, p. 131 - 144; M. O. Chibundu, *Making Customary International Law through Municipal Adjudication: A Structural Inquiry*, 39 Virginia Journal of International Law 1069 (1999);张弛:《国际法遵守理论与实践的新发展》,武汉大学 2012 年博士学位论文,第 34~36 页。

② 参见[美]卡尔·多伊奇:《国际关系分析》,周启朋等译,世界知识出版社 1992 年版,第 271~276 页。

③ 参见[美]罗伯特·基欧汉:《霸权之后:世界政治经济中的合作与纷争》,苏长和等译,苏长和校,上海人民出版社 2006 年版,第 237~238 页。

④ See Andrew Moravcsik, *Taking Preferences Seriously: A Liberal Theory of International Politics*, 51 International Organization 513 (1997).

⑤ 参见[美]杰克·戈德史密斯、[美]埃里克·波斯纳:《国际法的局限性》,龚宇译,法律出版社 2010 年版,第 8 页。

有强制措施,国际法仍然有望被遵守。①

(三)规范主义下的国际法遵守理论

规范主义强调观念是国家行为的驱动。其代表人物为汤姆·泰勒、亚历山大·温特和本尼迪克特·金斯伯里。他们认为,国家遵守国际法的根本原因在于规范中的道德和社会义务观念。具言之,规范主义包含三大要素:合法性、建构主义和组织文化。其中,合法性表征的是,机制的合法性越强,国家就越愿意遵守,即遵守是国际法之合法性的效果。就该层面而言,国际法遵守是衡量国际法程序和内容是否公平的一项指标。② 建构主义,是指即使国际法与国家利益存在冲突,国家也会遵守国际法,因为国际规范是慢慢嵌入、形成并引导国家的。③ 组织文化将“国家”进行分解,认为团体中的组织文化在国际关系中处于最显著位置,并对国际法的遵守进行有效调节和塑造。④

在合法性要素上,弗兰克认为,对国际法遵守的研究应摆脱实证主义的桎梏,他在观察机制合法性的基础上提出“遵守牵引理论”,并指出合法性一般包含确定性、象征性的确认、一致性和规范层级的符合度四个方面。其中,确定性是指法律文本能够传达具体明确的信息,使主体对各自行为的后果产生合理预期;象征性的确认是指某种仪式或法律传统,如国际法的表决和批准程序;一致性是指法律适用始终遵循同一标准,不存在规则混乱或相互冲突;规范层级的符合度是指具体规则的层次体系与社会成员的普遍接受度相吻合,且在初级规则、次级规则和最终规则中存在准确定位。若国际法具备这些,则将产生很强的牵引力(compliance pull);反之,国家将采取规避态度,追求短期利益。⑤ 换言之,在弗兰克看来,国家对国际法的遵守,是由于国际法本身的合法性。

在建构主义要素上,温特认为,国家身份和利益均由共同观点所建立,故国家遵守国际法,是因其将这些规范内化为国内法的组成部分,而非出于

① 参见蒋力啸:《全球治理视角下国际法遵守理论研究》,上海外国语大学 2019 年博士学位论文,第 25 ~ 32 页。

② See Tom R. Tyler, *Why People Obey the Law*, Princeton University Press, 2006, p. 31.

③ See Alexander Wendt, *Collective Identity Formation and the International State*, 88 American Policy Science Review 384 (1994).

④ See Benedict Kingsbury, *The Concept of Compliance as a Function of Competing Conceptions of International Law*, 19 Michigan Journal of International Law 345 (1998).

⑤ See Thomas M. Franck, *Legitimacy in the International System*, 82 American Journal of International Law 705 (1988);蒋力啸:《全球治理视角下国际法遵守理论研究》,上海外国语大学 2019 年博士学位论文,第 25 ~ 32 页。

利益计算。① 在此基础上,学者们分别提出管理过程理论和跨国法律过程理论。其中,管理过程理论主张将合作范式的"管理"代替强制制裁的"执行",以实现对国际法的遵守,并从效率、利益和规范三个层面论证国际法遵守的一般规律。该理论同时将透明度、核实与监督、能力建设、审查与评估等制度工具作为遵守方式。② 而跨国法律过程理论强调,国际法遵守是一个互动、解释和内化的过程。换言之,国际法通过转化为国内法而增强了约束力并获得"黏性",促使国家从"利益计算"走向"制度习惯"。跨国法律过程理论尤为注重国内法律体系与国际法律体系的双向建构,并将之作为解释国际法遵守的内在推动。③ 在此基础上,乔治·唐、史蒂夫·拉特纳和皮特·哈斯作了进一步讨论。乔治·唐认为,大部分违反国际法的行为并非故意,而是条约中的模糊或不确定性所造成的"遵守不能";④拉特纳指出,国家承担国际法义务可视为其证明、保护和提高声誉的重要手段,因而具有正面影响,换言之,即使国家违法了,它也会自称忠于国际法精神而遵守国际法。⑤

在组织文化要素上,古德曼认为,国家通过不断模仿其他国家的行为而进行文化移入,进而实现"社会内化"。而这种社会内化,主要是改变目标行为体的动机或思想,从而引发其改变具体行为。该理论主张,只有改变国际法实施的社会环境,才能从根本上促进其执行。换言之,对于国际法实施而言,事前行为的塑造比事后制裁更为有效。因此,古德曼指出,从国际法的强制执行机制转向构建有效的遵守环境,将更能实现遵守目的。⑥

① See Alexander Wendt, *Anarchy is What States Make of It*: *The Social Construction of Power Politics*, 46 International Organization 391 (1992).

② See Abran Chayes & Antonia H. Chayes, *The New Sovereignty*: *Compliance with International Regulatory Agreements*, Harvard University Press, 1995, p. 29 – 33.

③ See Harold Hongju Koh, *Why Do Nations Obey International Law?*, 106 The Yale Law Journal 2599 (1996 – 1997).

④ See George W. Downs, David M. Rocke & Peter N. Barsoom, *Is the Good News about Compliance Good News about Cooperation?*, 50 International Organization 379 (1996); Robert O. Keohane, *International Relations and International Law*: *Two Optics*, 38 Harvard International Law Journal 487 (1997).

⑤ See Steven R. Ratner, *Precommitment Theory and International Law*: *Starting a Conversation*, 81 Tex. Law Review 2055 (2003); Andrew T. Guzman, *A Compliance-based Theory of International Law*, 90 California Law Review 1823 (2002).

⑥ See Ryan Goodman & Derek Jinks, *How to Influence States*: *Socialization and International Human Rights Law*, 54 Duke Law Journal 621 (2004); Andrew K. Woods, *A Behavioral Approach to Human Rights*, 51 Harvard International Law Journal 51 (2010);韩永红:《国际法何以得到遵守——国外研究述评与中国视角反思》,载《环球法律评论》2014 年第 4 期。

（四）理性选择主义下的国际法遵守理论

理性选择主义基于理性人的基本假设,认为国家与个人一样,是最大限度地追求自我利益的理性行为体。[①] 具言之,其建立在四个前提之上：一是国家或个人是自身最大利益的追求者；二是在特定情境下,国家或个人存在不同行为策略可供选择；三是国家或个人选择不同行为策略将导致不同结果；四是国家或个人对这些结果存在不同偏好。简单来说,理性选择主义即效用最大化——以最小代价换取最大收益。[②]

国际法遵守理论的理性选择主义代表人物为艾伦·塞克斯等。他们试图运用经济学观点对国际秩序和社会行动作出新的注解,认为规则本身并不会引起遵守,权力才是国际法遵守的动因。这与现实主义有点接近,但理性选择主义以利益为唯一衡量指标,即国家是否遵守国际法,以其是否可能促进利益最大化为判断标准。[③] 在理性选择主义下,博弈论被用来解释国际法的遵守。它认为,由于个人的合作行为是基于"成本—效益"框架,因此,国际法也可通过改变行为成本来影响个人偏好。同时,尽管理性存在个体理性与集体理性之分,但理性选择主义严格坚持个体理性的最大化假设。不过,由于个体处理信息的能力往往无法达到最佳,因此,最大化的"完全理性"通常不能实现。故"有限理性"被提出。在其看来,国家对国际法的遵守可能不是在所有备选方案中的"最佳",而是一种"满意"或"次优"。换言之,正如博弈双方一样,大家追求的通常为"取胜"而非"最好"。[④]

在国际法遵守上,国家之所以"取胜",主要是将其与不遵守进行比较。理性选择主义认为,国家遵守国际法并非因遵守本身,而是担心被制裁。[⑤] 在国际法上,尽管制裁的成功率低于5%,[⑥]但他们仍未放弃制裁之于国际法遵守的有效性,并试图寻求纾解这一困境的有效途径。故声誉被作为另一衡量标准。对此,有学者主张,国际法义务即国家用于提升违法者声誉成本的一种手段。换言之,国家一旦违反国际法,将有损其声誉和形象,在某

① See Richard A. Posner, *Some Economics of International Law: Comment on Conference Papers*, 31 Journal of Legal Studies 321 (2002).
② 参见丘海雄、张应祥:《理性选择理论述评》,载《中山大学学报(社会科学版)》1998年第1期。
③ See Eric A. Posner & Alan O. Sykes, *Optimal War and Jus Ad Bellum*, 93 Georgetown Law Journal 993 (2004).
④ See H. A. Simon, *Models of Bounded Rationality*, MIT Press, 1982;李培林:《理性选择理论面临的挑战及其出路》,载《社会学研究》2001年第6期。
⑤ See Judith Goldstein et al., *Introduction: Legalization and World Politics*, 54 International Organization 385 (2000).
⑥ See Robert A. Pape, *Why Economic Sanctions Do Not Work*, 22 International Security 90 (1997).

些情况下甚至会动摇国内政治基础。① 他们进一步指出,声誉可视为国家遵守国际法的信号。因此,当一国遵守国际法,其他国家为了与之合作,也将潜意识地选择遵守。不过,这仅发生在遵守所获的声誉收益超过违法可得的非声誉收益之时。② 故在所涉问题存在重大利益或该国在维持、发展声誉方面几乎不存在利益时,国家就将选择不遵守国际法。③

　　总的来说,尽管国际法遵守理论在发展过程中逐渐分流成不同理论派系,但其围绕国际法遵守都提出并论证了各自观点,系统回答了"国际法是否需要遵守""国际法遵守动因""国际法遵守方式"等几个核心问题,通过不同角度的阐释和剖析,揭示了遵约产生和发展的理论图谱。在"国际法是否需要遵守"上,承认遵守的事实,并倾向于遵守;在"国际法遵守动因"上,提出了多种因素,包括权力、利益、规范、制裁和声誉等,强调不同因素在国际法遵守上的起源和各自考量;在"国际法遵守方式"上,多主张通过合作来实现,但也有部分学者认为制裁或将发挥一定作用。

二、国际机制理论的外在推动

　　国际机制理论衍生于国际合作研究,随着复合相互依赖理论的产生而兴起。④ 1975 年,鲁杰第一次将国际机制引入国际关系学,其认为国际机制是一种承诺并由若干个国家所接受,内容涉及规则、规章、计划、组织能力和资金等。⑤ 目前,关于国际机制的概念,尚未达成共识。克莱斯勒认为,国际机制是一套明示或默示的原则、规范、规则和决策程序。其中,原则表示对事实和正直的信仰;规范是由权利和义务所确立的行为标准;规则提供了行为与否的具体指引;而决策程序蕴含着集体选择的惯性操作。⑥ 这将权力当作了无世界政府下的最主要变量,认为当权力结构基本稳定时,国际机制可通过调整绝对利益和相对利益来实现世界和平与发展。⑦ 不过,这一

---

① See Beth A. Simmons, *International Law and State Behavior: Commitment and Compliance in International Monetary Affairs*, 94 The American Political Science Review 819 (2000).

② See Andrew T. Guzman, *How International Law Works: A Rational Choice Theory*, Oxford University Press, 2008, p. 5.

③ See Andrew T. Guzman, *How International Law Works: A Rational Choice Theory*, Oxford University Press, 2008, p. 35 – 113;韩永红:《国际法何以得到遵守——国外研究述评与中国视角反思》,载《环球法律评论》2014 年第 4 期。

④ 参见何杰:《权力与制度——国际机制理论的现实主义分析》,载《欧洲研究》2003 年第 4 期。

⑤ 参见刘志云:《国际机制理论与国际法的发展》,载《现代国际关系》2004 年第 10 期。

⑥ See Andreas Hasenclever, Peter Mayer & Volk Rittberger, *Theories of International Regimes*, Cambridge University Press, 1997, p. 9.

⑦ 参见何杰:《权力与制度——国际机制理论的现实主义分析》,载《欧洲研究》2003 年第 4 期。

论断逐渐受到学者批评。首先,基欧汉认为,国际制度包括国际组织、国际机制和国际惯例,其中,国际机制是政府同意建立的专门性规则和制度。进言之,他认为权力并非无世界政府下的最主要变量,国家也不是最重要的行为者,因为国际组织被赋予了同样地位。故在基欧汉看来,国际机制是取代权力均衡的独立变量,本身即具有动态可操作性。① 其次,鲁杰主张,国际机制是对国际社会的行为期望,并应将之固定为可接受的共同理解。这种观点强调了国家的观念认知,认为观念决定着国际关系的最终状态。②

现今,国际机制理论已成为西方国际关系研究中最具活力和解释力的理论之一。③ 本书认为,根据国际机制作用的大小及其被认可程度,大致可对其进行三个方向的解读:新现实主义、新自由主义和认知主义。

(一)新现实主义下的国际机制理论

国际机制理论的新现实主义代表人物为利特伯格和克劳福德等。他们认为,国际机制理论的主要内容包括四点:一是国家权力与国际机制存在双向型互动——在国际机制建立时,国家权力为决定性因素,而当国际机制建立后,它又可作为国家权力的重要源泉;二是国际机制与国际合作的关系并不稳定,即国际机制对于国际合作的影响非常有限;三是随着国家权力的消解,国际机制亦将走向无效;四是霸权国家主导是国际机制的基础,它可通过国际机制来谋求最大利益。换言之,他们主张,霸权稳定论是对国际机制的最好解释,由于现存多数机制均由第二次世界大战后的霸权国所建立,因此国际机制是内生于国家权力结构的产物。④ 由于新现实主义强调权力的主导作用,因此,它对于国际机制理论的解读可称为"权力规范"模式。亦即权力分配是新现实主义探讨国际机制理论的核心,反映出国际体系中的大国权力布局。不过,它也注意到其他参与国在国际机制的创建与维持中的共同决策,指出国际机制有其"合理性"和"合法性"。⑤

具言之,在新现实主义看来,正是由于霸权国将国际机制视为一种公共产品(public goods),因此,它能够容忍"搭便车"行为。就该层面而言,国际

① See Robert O. Keohane, *International Institutions and State Power: Essays in International Relations Theory*, Westview Press, 1989, p. 3.

② See Friedrich Kratochwil & John Gerard Ruggie, *International Organization: A State of the Art on an Art of the State*, 40 International Organization 753 (1986).

③ 参见舒建中:《解读国际关系的规范模式:国际机制诸理论及其整合》,载《国际论坛》2006 年第 3 期。

④ See Robert M. A. Crawford, *Regime Theory in the Post-cold War World: Rethinking Neoliberal Approaches to International Relations*, Dartmouth Publishing Company, 1996, p. 57.

⑤ 参见刘志云:《国际法的"合法性"根源、功能以及制度的互动——一种来自国际机制理论视角的诠释》,载《世界经济与政治》2009 年第 9 期。

机制实为工具理性的产物。这些学者通过国际体系的结构和国家行为两个基本要素，从合作性博弈和非合作性博弈出发，主张国际法遵约机制是内生的，由结构所决定，因而受权力控制，故机制的有效性非常有限。不过，尽管权力至关重要，但受《联合国宪章》影响，霸权国至少在形式上努力遵守和维护各项机制运转。从作用上来看，这些遵约机制至少体现了国际法的服务功能、制约功能、规范功能、惩罚功能、示范功能和惯性功能。其中，在服务功能上，通过设立权利与责任，促使合作得以持续；在制约功能上，通过权力保障约束国家对外行为；在规范功能上，以避免冲突和展开合作为出发点，强调国家行为的规范性；在惩罚功能上，通过对违法者的事后制止，确保制约功能之延续；在示范功能上，希望通过惩罚个别缔约方而对其他国家起到警示作用；在惯性功能上，只要遵约机制的平衡未被打破，就将保持长期稳定。①

不过，有学者主张，无霸权也可形成国际机制。比如，20世纪60年代末至70年代初，美国霸权早已衰落，但国际机制依然存在且仍发挥重要作用，典型的如1973年石油危机之后建立的国际能源署（International Energy Agency）。② 概言之，新现实主义将权力作为唯一变量，否认国际机制的独立性，但国际机制本身拥有"生命线"，可提供信息、降低交易成本，不仅为抽象性的原则，还有可帮助监督国家行为的明确制度。③ 尽管新现实主义未被全盘否定，但其局限性越发显现，并催生了新自由主义的崛起。

（二）新自由主义下的国际机制理论

新自由主义主张，国际社会虽处在无政府状态，但并非无序的，而是存在一定的组织形式和行为规范。故国家是自私和理性的行为体，为了达到绝对收益，它们通常寻找一种有效机制，以放弃各自的帕累托最优（Pareto Optimality）④战略。国际机制理论的新自由主义代表人物为基欧汉等。他们认为，国际机制理论的主要内容有四点：其一，利益权衡是国际机制建立和维持的决定因素；其二，由于国际机制具有汇聚行为预期和减少不确定性

① 参见刘志云：《国际法的"合法性"根源、功能以及制度的互动——一种来自国际机制理论视角的诠释》，载《世界经济与政治》2009年第9期。
② See Robert O. Keohane, *After Hegemony: Cooperation and Discord in the World Political Economy*, Princeton University Press, 1984, p. 100.
③ See Stephen Krasner, *Structural Conflict: The Third World Against Global Liberalism*, University of California Press, 1985, p. 7 - 9.
④ 帕累托最优是资源分配的一种理想状态——假使存在固定的一群人和可分配资源，在没有使任何人境况变坏的情况下，至少有一个人能变得更好。这偏向于一种个体主义。参见李绍荣：《帕累托最优与一般均衡最优之差异》，载《经济科学》2002年第2期；门洪华：《对国际机制理论主要流派的批评》，载《世界经济与政治》2000年第3期。

等功能,因而国际合作是可以实现的;其三,尽管国际机制的建立受霸权国影响甚大,但其一经建立便独立于后者,成为国际关系中的独立变量,故霸权之后的国际合作也可实现;其四,尽管国际机制可给予霸权国以最大利益,但它同时也对霸权起到一定制约。就该层面而言,他们主张,国际机制的建立取决于国家共同利益。① 换言之,新自由主义认为,国际合作的实现需有共同利益基础,但仅有共同利益也不必然导致合作,此时,国际机制便有其存在之必要,因为它可以减少不确定性,并限制信息不对称,这属于"利益规范"模式。②

循此逻辑,国际法的本质是维护和协调国家共同利益。是以,遵约机制旨在促进信息交流并提供稳定的预期。换言之,遵约机制是国家利益聚合后的共同价值抉择,着眼于双边或多边利益维护。一方面通过互惠的机会和流动的信息来使行为体看到连续性价值;另一方面通过争端解决的适用标准来为国家间矛盾的缓和创造可能。③ 故在国际法体现国际社会的普遍价值并提供国际秩序之时,遵约机制是其正当性来源和合法性基础。而这是道德或伦理所无法供给的。由于国家对国际法的遵守在很大程度上取决于遵约机制的有效性,而从国际制度和国家行为要素出发,遵约机制的有效性又取决于国际制度与国际合作的关系——当国际制度有利于国际合作时,有效性便存在;反之则不存在。④ 因此,新自由主义认为,遵约机制通过国家的遵守来体现对其本身的限制。鉴于遵约机制是被用于解决所面临的问题,故在利益引导下,国家的遵守程度越高,就表明机制的有效性越好。⑤他们进一步指出,世界政治存在广泛的不确定性,而国际机制可帮助国家达成各方可接受的意愿。也即,没有国际机制,协议将无法达成——国际机制正是通过降低这种不确定性来促进国际合作。⑥ 他们强调,合作并非国际

---

① See Robert O. Keohane, *After Hegemony*: *Cooperation and Discord in the World Political Economy*, Princeton University Press, 1984, p. 79;舒建中:《解读国际关系的规范模式:国际机制诸理论及其整合》,载《国际论坛》2006 年第 3 期。

② 参见[美]罗伯特·基欧汉:《霸权之后:世界政治经济中的合作与纷争》,苏长和等译,苏长和校,上海人民出版社 2006 年版,第 13 页。

③ See Joseph S. Nye Jr., *Understanding International Conflicts*: *An Introduction to Theory and History*, Longman, 1997, p. 39.

④ 参见[美]亚历山大·温特:《国际政治的社会理论》,秦亚青译,上海人民出版社 2000 年版,第 11~12 页;王明国:《国际机制对国家行为的影响——机制有效性的一种新的分析视角》,载《世界经济与政治》2003 年第 6 期。

⑤ 参见[美]奥兰·扬:《世界事务中的治理》,陈玉刚、薄燕译,上海人民出版社 2007 年版,第 68~69 页。

⑥ See Robert O. Keohane, *International Institutions and State Power*: *Essays in International Relations Theory*, Westview Press, 1989, p. 108.

关系的和谐状态,利益冲突和趋同才是。进言之,只有在利益趋同以后,遵约机制才有可能产生,并反过来助力于共同利益的实现。

不过,新自由主义下的国际机制理论也陷入逻辑难以自洽的境地。通常来说,国际机制具有维护和延续国际体系的服务功能,但新自由主义绕开这一话题,反而认为,在相互依存条件下,国家权力可持续减弱——否定了权力因素在机制构建上的重要性。换言之,新自由主义的博弈推理一方面主张利益至上,另一方面又淡化了权力所引发的收益相对性。

(三)认知主义下的国际机制理论

认知主义是建构主义在国际机制问题上的衍生和发展。国际机制理论的认知主义代表人物为安德烈亚斯·哈森克尔等。在他们看来,国际机制理论同样具有四个方面的内容:一是国际机制是国际关系特定领域预期汇聚的社会制度,具有主体间特性,即原则性共享观念;二是国际机制通过对成本和收益的权衡,促使国家作出理性决策;三是由于原则性共享观念是国际机制的规范基础,因此,在国际机制建立和发展中,观念均占据首位;四是不同国家的观念差异塑造了行为预期并成为国际机制建立和发展的动力环境。① 换言之,认知主义强调知识、价值观念和思想意识等主观而非客观因素的重要作用,②严厉批判理性主义,认为国际法何以能发挥效力,在于国际机制已经深入国家的内在意识。就该层面而言,认知主义下的国际机制理论既不同于"权力规范",也有别于"利益规范",而是一种"观念规范"。③

对此,有学者提出"强"认知主义和"弱"认知主义,认为强认知主义强调国际机制理论的社会学转向,并将观念作为国际机制的根本变量,④而弱认知主义主张因果概念和规范理念在国际机制中的构建需求和向导。⑤ 尽

---

① See Friedrich Kratochwil & John Gerard Ruggie, *International Organization: A State of the Art on an Art of the State*, 40 International Organization 753 (1986); Alexander Wendt, *Anarchy is What States Make of It: The Social Construction of Power Politics*, 46 International Organization 391 (1992); Andreas Hasenclever, Peter Mayer & Volk Rittberger, *Theories of International Regimes*, Cambridge University Press, 1997, p. 179;舒建中:《解读国际关系的规范模式:国际机制诸理论及其整合》,载《国际论坛》2006 年第 3 期。

② See Andreas Hasenclever, Peter Mayer & Volk Rittberger, *Theories of International Regimes*, Cambridge University Press, 1997, p. 137.

③ 参见舒建中:《解读国际关系的规范模式:国际机制诸理论及其整合》,载《国际论坛》2006 年第 3 期。

④ See Peter M. Haas, *Introduction: Epistemic Communities and International Policy Coordination*, 46 International Organization 1 (1992).

⑤ See Andreas Hasenclever, Peter Mayer & Volk Rittberger, *Theories of International Regimes*, Cambridge University Press, 1997, p. 137.

管二者在对待"观念"问题上存在程度之差——前者更为激进,后者相对缓和。① 但总的来说,认知主义强调社会对个体的影响,认为社会高于个体,并主张国际机制的合法性来源于"认同"或"规则内化"(internalization)。在它看来,遵约机制至少体现了国际法的整体性功能和社会性功能。在整体性功能上,国际法之所以得以遵守及遵约机制之所以建立,主要是因为其他国家的共同同意。一旦国家认识到国际法的整体利益,则遵约机制的合法性便有了具体形态。在社会性功能上,遵约机制通过将国际社会的共享观念稳定化,塑造着国际法的价值支柱及其发展方向。换言之,遵约机制通过重申各项规则,敦促成员行为规范化,以保障国际合作能顺利开展,进而将国际社会的期待演变为现实。②

随之产生的一个问题是遵约机制的法制化。在认知主义看来,国际机制的法制化建立在国际关系和国际秩序的基础之上,主张通过法律手段来规范国家行为和利益分配,强调只有法制化才能实现国际关系的合理化。③他们指出,国际机制法制化的基本特征有三:一是责任性;二是明确性;三是授权性。责任性表明相关主体受某一或多项规则和承诺的制约,如果违反,将面临国际监督或制裁;明确性是指这些规则或承诺对相关主体的要求是明确且具体的;授权性意味着这些规则或承诺可让第三方实体予以解释和执行,并就争端解决构建实施细则。④ 事实上,这解释了遵约机制的实质,即遵约机制在内容上需体现责任性和明确性,而在形式上又被赋予授权性。总的来说,认知主义从国际机制本身出发,认为法律观念、意识和文化结构不仅制约着国家的外在行为,而且内在影响到国家的身份和地位。⑤ 简单来说,当国家认同国际法为"法"时,它们就会自发地遵守。

当然,认知主义下的国际机制理论也受到多方批评。比如,新现实主义和新自由主义认为,其与现实世界脱离,并缺乏独立的体系化纲领,仅是对主流学派的怀疑和批判。⑥

尽管国际机制理论的不同流派均存在反对之声,但其确实揭示了国际

① 参见门洪华:《对国际机制理论主要流派的批评》,载《世界经济与政治》2000 年第 3 期。
② See Onuma Yasuaki, *International Law in and with International Politics:The Functions of International Law in International Society*,14 European Journal of International Law 105 (2003); 刘志云:《国际法的"合法性"根源、功能以及制度的互动———种来自国际机制理论视角的诠释》,载《世界经济与政治》2009 年第 9 期。
③ 参见刘杰:《秩序重构:经济全球化时代的国际机制》,高等教育出版社 1999 年版,第 92 页。
④ See Kenneth W. Abbott et al., *The Concept of Legalization*,54 International Organization 401 (2000).
⑤ 参见刘志云:《国际机制理论与国际法的发展》,载《现代国际关系》2004 年第 10 期。
⑥ 参见王逸舟:《西方国际政治学:历史与理论》,上海人民出版社 1998 年版,第 417 页。

机制与国际法的某种关联。在早期,为了让国际机制理论回归本源,学者们曾有意将之与国际法保持一定距离。但是,随着国际机制中原则、规则和规范等术语的出现,二者的人为分离反而导致研究的难以深入。在此背景下,学者们进行广泛讨论,并衍生了不同的解释视域。这些解释大致存在两种倾向:一是强调理性,即新现实主义和新自由主义;二是强调社会化选择,即认知主义。其中,理性视角下的解读更注重遵约机制的实质意义,而社会化选择下的阐释更偏向于形式意义。不过,由于叙事风格有所差异,所以单一的解释均无法窥见理论全貌。因此,它们存在整合与革新之势。①

三、条约必须信守原则的价值补充

在国际法体系中,条约必须信守原则一直为其存在的根基。所谓条约必须信守(pacta sunt servant)原则,也即条约神圣(sancity of treaties, inviolability of treaties)原则,是指一合法缔结的条约,在有效期内,当事国有依约善意履行的义务。② 该原则是在不具有强制执行机构的情形下对缔约方③所作的框架性约束。它包含一个基本命题:缔约者对于自己的承诺有遵守之必要。在古希腊和古罗马时代,条约必须信守被视为一项宗教义务。比如,西塞罗就曾指出,"让契约永远获得执行"④——这应是目前可供考证的最原始出处。至中世纪时,随着商业文明的进步,对外贸易快速拓展,封建制度的"契约遵守"为其提供了最适宜的生长环境。与此同时,在国际层面,条约必须信守作为古罗马法的一项基本原则,借着古罗马法的复兴而影响到西欧,进而辐射至其他国家。⑤ 然而,随着近代绝对主权观念的出现,该原则也受到一些质疑,尤其是欧洲资本主义和帝国主义为争夺原料和海外市场而频繁开展的殖民战争,为其蒙上一层阴影。尽管如此,国际社会仍致力于通过对违法行为的严厉谴责和制裁,对之进行重申,确保其可持续发展。⑥ 在此过程中,自然法学派、实在法学派和规范法学派均进行了重要解读。

---

① 参见门洪华:《对国际机制理论主要流派的批评》,载《世界经济与政治》2000 年第 3 期。

② 参见侯连琦:《论我国宪法中有关国际条约适用的缺失》,载《江南大学学报(人文社会科学版)》2008 年第 1 期。

③ 由于条约缔结者仍是国家,因此,本书中的"缔约国"(countries)和"缔约方"(parties)含义一致。

④ 王勇:《条约在中国适用之基本理论问题研究》,华东政法学院 2006 年博士学位论文,第 10 页。

⑤ 参见万鄂湘、石磊等:《国际条约法》,武汉大学出版社 1998 年版,第 171～172 页。

⑥ 参见王勇:《条约在中国适用之基本理论问题研究》,华东政法学院 2006 年博士学位论文,第 10～11 页。

（一）自然法学派下的条约必须信守原则

自然法学派主张，在实定法之上存在绝对公正的法律，且可以从人、社会和事物的本性推知。他们认为，自然是创造这种法律的最高权威，而实定法不能产生真正的法律——因为它们仅在某种场合复制了法律。换言之，自然法学派以昭示宇宙和谐秩序的自然法为正义标准，认为真正体现正义的法律是存在于人类内心的自然法，而非由协议所产生。它重视法律存在的客观基础和价值目标，是完美的理想主义者。这一学派可追溯至希腊的狄摩西尼，他认为，"一切法律都是上帝的赐予"。此后，西塞罗也表示，真正的法律是纯粹的理性，并与自然相调和。① 可见，在早期，自然法学派具有"天赋论"倾向，但几乎所有的自然法学者都主张条约必须信守。比如，圣奥古斯丁指出，即使某项约定是对敌人所作出的，也需遵守。苏阿勒兹更是将条约必须信守视为自然法的最基础规范。格劳秀斯也认为，对条约的遵守是维持国际和平的必要条件。② 申言之，根据自然法学派的观点，"每个人均应坚守其约许"——这是自然法的最神圣格言之一，"人们证明了在自然法中，某人对另一人作出许诺，就应给予该人以要求所许诺事物的真正权利，因而不遵守已完成的许诺就侵害了他人权利，这是同夺取他人财产一样的明显不正义行为"。③

19 世纪初期，自然法学派开始衰落，随后又迎来复兴。复兴后的自然法学派进而指出，自然法具有两个基本规范：一是条约必须信守原则；二是对于不公正的损害须予赔偿。换言之，他们将条约必须信守作为理解和阐释自然法的根基之一。不过，需要指出的是，尽管自然法学派在很大程度上推动了条约必须信守原则的发展，但其论证依然饱受诟病，因为它所坚持的"纯粹理性"和"人的本性"并不恒定，且受主观因素影响甚大。④

（二）实在法学派下的条约必须信守原则

实在法学派与自然法学派对立。它从主权观念出发，认为国家之上并无任何权威，且国家承担义务的前提是自身同意。它进一步指出，既然国家之上无任何权威，那么，国际法与国内法就存在本质区别——国内法是从属性法律，而国际法是平等性法律。正是因为国际法的平等性，条约必须信守只能建立在各国同意的基础之上。具言之，实在法学派强调"人定法"而非"自然法"，并认为国际条约和国际习惯是国际法的主要表现形式。在他们

---

① 参见张乃根：《西方法律思想史》，中国政法大学出版社 1995 年版，第 72 页。
② 参见[荷]格劳秀斯：《战争与和平法》（第 1 卷），[美]弗朗西斯·W. 凯尔西等英译，马呈元译，中国政法大学出版社 2015 年版，第 9 页。
③ 李浩培：《条约法概论》，法律出版社 1987 年版，第 338 页。
④ 参见李浩培：《论条约必须信守原则》，载《法学杂志》1985 年第 1 期。

看来,国际条约是基于国家之间的明示同意,而国际习惯是基于国家之间的默示同意——二者均是实在的(positive)。它据此得出结论:国际法是由人所制定的,因此,国际法的效力也应由国家共同同意。概言之,实在法学派认为,条约必须信守的依据是现实的国家同意,而非根源于"理性"法则。

在此基础上,其分为三大分支:单纯同意说、国家自限说和共同同意说。(1)单纯同意说以德国学者奥本海为主要代表。他认为,在未经同意之前,不能对国家强加某项国际法规则,而当国家同意服从该规则时,就将受其约束,该约束可类比国内法的拘束力。简言之,奥本海将国家与个人进行比较,认为条约的遵守须经国家同意——该同意既可明示,也可默示。① 按照这一逻辑,条约必须信守原则具有脆弱性,因为,既然国家可决定信守条约,那么它自然也可选择退出条约。(2)国家自限说以德国学者耶利内克为主要代表。他指出,国际法本身以国家意志为基础,既然国家拥有主权,那么它当然可决定自身权限及在何种情况下受国际法约束。换言之,国家自限说以绝对的国家意志和主权为出发点,认为条约只能在国家自我决定必须遵守时才会得以遵守,否则不具有约束力。故该学说实际上是对国际法和条约必须信守原则的根本否定,难以解释国家为何遵守国际法。(3)共同同意说以德国公法学家特利佩尔为主要代表。他认为,国家意思的合一即为共同同意,无论是国际条约还是国际习惯,都源自各国共同同意。换言之,共同同意说主张,条约的遵守来源于国际习惯,由于国际习惯是由各国所共同同意的,因此,国家负有遵守义务。②

(三)规范法学派下的条约必须信守原则

规范法学派反对实在法学派的国家同意论,认为一切法的效力来源于一个基本规范。它指出,国际法与国内法均具有从属性,而非平等性。根据研究重心不同,规范法学派又可分为新康法学派和连带关系学派。其中,新康法学派以凯尔逊为主要代表。在他看来,"存在"和"应当"是理解国际法的关键。他指出,凡是自然科学所发现的规律均为"存在",而法律科学的对象则是"应当"。故国际法何以被服从是自然科学的问题,而其拘束力则属于法律科学的范畴。他继而认为,条约必须信守是国际法的基本规范,是其拘束力的基础。连带关系学派以狄骥为主要代表。他主张,条约和习惯仅为文件,目的在于确认人们的法律意识。正是这种法律意识作为更高的规范,来保障国际法的被服从。他进一步表示,如果没有连带关系的要求,那

① 参见[德]奥本海:《奥本海国际法》,岑德彰译,上海社会科学院出版社2017年版,第52页。
② 参见李浩培:《条约法概论》,法律出版社1987年版,第341页。

么,条约必须信守作为一项原则也就不存在。① 换言之,规范法学派只从逻辑形式上来分析法律,而不作任何道德或正义评判。他们认为法律规范是一个等级分明的结构体系,低一级法律要服从高一级法律,并最终服从设定的基本规范。在他们看来,这个基本的和最高的规范,即由人类法律良知所产生的条约必须信守原则。② 同时,由于在国际法与国内法的关系上,一直存在一元论和二元论之分,因此,发展中的规范法学派还认为,只有假定和承认了这个最高规范的效力,才能进一步解释其他法律规范的效力,否则其他法律规范的效力便无从解释。可见,在条约必须信守原则上,规范法学派与自然法学派的主张存在一定交叉。

总的来说,尽管条约必须信守原则自产生时起便几经波折,学者们也从不同角度对其作了多种诠释,形成了不同学说,但近年来,多数学者均对其持肯定和支持态度。时至今日,这一原则已发展为缔约方遵守国际法的重要准则,亦是遵约机制构建的价值补充。当然,在内容上,条约必须信守原则还需满足三大条件:一是该条约合法有效;二是该条约对当事国有效;三是善意地解释该条约。具言之,并非所有条约均应被遵守,只有平等、互惠且自愿缔结的条约才有信守之必要。根据"条约不拘束第三国"原则,信守条约的国家须是缔约方,且未对相关事项作出保留。此外,由于该原则的初衷是诚实、善意地履行约定,因此,在解释时,还需符合条约目的和宗旨,而非仅局限于字面本身。③

第二节　国际法上遵约机制的规范表达

盖因国际法遵守理论、国际机制理论和条约必须信守原则的向导,在近现代国际法上,已逐渐形成专门的体制机制,用于促进缔约方遵约——遵约机制。从概念上来看,国际法上的机制,是指围绕国际法的明示或默示的基本原则、义务、规范和决策程序,通过协调各国利益,促使缔约方活动符合国际法要求;而遵约机制是为加强缔约方之间、缔约方与条约机构之间的交流,通过增强缔约方的遵约能力来促进对条约的遵守并处理与不遵约相关的规则和程序。④ 事实上,"遵约机制"在不同语境下有不同表达,比如,在

---

① 参见李浩培:《论条约必须信守原则》,载《法学杂志》1985 年第 1 期。
② 参见曹建明、周洪钧、王虎华主编:《国际公法学》,法律出版社 1998 年版,第 7 页。
③ 参见汪静:《略论国际法上的"条约必须信守原则"》,载《法律学习与研究》1986 年第 7 期。
④ See Farhana Yamin & Joanna Depledge, *The International Climate Change Regime: A Guide to Rules, Institutions and Procedures*, Cambridge University Press, 2004, p. 381.

《蒙特利尔议定书》中，其为"不遵守程序"（non-compliance procedure）；在《卡塔赫纳生物安全议定书》中，其为"履约程序和机制"（compliance procedure and mechanism）。而本书使用的是"遵约机制"（compliance mechanism），以与《京都议定书》下"遵约委员会"（compliance committee）的表述一致。

一般来说，国际法上的遵约机制具有三个特点：预防性、非对抗性和内生性。预防性是指只要存在或可能存在不遵约的事实，即可启动遵约程序，这与传统争端解决机制和损害赔偿机制不同——后两者以争议的产生为前提。当然，在某些情况下，遵约机制也会对经证实的不遵约行为采取应对措施。非对抗性是指遵约程序启动之后，一般以激励和诱导性手段为主、执行和强制性手段为辅——这是由国际法上无世界政府的特点所决定的。同时，这种非对抗性还体现在谈判民主化上，即缔约方在条约退出上享有自由权。内生性是指遵约机制往往附着于具体条约，其实施与条约进展有关，可由缔约方自身、其他缔约方或秘书处来启动——这些均不同于自成体系的争端解决机制或损害赔偿机制。① 由于遵约机制是确保条约履行的重要内容，因此，在国际劳工法、国际人权法、战争与武装冲突法、国际贸易法和国际环境法中普遍存在。

一、国际劳工法中的遵约机制

在近现代国际法上，遵约机制最先产生于国际劳工法。至 2022 年 8 月，国际劳工组织（International Labor Organization）项下有 190 个全球性、区域性的国际条约和 199 项议定书。在这些条约中，遵约机制可统一适用——这与联合国框架下的遵约机制明显不同，后者通常会根据不同领域而设置不同的遵约程序和规则。

当前，在国际劳工法中，遵约机制主要包括三方面内容：报告、申诉和控诉。首先，报告。《国际劳工组织章程》第 22 条表示，成员国应向国际劳工组织提出年度报告，且需满足一定要求：在形式上，应有统一格式和项目专栏；在内容上，应体现成员国同意实施公约规定的各项措施。换言之，它要求成员国就劳工条约的履行情况提交执行报告，并报国际劳工组织讨论。② 其次，申诉。《国际劳工组织章程》在第 24 条提到，若成员国没有切实遵守

---

① 参见王晓丽：《多边环境协定的遵守与实施机制研究》，武汉大学出版社 2013 年版，第 32～35 页。

② 《国际劳工组织章程》第 22 条："各成员国同意就为实施参加公约的各项规定所采取的措施向国际劳工局提出年度报告。此报告应按理事会要求格式和具体项目编写。"

所参加的公约,则雇主或工人产业协会可向国际劳工组织申诉。在接到申诉后,国际劳工组织理事会应通知该成员国并请其作出适当声明。为了提高效率,第 25 条表示,如果在一定期限内没有收到此声明或对声明不满意,则国际劳工组织理事会有权公布上述所有信息。① 最后,控诉。在第 26 条,《国际劳工组织章程》认为,如果一成员国对另一成员国的履约状况不满,可向国际劳工组织提出控诉。在接到控诉后,国际劳工组织理事会可自主决定是否通知被控诉政府。若认为不需通知或经通知后未收到满意答复,则可设立调查委员会予以审议。②

为了便于操作,1932 年第五十七次理事会议通过《审查申诉程序的议事规则》(以下简称《议事规则》)。该规则历经 1938 年、1980 年和 2004 年数次修订,形成当前版本。在第 2 条,《议事规则》列出了可受理申诉的必备条件:一是以书面形式送交国际劳工组织;二是来自雇主或工人产业协会;三是具体提及《国际劳工组织章程》第 24 条;四是与国际劳工组织的一个成员国有关;五是提及被申诉方所缔结的一项公约;六是指出被申诉方在哪些方面未切实遵守该公约。它强调,在决定申诉是否可受理时,理事会不得对实质内容进行讨论。紧接着,在第 3 条,《议事规则》指出,若理事会认为可予受理,则应设立一个委员会进行审查。该委员会应由政府、雇主和工人三方选取相同人数的理事组成。但是为了回避,被申诉方的代表或国民以及申诉方中担任正式职务者,不得作为委员会成员。当该申诉与先前一项申诉的事实和指控相似时,在先前申诉未处理完毕前,可推迟任命新的审查委员会。在程序上,委员会的任命应当保密。

在审查期间,委员会被赋予五项职能:其一,要求申诉方在规定时间内提供进一步信息;其二,将申诉书复印件送交被申诉政府,并邀请它作出任何回复声明;其三,将申诉书复印件送交被申诉方,并邀请后者在规定时间内就该问题作出声明;其四,在收到有关政府声明后,要求后者在规定时间内提供进一步信息;其五,邀请申诉方代表通过口头方式提供进一步信息。当委员会邀请被申诉方作出声明或提供进一步信息时,被申诉政府可以书

① 《国际劳工组织章程》第 24 条:"若雇主或工人产业团体就一成员国于管辖范围内在任一方面未能切实遵守所参加的公约向国际劳工局提出申诉,理事会可将此项申诉告知被申诉的政府,并请其对此事作出认为适当的声明。"
② 《国际劳工组织章程》第 26 条:"任一成员国若对另一成员国在切实遵守双方已按以上条款批准公约方面的状况感到不满,有权向国际劳工局提出控诉。……理事会如认为适当,可在将该控诉提交下文规定的调查委员会前,按照第 24 条所述办法,通知被控诉的政府。……如理事会认为不需将该控诉通知被控诉的政府,或经通知而在适当时间内未收到满意答复,理事会可设立调查委员会来审议该控诉并提出报告。……"

面形式送交相关材料,并要求委员会代表听取己方意见,同时要求国际劳工组织通过与主管当局的直接接触获得相关信息,以便向委员会提交。当委员会审查完申诉内容,需向理事会提交一份报告,并说明审查步骤和结论,同时就理事会将要作出的决定拟定相关建议。在第 7 条和第 8 条,《议事规则》主张,当理事会对报告的实质问题进行审议时,应允许被申诉政府派代表参加,该代表拥有与其他理事同等发言权,但无表决权。在审议过程中,应当保密。当理事会决定公布相关材料时,应提前确定公布形式和日期。而国际劳工组织应将理事会决定告知申诉双方。若被申诉方不再属于国际劳工组织成员国,就其仍作为缔约方的公约而言,亦应适用《议事规则》。此外,《议事规则》还允许委员会比照适用结社自由委员会制定的两项原则:一是当委员会查实所依据的事实时,可考虑到,尽管没有规定申诉审查的正式时效,但政府很难就很久以前的事项作出详细答复;二是当委员会就理事会作出的决定拟定建议时,可考虑到申诉方可能存在的利害关系——若申诉来自与该事项直接相关的国家协会或具有国际劳工组织咨商地位的雇主及工人协会,则可表明存在利害关系。①

从国际劳工法的遵约机制来看,它侧重于对成员国是否履约的判断。换言之,它赋予申诉方对成员国的违法行为以控诉权,并寄希望于审查委员会的判定结果。不过,它未涉及在此之后的申诉方救济。

二、国际人权法中的遵约机制

国际人权法中的遵约机制主要有两大类:《联合国宪章》体制下的普遍性遵约机制和人权公约中的具体性遵约机制。

(一)《联合国宪章》体制下的遵约机制

在《联合国宪章》体制下,遵约机制主要体现在 2006 年联合国大会第60/251 号决议的"普遍定期审议"(Universal Periodical Review)中。该决议决定成立联合国人权理事会(United Nations Human Rights Council)来取代运行 60 年之久的人权委员会。该决议第 3 条和第 4 条提出,理事会应在联合国系统内促进有效协调,将人权问题主流化,并以普遍性、公正性、客观性、非选择性和建设性的国际合作原则为指导,加强促进和保护人权。该决议第 5 条赋予了理事会十项职权:一是促进人权教育、学习和咨询服务、技

---

① See International Labor Organization, *Standing Orders Concerning the Procedure for the Examination of Representations under Articles* 24 *and* 25 *of the Constitution of the International Labour Organization*, International Labor Organization (Aug. 18, 2022), https://www. ilo. org/wcmsp5/groups/public/－－－ed_norm/－－－normes/documents/meetingdocument/wcm_041899. pdf.

术援助及能力建设;二是充当人权专题对话的论坛;三是向联合国大会提出进一步发展国际人权法的建议;四是促进全面落实成员国的人权义务及有关会议承诺的后续行动;五是定期普遍审查各国遵约状况;六是通过对话,协助预防和应对侵犯人权的行为;七是承担与人权事务高级专员办事处工作有关的责任;八是在人权领域与各利益相关方密切协作;九是提出有关促进和保护人权的建议;十是向大会提交年度报告。其中,在第五项,理事会可根据客观和可靠的信息,在确保平等对待和尊重所有国家的基础上,定期普遍审查各国的人权义务履行情况,且该审查采取互动对话的方式。在内容上,理事会主要负责审查国家报告,以及联合国人权高级专员和利益相关方提交的报告。① 一般来说,在该机制中,人权理事会的地位较一般条约机构和人权委员会要高一些,审议程序也更公正。为此,人权理事会还设置了特别程序,允许在人权事务高级专员办事处的支持下开展国家访问,通过发函提请各国关注相关问题,并撰写专题报告,组织专家讨论会,同时为技术合作提供咨询意见。不过,在《联合国宪章》体制下,遵约机制主要发挥宣示和指引作用,其普遍定期审议旨在推动人权承诺的履行,而未涉及具体实施方案。

(二)人权公约中的遵约机制

相较于《联合国宪章》体制下的遵约机制而言,人权公约中的遵约机制更具可操作性。其一般包括四方面的内容:机构设置、提交义务报告、申诉程序和指控程序。

以 1989 年《儿童权利公约》及其 2011 年《关于设定来文程序的任择议定书》为例。首先,机构设置。在第 43 条,为了审查缔约方的义务履行进展,《儿童权利公约》要求设立“儿童权利委员会”。该委员会由 10 名品德高尚且在所涉领域具有公认能力的专家组成。在充分考虑公平地域分配原则及主要法系的情况下,以无记名表决方式选举。一般来说,委员会成员任期为 4 年,可连选连任。若某一成员死亡或辞职或宣称因任何其他原因而无法履行职责,其所在国家经委员会批准,需指定另外一名专家来接替其剩余任期。② 其次,提交义务报告。《儿童权利公约》第 44 条第 1 款至第 4 款指出,缔约方应通过联合国秘书长,在本公约对其生效后 2 年内及此后每 5年,向委员会提交为实现本公约而采取的措施及权利进展报告。这一报告

---

① See United Nations, *A/Res/60/251*: *Human Rights Council*, UN (Apr. 3,2006), https://undocs. org/zh/A/RES/60/251.

② 《儿童权利公约》第 43 条:“1. 为审查缔约国在履行根据本公约所承担义务方面取得的进展,应设立儿童权利委员会,执行下文所规定的职能。2. 委员会应由 10 名品德高尚并在本公约所涉领域具有公认能力的专家组成。委员会成员应由缔约国从其国民中选出,并应以个人身份任职,但须考虑到公平地域分配原则及主要法系。……”

应资料充分,以使委员会全面了解相关情况。在必要时,委员会也可要求缔约方补充相关信息。① 再次,申诉程序。《关于设定来文程序的任择议定书》第5条第1款和第12条区分个人来文和国家来文两种情况。二者均要求涉及《儿童权利公约》、《关于儿童卷入武装冲突问题的任择议定书》和《关于买卖儿童、儿童卖淫和儿童色情制品问题的任择议定书》中的权利。第6条第1款指出,在收到来文后,对案件作出裁断前,委员会可随时请有关缔约方从速考虑需采取的临时措施,以避免造成无法弥补之损害。针对匿名或非书面等形式来文,第7条表明,委员会均不予受理。第10条强调,审议时,委员会应举行非公开会议,并及时向有关各方传达相关意见和建议。② 最后,指控程序。在第13、14条中,《关于设定来文程序的任择议定书》表示,当委员会收到可靠的资料,表明某一缔约方严重侵犯上述公约和议定书所涉权利,则应邀请该国合作审查这些资料并为之提供意见。在调查时,委员会可指派一名或多名成员并在经缔约方同意后,让其进入该国领土访问。必要时,在有关缔约方收到调查结果、意见和建议后6个月内,委员会可邀请有关缔约方通报为响应调查所采取的和即将采取的措施。③

---

① 《儿童权利公约》第44条第1款至第4款:"1.缔约国承担按下述办法,通过联合国秘书长,向委员会提交关于它们为实现本公约确认的权利所采取措施及关于这些权利享有方面的进展报告:(a)在本公约对有关缔约国生效后两年内;(b)此后每五年一次。2.根据本条提交的报告应指明可能影响本公约规定的义务履行程度的任何因素和困难。报告还应载有充分资料,以使委员会全面了解本公约在该国实施情况。3.缔约国若已向委员会提交全面的初次报告,就无须在其以后按照本条第1款(b)项提交的报告中重复原先已提供的基本资料。4.委员会可要求缔约国进一步提供与本公约实施情况有关的资料。"

② 《关于设定来文程序的任择议定书》第5条第1款:"受缔约国管辖的个人或群体,如声称是缔约国侵犯其加入的以下任何文书所载任何权利的受害者时,均可亲自或由人代理提交来文:(a)《公约》;(b)《关于买卖儿童、儿童卖淫和儿童色情制品问题的任择议定书》;(c)《关于儿童卷入武装冲突问题的任择议定书》。"《关于设定来文程序的任择议定书》第6条第1款:"委员会收到来文后,在对案情作出裁断前,可以随时向有关缔约国发出请求,请该国从速考虑采取在特殊情况下可能需采取的临时措施,以避免对声称侵犯人权行为的受害者造成可能无法弥补的损害。"《关于设定来文程序的任择议定书》第7条:"在下列情形,委员会应当视来文不可受理:(a)匿名来文;(b)非书面来文……"《关于设定来文程序的任择议定书》第10条:"1.委员会应当根据提交委员会的全部文件资料,尽快审议根据本议定书收到的来文,但这些文件资料应当送交有关当事方。2.委员会应当举行非公开会议,审查根据本议定书收到的来文。……"《关于设定来文程序的任择议定书》第12条:"1.本议定书缔约国可以随时作出声明,承认委员会有权接收和审议涉及一缔约国声称另一缔约国未履行其加入的以下任何文书所载义务的来文:(a)《公约》;(b)《关于买卖儿童、儿童卖淫和儿童色情制品问题的任择议定书》;(c)《关于儿童卷入武装冲突问题的任择议定书》……"

③ 《关于设定来文程序的任择议定书》第13条:"1.如果委员会收到可靠资料,表明一缔约国严重或一贯侵犯《公约》、或其《关于买卖儿童、儿童卖淫和儿童色情制品问题的任择议定书》或《关于儿童卷入武装冲突问题的任择议定书》所规定的权利,则委员会应邀请该缔约国合作审查这些资料,并为此迅速就相关资料提供意见。……"《关于设定来文程序的任择议定书》第14条:"1.必要时,委员会可在第13条第5款所述六个月期限结束后,邀请有关缔约国向委员会通报该国为响应根据本议定书第13条开展的调查所采取的和计划采取的措施。……"

在 2006 年《残疾人权利公约》及其任择议定书中,情况亦是如此。首先,机构设置。在第 34 条,《残疾人权利公约》要求设立一个"残疾人权利委员会",以履行该公约所规定的职能。当公约生效时,委员会应由 12 名专家组成,但在获得另外 60 份批准书或加入书以后,委员会即应增加至 18 名。在选举委员会成员时,需根据公平地域分配原则,并兼顾性别均衡,使之代表各大文化和主要法系。通常来说,这些专家应以个人身份任职且品德高尚,并在所涉领域具有公认能力和经验。当选之后,任期为 4 年,可连选连任一次。若某一专家死亡或辞职或因任何其他理由而宣称无法继续履行职责,那么,提名该专家的缔约方应指定一名符合资格的专家完成所余任期。① 其次,提交义务报告。在第 35 条和第 36 条,《残疾人权利公约》指出,缔约方应在公约对其生效后两年内,通过联合国秘书长向委员会提交一份全面报告,以说明遵约情况。其后,缔约方至少每 4 年提交一次报告,并在委员会要求时另行提交。而委员会对每份报告予以审议,并在认为适当时提出意见或建议。这些意见或建议应转达给有关各方,并可要求其补充相关资料,对此,缔约方可作出答复。委员会还可将报告转交给联合国专门机构、基金和方案以及其他主管机构,以便处理其中的技术咨询或协助。② 再次,申诉程序。《残疾人权利公约任择议定书》第 4、5 条指出,委员会收到来文后,在对实质问题作出裁断前,可随时请有关缔约方从速考虑采取必要的临时措施,以避免造成不可弥补的损害。在审查来文时,委员会应举行非公开会议,并将提议和建议送交有关缔约方。③ 最后,指控程序。在第 6、7

---

① 《残疾人权利公约》第 34 条:"1. 应当设立一个残疾人权利委员会(以下简称'委员会'),履行下文规定职能。2. 在本公约生效时,委员会应当由十二名专家组成。在公约获得另外六十份批准书或加入书后,委员会应当增加六名成员,以足十八名成员之数。3. 委员会成员应当以个人身份任职,品德高尚,在本公约所涉领域具有公认能力和经验。缔约国在提名候选人时,务请适当考虑本公约第四条第三款的规定。……"

② 《残疾人权利公约》第 35 条:"1. 各缔约国在本公约对其生效后两年内,应当通过联合国秘书长,向委员会提交一份全面报告,说明为履行本公约规定的义务而采取的措施和在这方面取得的进展。2. 其后,缔约国至少应当每四年提交一次报告,并在委员会提出要求时另外提交报告……"《残疾人权利公约》第 36 条:"1. 委员会应当审议每一份报告,并在委员会认为适当时,对报告提出提议和一般建议,将其送交有关缔约国。缔约国可自行决定向委员会提供任何资料作为回复。委员会可请缔约国提供与实施本公约相关的进一步资料。2. 对于严重逾期未交报告的缔约国,委员会可通知有关缔约国,如果在发出通知后的三个月内仍未提交报告,委员会须根据手头可靠资料,审查该国实施本公约情况委员会应当邀请有关缔约国参加这项审查工作。如果缔约国作出回复并提交相关报告,则适用本条第一款规定。……"

③ 《残疾人权利公约任择议定书》第 4 条:"1. 委员会收到来文后,在对实质问题作出裁断前,可以随时向有关缔约国发出请求,请该国从速考虑采取必要的临时措施,以避免对声称权利被侵犯的受害人造成可能不可弥补的损害。2. 委员会根据本条第一款行使酌处权,并不意味对来文的可受理性或实质问题作出裁断。"《残疾人权利公约任择议定书》第 5 条:"委员会审查根据本议定书提交的来文,应当举行非公开会议。委员会在审查来文后,应当将委员会的任何提议和建议送交有关缔约国和请愿人。"

条,《残疾人权利公约任择议定书》表示,若委员会收到可靠的资料,表明一缔约方正在严重或系统地违反公约,则需邀请该国合作审查上述资料并为此提供意见。之后,委员会可指派一名或多名成员进行调查。在必要时,经该国同意,调查亦可在该国领土内进行。此外,委员会还可邀请有关缔约方详细说明所采取的任何回应措施。①

三、战争与武装冲突法中的遵约机制

尽管遵约机制在战争与武装冲突法中发展缓慢,但近年来,其也取得一定进展。一般来说,由于战争与武装冲突法涉及国家主权,因此,其遵约机制相对较为原则化,主要包括核查和退出程序。

以 1970 年生效的《不扩散核武器条约》为例。首先,核查。在第 8 条第 3 款,《不扩散核武器条约》指出,自条约生效后 5 年,缔约方会议需审查实施情况,以保证条约宗旨及各项条款得以实现。此后,每隔 5 年,若半数以上缔约方建议,可另行召集会议审查条约履行及其实施。② 其次,退出程序。在第 10 条,《不扩散核武器条约》认为,如果缔约方断定与该条约有关的非常事件已经危及国家利益,为了行使主权,其有权退出,不过应在退出前 3 个月通知有关各方和联合国安理会。在条约生效 25 年后,缔约方可决定是否延长实施期限。③ 事实上,关于退出程序,1983 年生效的《禁止或限制使用某些可被认为具有过分伤害力或滥杀滥伤作用的常规武器公约》第 9 条也表示,任一缔约方均可在通知保存者(联合国秘书长)之后退出该公约或其所附议定书,且在保存者(联合国秘书长)收到通知之日起一年后,退

---

① 《残疾人权利公约任择议定书》第 6 条:"1. 如果委员会收到可靠资料,显示某一缔约国严重或系统地侵犯公约规定的权利,委员会应邀请该缔约国合作审查这些资料及为此就有关资料提出意见。2. 在考虑有关缔约国可能提出的任何意见及委员会掌握的任何其他可靠资料后,委员会可指派一名或多名委员会成员进行调查,从速向委员会报告。必要时,在征得缔约国同意后,调查可包括前往该国领土访问。……"《残疾人权利公约任择议定书》第 7 条:"1. 委员会可邀请有关缔约国在其根据公约第三十五条提交的报告中详细说明就根据本议定书第六条进行的调查所采取的任何回应措施。2. 委员会可在必要时,在第六条第四款所述六个月期间结束后,邀请有关缔约国告知该国就调查所采取的回应措施。"

② 《不扩散核武器条约》第 8 条第 3 款:"本条约生效后五年,应在瑞士日内瓦举行缔约国会议,审查本条约实施情况,以保证本条约序言的宗旨和本条约各项条款正在得到实现。此后,每隔五年,经超过半数缔约国向各保存国政府提出以上内容的建议,得另行召集为审查本条约实施情况这一相同目的的会议。"

③ 《不扩散核武器条约》第 10 条:"1. 每个缔约国如断定与本条约主题有关的非常事件已危及其国家的最高利益,为行使其国家主权,应有权退出本条约。该国应在退出前三个月将此事通知所有其他缔约国和联合国安全理事会。这项通知应包括关于该国认为已危及其最高利益的非常事件的说明。……"

出即生效。①

从执行上来看,战争与武装冲突法中的遵约机制缺乏可操作性。《裁军谈判议事规则》表示,裁军谈判大会旨在停止核军备竞赛与核裁军、落实有效的国际安排并提高军备透明度。该会议每年召开三期——第一期约十周,后两期均为七周。自 2006 年开始,裁军谈判大会建立了非正式协调机制——六主席(P6),由该届大会的六位主席以非正式方式进行交流。大会虽与联合国存在密切联系,但不附属于后者,而是独立通过相关议程。当然,它仍应考虑联合国大会的建议,并每年向联合国大会提交工作报告。在通过一项决定时,裁军谈判大会需采取协商一致的方式。因工作需要,在裁军谈判大会之下,存在特设委员会和专家组,分别就缔约方是否违反国际法而滥用武力等情形予以审查。② 除此之外,其并未对具体遵约事项予以关注。

在“日内瓦四公约”③中,亦可得到相同结论。比如,“日内瓦第一公约”(《改善战地武装部队伤者病者境遇的公约》)第 51 条指出,任一缔约方不得推卸或允许其他缔约方推卸相关责任。第 52 条继而表示,在冲突一方请求的情况下,应依有关各方决定的方式,对违反公约的行为进行调查。第 63条允许缔约方自由退出该公约,但需书面通知瑞士联邦委员会并由其转告所有缔约方政府。原则上,通知一年以后,退出即发生效力。④ “日内瓦第二公约”(《改善海上武装部队伤者病者及遇船难者境遇的公约》)第 52 条、第 53条和第 62 条,“日内瓦第三公约”(《关于战俘待遇的公约》)第 131 条、第 132条和第 142 条,以及“日内瓦第四公约”(《关于战时保护平民的公约》)第 148

---

① 《禁止或限制使用某些可被认为具有过分伤害力或滥杀滥伤作用的常规武器公约》第 9 条:“任一缔约国可在通知保存者之后退出本公约或其所附议定书;在公约保存者收到退约通知一年后方生效。但若一年期满时,退约国正卷入第 1 条所指各种场合之一,则该国在武装冲突或占领结束前仍应受本公约各项义务及所附议定书约束,无论如何……则在这些任务结束前,退出不发生效力。”

② See United Nations, *Conference on Disarmament*: *Rules of Procedure*, UN(Dec. 19,2003),https://undocs.org/CD/8/Rev.9.

③ “日内瓦四公约”是指 1949 年 8 月 12 日在日内瓦外交会议上修订的四部国际人道主义公约——《改善战地武装部队伤者病者境遇的公约》、《改善海上武装部队伤者病者及遇船难者境遇的公约》、《关于战俘待遇的公约》和《关于战时保护平民的公约》。

④ 《改善战地武装部队伤者病者境遇的公约》第 51 条:“任一缔约国不得推卸或允许其他缔约国推卸其本身或其他缔约国所负关于上条所述之破坏公约行为的责任。”《改善战地武装部队伤者病者境遇的公约》第 52 条:“经冲突一方请求,应依有关各方决定的方式,进行关于任何被控违犯本公约的行为之调查。如调查程序不能获致协议,则各方应同意选定一公断人,由其决定应遵行的程序。违约行为一经确定,冲突各方应使之终止,并迅速加以取缔。”《改善战地武装部队伤者病者境遇的公约》第 63 条:“每一缔约国得自由退出本公约。退约须用书面通知瑞士联邦委员会,并由该委员会转告所有缔约国政府。退约须于通知瑞士联邦委员会后一年发生效力。……”

条、第 149 条和第 158 条亦作了类似规定。不过,这些公约的遵约机制同样缺乏可执行性。比如,1977 年 6 月 8 日通过的"'日内瓦四公约'第一附加议定书"(《"日内瓦四公约"关于保护国际性武装冲突受难者的附加议定书》)第 80 条提到,缔约各方和冲突各方应采取一切必要措施,以履行"四公约"及本议定书的义务;同时,缔约各方和冲突各方应发出命令和指示,以保证"四公约"及本议定书被遵守,并应监督其执行。① 除此之外,它没有谈及具体措施和流程。而同一天通过的"'日内瓦四公约'第二附加议定书"(《"日内瓦四公约"关于保护非国际性武装冲突受难者的附加议定书》)和 2005 年 12 月 8 日通过的"'日内瓦四公约'第三附加议定书"(《"日内瓦四公约"关于采纳一个新增特殊标志的附加议定书》)则根本未涉及遵约机制。

四、国际贸易法中的遵约机制

在国际贸易法中,相关协定的主要目标是实现贸易自由化,为此,它设置了非歧视和最惠国待遇等制度。一般来说,为了确保国际贸易规则的遵守,世界贸易组织(World Trade Organization,WTO)往往选择传统争端解决方式(事后救济),以起到威慑的效果。故在 WTO 体制下,"报复"、"权力"和"声誉"是缔约方遵约的主要驱动。其中,"报复"是为了恢复国际贸易规则中申诉双方的"减让平衡";而"权力"是"报复"实施的能力保障;"声誉"则是在此基础上维护本国利益的"软实力"。② 然而,1994 年,作为《WTO协定》附件二的《争端解决规则与程序的谅解》引入了新的表述,其第 3 条第 2 款和第 10 款指出,WTO 争端解决机制可为多边贸易体制提供可靠性和可预测性,且调解和使用争端解决程序不应被视为引起争议的行为,若发生争议,则所有成员需共同努力以解决该问题。同时,WTO 的起诉和反诉应相对独立。③ 尽管该条所呈现的机制与传统争端解决机制存在共通性,且援引了"争端"等词,但从机制启动上来看,不难发现,其已不再局限于事后救济,而是在一定程度上转向事前预防,这与本书中的遵约机制极为相似——

---

① 《"日内瓦四公约"关于保护国际性武装冲突受难者的附加议定书》第 80 条:"1.缔约各方和冲突各方应立即采取一切必要措施,以履行依据各公约和本议定书之义务。2.缔约各方和冲突各方应发出命令和指示,保证各公约和本议定书被遵守,并应监督其执行。"

② 参见刘国如:《WTO 裁决的遵守——一种从国际关系理论视角的分析》,载刘志云主编:《国际关系与国际法学刊》第 3 卷,厦门大学出版社 2013 年版。

③ 《争端解决规则与程序的谅解》第 3 条第 2 款:"WTO 争端解决机制在为多边贸易体制提供可靠性和可预测性上是一个重要因素。该体制适于保护各成员在适用协定项下的权利和义务,及依照解释国际公法的惯例澄清现有规定。DSB 的建议和裁决不能增加、减少适用协定所规定的权利义务。"《争端解决规则与程序的谅解》第 3 条第 10 款:"请求调解和使用争端解决程序不应用于或被视为引起争议的行为,如争端发生,所有成员将真诚参与,以努力解决争端。……"

具有预防性和非对抗性,目的是促使缔约方遵守相关条约规定,并据此设置一套事实和法律认定程序。事实上,在第 16 条第 4 款,《WTO 协定》也曾表示,每一成员应保证其法律、法规和行政程序与所附各协定对其规定的义务相一致,否则将面临争端解决。① 其中,"争端解决"表现出强制性,而"法律、法规和行政程序与所附各协定对其义务相一致"内含促进性。本书认为,尽管它不完全等同于其他领域的遵约机制,未涉及专门的机构设置和遵约程序等,并掺杂了磋商、协商、调解和执行等制度,但不论如何,遵约机制已开始渗进 WTO 体制,是不争的事实。

此外,在 1975 年生效的《濒危野生动植物物种国际贸易公约》(Convention on International Trade in Endangered Species of Wild Fauna and Flora,以下简称《华盛顿公约》)中,第 11 条第 5 款表示,各成员国在任一会议上均可确定和通过相关议事规则。② 在第 18 条,它继而确立了争端解决机制,并以磋商和仲裁等来解决相关纠纷,偏向于事后救济。③ 在此基础上,2007 年第十四次缔约方会议通过第 14.3 号决定《遵约程序指南》,并表示,遵约程序旨在促进、便利和实现各方在《华盛顿公约》下的义务。一般来说,审查和调查结果均应公开,但秘书处与个别缔约方就该问题的沟通可以保密。在是否遵约的识别上,《遵约程序指南》认为,可通过年度报告或两年期报告、立法本及其他特别报告加以判定,同时鼓励缔约方就遵约的任何情况向秘书处发出预警并说明理由,一旦发现不遵约情形,该方应在合理期限内改正,并在必要时通过秘书处得到协助。若一方未在合理期限内采取足够的补救措施,则监督委员会可提请常务委员会注意并与有关各方直接联系。在具体行动上,常务委员会可采取的措施有八项:一是提供建议、信息和必要协助以及其他便利;二是要求有关各方提供特别报告;三是发出书面警告,要求不遵约方作出回应;四是建议有关各方应采取的能力建设行动;五是应有关各方邀请,提供援助和技术评估;六是通过秘书处向所有缔约方发出遵约事项的公开通知;七是向有关各方发出不遵约的警告;八是要求不遵约方向常务委员会提交遵约行动计划,包括适当的履约步骤、时间表和目标等。在此过程中,《遵约程序指南》强调,应特别注意发展中国家,尤其是

① 《WTO 协定》第 16 条第 4 款:"每一成员应保证其法律、法规和行政程序与所附各协定对其规定的义务一致。"

② 《华盛顿公约》第 11 条第 5 款:"各成员国在任一会议上,均可确定和通过本会议议事规则。"

③ 《华盛顿公约》第 18 条:"(一)……如两个或两个以上成员国就本公约各项规定的解释或适用发生争议,则所涉成员国应予磋商。(二)若争议不能依本条第(一)款获得解决,经成员国同意,可将争议提交仲裁,特别是提交给设在海牙的常设仲裁法院。提出争议的成员国应受仲裁决定约束。"

最不发达国家和小岛屿发展中国家的能力建设。通常来说,常务委员会应就遵约事项向缔约方会议提交报告,而秘书处也可向常务委员会和缔约方会议报告遵约问题。与此同时,缔约方会议可定期审查《遵约程序指南》及缔约方是否遵约,并对指南进行补充和修订。[1]

尽管《华盛顿公约》更多的是从国际环境法角度对贸易问题进行管制,但其旨在保障野生动植物市场的永续利用,故仍可归于国际贸易法范畴。据此,通过以上分析,不难发现,国际贸易法中的纠纷处理也已逐渐从"事后"转向"事前"。

五、国际环境法中的遵约机制

就遵约机制而言,国际环境法应是目前集大成者。早在20世纪30年代至40年代,"特雷尔冶炼厂案"(Trail Smelter Case)就为此提供了实践经验。案情大致如下:自1896年开始,位于加拿大不列颠哥伦比亚省特雷尔附近(距离美加边界线10多千米)的一个铅锌冶炼厂长期排放大量气态硫化物,严重污染了边界线美国一侧的生态环境。美国联邦政府向加拿大政府提出抗议。经过多轮磋商和谈判,1935年,两国签订仲裁协议。1938年和1941年,仲裁庭分别作出初步裁决和最终裁决,要求加拿大对美国受害者的损失予以赔偿并停止释放有毒气体。[2] 该案通常被认为是国家对其跨界污染行为承担责任的国际法依据,并据此形成了"不损害国外环境责任"原则。[3]

此后,遵约机制的类似表述在1979年《远距离跨境空气污染公约》及其议定书中有所体现。在第10条,该公约明确指出,应存在一个由缔约方组成的执行机构,对各自执行情况予以定期监督和检查。[4] 1991年《关于控制挥发性有机化合物的散逸及其越界流动的议定书》第3条第3款和1994年《关于进一步削减硫氧化物排放量的议定书》第7条第3款也对不遵约的处理程序进行了设定,并成立了新的实施委员会来审查缔约方的遵约情况,同时就该情况提出具体建议。但是,由于当时并未对遵约机制进行直接、正面的述及,因此,本书认为,在国际环境法中,遵约机制是在1987年《蒙特利尔

---

[1] See World Conservat Union, *Conf.* 14.3: *Guide to CITES Compliance Procedures*, WCU (Jun. 15,2007), https://cites.org/sites/default//eng/res/all/14/E14-03.pdf.

[2] See John E. Read, *The Trail Smelter Dispute*, 1 Canadian Yearbook of International Law 213 (1963).

[3] 参见张磊:《论不损害国外环境责任原则的形成——以评述特雷尔冶炼厂案和科孚海峡案为视角》,载《内江师范学院学报》2014年第9期。

[4] 《远距离跨境空气污染公约》第10条:"应由各缔约国组成的公约执行机构对其执行情况予以定期监督检查。"

议定书》中才开始呈现的。

《蒙特利尔议定书》中的遵约机制主要包括审议和处理。在第8条,《蒙特利尔议定书》指出,在第一次缔约方会议上,缔约方应审议并通过裁定和处理不遵守情事的程序和体制机构。① 尽管此项规定较为原则和简单,但却是国际环境法中首次正面对遵约机制予以论述的条款。之后,《蒙特利尔议定书》第一次缔约方会议达成的第Ⅰ/8号决定《不遵守情事》作了进一步规定。其指出,应设立不限成员名额的法律专家特设工作组,以便在1989年11月1日前拟定适当提案并提交秘书处,供第二次缔约方会议审议并确定具体程序和体制机制。② 在第四次缔约方会议上,第Ⅳ/5号决定《〈蒙特利尔议定书〉不遵守情事程序》(以下简称《不遵守情事程序》)之达成标志着《蒙特利尔议定书》遵约机制的基本成型。③

这一机制设计很快便被其他环境条约所继承和发展。比如,2000年《卡塔赫纳生物安全议定书》设置了专门的遵约条款,认为缔约方应在第一次会议上审议并核准旨在促进该议定书的遵约程序和体制机制,且应独立于《生物多样性公约》的争端解决。④ 随后,第一次缔约方会议通过第BS-Ⅰ/7号决定《建立〈卡塔赫纳生物安全议定书〉下的遵守程序和机制》(以下简称《遵守程序和机制》),并指出遵约机制应具有便利性和合作性,以促进缔约方遵守《卡塔赫纳生物安全议定书》并处理不遵约情况。在第二、第三部分,《遵守程序和机制》要求设立遵约委员会。委员会的成员共15名,联合国五个区域集团⑤各出3名。为了促进遵约,委员会被赋予六项职能:一是查明所提到的不遵约情况及其可能原因;二是审议提交的有关遵约或不遵约案件的资料;三是

---

① 《蒙特利尔议定书》第8条:"缔约国应在第一次会议上,审议并通过据以裁定不遵守本议定书规定的情事和处理被查明不遵守规定的缔约国之程序及体制机构。"

② See UNEP Ozone Secretariat, *Decision* Ⅰ/8: *Non-compliance*, *the Montreal Protocol on Substances that Deplete the Ozone Layer*, UNEP Ozone Secretariat (May 5, 1989), https://ozone. unep. org/treaties/montreal-protocol/meetings/first-meeting-parties/decisions/decision-i8-non-compliance.

③ 关于《蒙特利尔议定书》遵约机制的主要内容,将在下面几章重点阐述。相关文件可参见UNEP Ozone Secretariat, *Decision* Ⅳ/5: *Non-compliance Procedure*, *the Montreal Protocol on Substances that Deplete the Ozone Layer*, UNEP Ozone Secretariat (Nov. 25, 1992), https://ozone. unep. org/treaties/montreal-protocol/meetings/fourth-meeting-parties/decisions/decision-iv5-non-compliance-procedure.

④ 《卡塔赫纳生物安全议定书》第34条:"……应在第一次会议上审议并核准旨在促进对本议定书各项规定的遵守并对不遵守情事予以处理的合作程序和体制机制,且其应列有酌情提供咨询意见或协助之规定。它们应独立于且不妨碍根据《生物多样性公约》第27条订立的争端解决程序和机制。"

⑤ 联合国五个区域集团为:西欧和其他国家集团(28个会员国)、东欧集团(23个会员国)、拉丁美洲和加勒比国家集团(33个会员国)、亚洲集团(53个会员国)和非洲集团(53个会员国)。美国、以色列和基里巴斯未包含在内。

酌情就与遵约有关事项向各方提供咨询,以协助履约;四是在考虑有关国家报告信息的基础上,审查缔约方遵约义务的一般性问题;五是向《卡塔赫纳生物安全议定书》缔约方会议采取适当措施或提出建议;六是履行《卡塔赫纳生物安全议定书》缔约方会议可能赋予的任何其他事项。在促进遵约时,委员会可采取多项措施,但需考虑发展中国家,尤其是最不发达国家和小岛屿发展中国家及经济转型期国家的能力建设。一般来说,这些措施包括:酌情向有关缔约方提供咨询或协助、提供财政和技术援助、向当事方发出警告、请执行秘书在生物安全资料交换所发布不遵约案件等。①

此外,1992 年生效的《控制危险废物越境转移及其处置巴塞尔公约》(以下简称《巴塞尔公约》)第 15 条表示,缔约方应在第一次会议上,审议为协助履约所需的任何措施,同时不断审查和评估公约的有效执行。在审查和评估上,《巴塞尔公约》要求成立执行所需的附属机构。② 尽管它未明确提及遵约机制,但通常认为,第 15 条是《巴塞尔公约》遵约机制的规范基础。2002 年第六次缔约方会议通过第 BC － Ⅵ/12 号决定《建立执行和遵约机制》,明确了机制设立目标,重申了遵约机制的非对抗性、预防性和透明性,并特设遵约委员会。委员会在审议不遵约情况时,需考虑不同缔约方的能力建设,并提供非约束性的建议和信息。在作出决定时,委员会应协商一致,若实在无法达成共识,需经出席并参加表决的大多数成员同意。③

2001 年生效的《环境问题信息公众参与决策和诉诸法律公约》(以下简称《奥胡斯公约》)第 15 条也指出,缔约方会议应在协商一致的基础上为审查遵约情况而制订非对抗性和非司法性的任择安排。④ 因此,2002 年第一

① See UNEP, *Decision BS － Ⅰ/7：Establishment of Procedures and Mechanisms on Compliance under the Cartagena Protocol on Biosafety*, UNEP (Feb. 27,2004), http://bch. cbd. int/protocol/decisions/decision. shtml? decisionID = 8289.

② 《巴塞尔公约》第 15 条:"……各缔约国在第一次会议上,应审议为协助履行在本公约范围内保护和维护海洋环境方面的责任所需任何措施。缔约国会议应不断审查和评价公约的有效执行,同时应:(a)促进适当政策、战略和措施的协调,以尽量减少危险废物及其他废物对人类健康和环境之损害;(b)视需要审议和通过对本公约及其附件的修正,除其他外,应考虑到现有科技、经济和环境资料;(c)参照本公约实施及第 11 条设想的协定/协议运作时所获经验,审议并采取为实现公约宗旨所需的行动;(d)视需要审议和通过议定书;(e)成立为执行本公约所需的附属机构。"

③ See UNEP, *Decision BC － Ⅵ/12：Establishment of a Mechanism for Promoting Implementation and Compliance*, UNEP (Dec. 13,2002), http://www. basel. int/Implementation/LegalMatters/Compliance/Decisions/tabid/3643/Default. aspx.

④ 《奥胡斯公约》第 15 条:"缔约方会议应在协商一致基础上为审查本公约各项规定的遵守情况,制订协商性而非对抗性和非司法性的任择安排。这些安排应能保证适当的公众参与,可包括一项审议公众就与本公约相关事项交送的函件之选择办法。"

次缔约方会议通过第Ⅰ/7号决定《遵约审查》。该决定要求设立遵约委员会,由缔约方和签署方的八名成员组成,但须来自不同国家。在职能方面,委员会需审议根据《奥胡斯公约》所提交的遵约文件,并应缔约方会议要求,编写关于遵约或不遵约的执行报告,同时监测、评估和促进缔约方的履约活动。①

可见,在国际环境法中,遵约机制几乎已成标准配置。不过,它最集中的体现还应在《联合国气候变化框架公约》(United Nations Framework Convention on Climate Change,UNFCCC)、《京都议定书》和《巴黎协定》等气候变化领域——这是本书的重心,笔者将重点讨论。

---

① See UNESC, *Decision* Ⅰ/7: *Review of Compliance*, UNESC (Apr. 2, 2004), https://unece. org/ DAM/env/pp/documents/mop1/ece. mp. pp. 2. add. 8. e. pdf.

第二章　国际环境法上的遵约机制：蒙特利尔模式—京都模式—巴黎模式

由于缺乏统一的中央权威来保障国际法实施，因此，国家责任、争端解决机制、反报、报复和制裁等传统措施进入国际视野。但是，这些方案在国际环境法下却难以适用，具体原因为：其一，国际环境法中存在大量技术性标准，其能否成为可执行的法律义务，尚存争议；其二，环境损害具有长期性、累积性和综合性，很难将之归因于某一特定国家的行为；其三，部分环境损害具有不可逆转性，而《国家责任条款草案》和《防止危险活动造成的跨界损害》中的临时救济无法对其加以修复；①其四，环境损害关涉国家主权和国际社会共同利益，而以仲裁和司法为路径的争端解决机制难以兼顾各方诉求；其五，以反报、报复和制裁为手段的贸易救济措施，在平衡经济发展和环境保护方面有违国际合作之价值导向。② 基于此，国际环境法上的遵约机制发展较为迅速，并大致存在"促进遵约＋争端解决"、"促进遵约＋处理不遵约"和"促进遵约"三种模式——分别对应《蒙特利尔议定书》和UNFCCC、《京都议定书》、《巴黎协定》等多边条约。

第一节　"促进遵约＋争端解决"的"蒙特利尔模式"

1987 年 9 月，联合国邀请所属成员国在加拿大蒙特利尔签署了一项环境保护协议——《蒙特利尔议定书》，并于 1989 年 1 月 1 日生效，目的是减少氟氯烃对臭氧层的破坏。从内容上来看，该议定书是 1985 年《保护臭氧层维也纳公约》的承继。至 2022 年 8 月，该议定书已成功召开三十三次缔约方会议。其间于 1990 年、1992 年、1995 年、1997 年、1999 年和 2007 年分别达成《伦敦修正案》、《哥本哈根修正案》、《维也纳修正案》、《蒙特利尔修正案Ⅰ》、《北京修正案》和《蒙特利尔修正案Ⅱ》。

在《蒙特利尔议定书》中，其设置了较完善的组织体系、管理机制及科学

---

① 《国家责任条款草案》全称为《关于国家对国际不法行为的责任条款草案》，《防止危险活动造成的跨界损害》全称为《关于国际法不加禁止的行为所产生伤害性后果的国际责任》。二者均由联合国国际法委员会（International Law Commission）起草，旨在对国家损害后果进行国际赔偿。但截至 2022 年 9 月，这两份文件仍未最终确定。

② 参见王晓丽：《多边环境协定的遵守与实施机制研究》，武汉大学出版社 2013 年版，第 35~38 页。

合理的消耗臭氧层物质(ozone-depleting substances,ODS)减排政策,一经达成便得到 48 个国家共同签署。截至 2022 年 8 月,全球 198 个国家和地区已经加入,我国于 1991 年加入修正后的《蒙特利尔议定书》。《2014 年臭氧消耗科学评估报告》显示,在 19 世纪 90 年代,总臭氧空洞减少 2.5%,但到 2000 年已基本保持稳定状态,此后有逐渐增加之势。[1] 可见,随着批准《蒙特利尔议定书》及其修正案的国家越来越多,臭氧层正在慢慢恢复。本书认为,这一境况的改善,很大程度上应得益于《蒙特利尔议定书》遵约机制。

一、《蒙特利尔议定书》第 8 条概览

《蒙特利尔议定书》第 8 条指出,缔约方应在第一次缔约方会议上,审议并通过裁定和处理不遵约的程序和体制机制。该条款传达了三条信息:一是遵约机制的审议和通过时间应在第一次缔约方会议上;二是遵约机制的内容应包括裁定不遵约和处理不遵约两个方面;三是遵约机制应涉及相关程序和机构。应当说,第 8 条虽简洁且颇具原则性,但它却为后续修正案的完善提供了重要指引。

二、《不遵守情事程序》的内容设计

在《蒙特利尔议定书》前三次缔约方会议上,虽然经授权的法律专家特设工作组提出了遵约程序和流程,但其时,恰逢美国与该议定书下的多边基金(Multilateral Fund)讨价还价,故这些程序未能顺利通过。比如,在 1989 年第一次缔约方会议上,第 I/8 号决定要求设立法律专家特设工作组并使之在规定期限内拟定适当提案,以供第二次缔约方会议审议并确定不遵约的程序和体制机制。在 1990 年第二次缔约方会议上,第 II/5 号决定之附件三《不遵约程序》表示,如果一缔约方对另一缔约方的遵约义务存在质疑,则可通过书面形式向秘书处提出,而后者具有答复权。该附件还要求设立一个执行委员会,委员会成员根据公平地域代表性原则而选出,主要工作是对缔约方根据该附件第 1 条和第 2 条提交的意见,以及秘书处就《蒙特利尔议定书》第 12(c)条提及的报告编写予以审议。委员会应向缔约方会议报告,而后者在接到报告后,可决定并呼吁应采取的具体行动。同时,缔约方会议也可要求委员会提出建议,以协助审议可能的不遵约情事。在 1991 年第三次缔约方会议上,第 III/2 号决定《关于不遵守情事程序》要求法律专家特设工作组在进一步拟定相关体制机制时,查明可能的不遵约情形、制定咨询与和解的指示性清单,并考虑向发展中国家提供一切可能的援助。同时,它还

---

[1] See NOAA et al. , *Scientific Assessment of Ozone Depletion*:2010 *World Meteorological Organization,Global Ozone Research and Monitoring Project-Report No.* 52,NOAA (Sep. 10, 2014) ,http://www. esrl. noaa. gov/csd/assessments/ozone/2010/report. html.

确定了第四次缔约方会议之前的工作任务——1991 年 10 月完成不遵守情事程序草案,1991 年 11 月向臭氧秘书处提交该草案并于 1991 年 12 月向缔约方送达。①

直到 1992 年第四次缔约方会议通过《哥本哈根修正案》(1994 年 6 月生效,我国于 2003 年加入),遵约机制才算正式确立。该修正案的第Ⅳ/5 号决定在附件四《不遵守情事程序》和附件五《对不遵守议定书情事可能采取的措施指示性清单》(以下简称《指示性清单》)中对遵约机制进行了仔细设计。其中,《不遵守情事程序》共 16 条,涵盖如下五方面内容。

(一)机制定位

在正文之前,《不遵守情事程序》强调,该机制是遵循《蒙特利尔议定书》第 8 条拟定,其适用不应妨碍《保护臭氧层维也纳公约》第 11 条争端解决程序的实施。

(二)程序启动

在第 1 ~ 4 条,《不遵守情事程序》规定了程序启动的几种情形:一是如果一缔约方对另一缔约方在履行《蒙特利尔议定书》的义务上持有保留,则可将此种关切通过书面形式提交秘书处。不过,在提交时,应有确凿的资料予以支持。秘书处在收到呈文后两周内应将副本送交有关缔约方。而该国需在副本送达之日起三个月内将答复及相关资料提交给秘书处及所涉各方。当然,如遇特殊情况,这一期限也可适当延长。秘书处在收到答复后,应将所有资料转交给第 5 条中的履行委员会。② 二是秘书处在编写报告时,如果了解到缔约方可能未遵守《蒙特利尔议定书》下的义务,则可请该国就这一事项提交必要资料。若该国在三个月或合理期限内未进行回应,或该事项未能通过有效途径得以解决,则秘书处应将此事列入《蒙特利尔议定书》第 12 条第 3 款规定的向缔约方会议提交的报告中,并通知履行委员会。三是如果一缔约方认定,虽经最大的善意努力但仍不能完全履行《蒙特利尔议定书》下的义务,则可通过书面形式向秘书处提交呈文,着重解释其认为不能遵约的具体情况。秘书处在收到呈文后,应转交给履行委员会。

---

① See UNEP Ozone Secretariat,*Decision* Ⅲ/2:*Non-compliance Procedure*,*The Montreal Protocol on Substances that Deplete the Ozone Layer*,UNEP Ozone Secretariat (Jun. 21,1991),https://ozone. unep. org/treaties/montreal-protocol/meetings/third-meeting-parties/decisions/decision-iii2-non-compliance-procedure? q = treaties/montreal-protocol/meetings/third-meeting-parties/decisions/decision-iii2-non-compliance-procedure.

② 《蒙特利尔议定书》中的"履行委员会"与 UNFCCC 中的"多边协商委员会"、《京都议定书》和《巴黎协定》中的"遵约委员会"之性质相同,含义也基本一致。本书尊重原文中"Implementation Committee"、"Multilateral Consultative Committee"和"Compliance Committee"的表述,故有此区分。

（三）遵约机构及其职能范围

在第 5、6 条,《不遵守情事程序》设立了遵约机构——履行委员会。该委员会由缔约方会议按照公平地域分配原则选出的 10 个缔约方的人员组成,任期两年,可连选连任。委员会应分别选出主席和副主席各一人,每次任职一年,副主席兼任委员会报告员。一般情况下,委员会应每年召开两次会议,秘书处为此作出安排并提供服务。在第 7 条,《不遵守情事程序》确立了履行委员会的五项职能:一是收取、审议和汇报根据第 1、2、4 条提交的任何呈文;二是收取、审议和汇报秘书处就编写报告而转交的任何意见,以及秘书处就遵约情况而收到和转交的其他资料;三是在必要时,经秘书处请求,就审议事项提供进一步资料;四是在有关缔约方的邀请下,为执行委员会的职能而在该方领土内收集资料;五是为拟定建议,向缔约方提供财务支持和技术合作,并与多边基金执行委员会交换情况。

（四）机制运行

在第 8 条,《不遵守情事程序》强调,委员会在审议上述呈文、资料和意见时,应争取在尊重《蒙特利尔议定书》各项条款的基础上寻求友好解决。同时,委员会应向缔约方会议提出报告,报告在大会开始前 6 周内送交各方。缔约方收到报告后,可决定采取的行动,包括促进实现《蒙特利尔议定书》目标的措施。如果一缔约方不是履行委员会成员,只要其属于第 1 条所列之情况,均有权参与审议。不过,所有缔约方均不应参与委员会制定和通过将载入报告中的事项的建议。在第 12 条,《不遵守情事程序》指出,凡属于第 1、3、4 条所涉之缔约方,均应通过秘书处,向缔约方会议通报其按照遵约程序所取得的结果及会议决定的执行情况。同时,缔约方会议可根据《保护臭氧层维也纳公约》第 11 条发出临时性要求,并要求履行委员会提出建议,以协助缔约方会议审议可能的不遵约情事。

（五）其他事项

在第 15、16 条,《不遵守情事程序》表示,履行委员会及参与者均应确保所收到资料的机密性。不过,提交的报告不应载有保密性材料,且应对任何人公开。①

在《指示性清单》部分,《蒙特利尔议定书》遵约机制提出三项措施:一是适当援助,包括协助收集和报告数据、资金援助与技术转让;二是发出警告;三是根据有关暂停条约执行的国际规则,中止《蒙特利尔议定书》下的具

---

① See UNEP Ozone Secretariat, *Annex* Ⅳ: *Non-compliance Procedure*, *The Montreal Protocol on Substances that Deplete the Ozone Layer*, UNEP Ozone Secretariat（Nov. 25, 1992）, https://ozone. unep. org/meetings/fourth-meeting-parties-montreal-protocol/decisions/annex-iv-non-compliance-procedure? q = meetings/fourth-meeting-parties-montreal-protocol/decisions/annex-iv-non-compliance-procedure.

体权利,包括与工业合理化、生产及消费有关的特权等。①

从上文不难看出,《蒙特利尔议定书》遵约机制的启动可分别由一缔约方对另一缔约方、秘书处和缔约方自身来完成。其中,第一种情形规定在第1、2条,这是为缔约方的共同利益而设置的;第二种情形规定在第3条,主要是收集相关资料,并将之递交给缔约方会议并报履行委员会;第三种情形规定在第4条,这是缔约方经善意努力仍不能完成义务时,据此解释履行不能而设置的。在这一程序中,履行委员会无疑扮演重要角色,是遵约机制的常设机构,其成员分别由5个发达国家代表和5个发展中国家代表组成,主要职责是:接受不遵约情事的呈报;要求提供、收集和审议相关资料;向缔约方会议提出采取补救措施的具体建议;等等。当然,履行委员会的信息主要是从秘书处和缔约方处获得。它能否主动收集相关信息,仍存在争议,因为其仅为咨询和调解机构,所作的报告不具有约束力,而是必须提交缔约方会议来决定。②

缔约方会议是《蒙特利尔议定书》中的最高权力机构,在接到相关信息并综合考虑各种情况后,可决定是否采取措施以促使缔约方继续履约。这些措施主要包括:技术援助、技术转让、财政资助、警告和资料培训等。与此同时,它还可在缔约方所作报告的基础上审查其义务履行情况,并对未履行或未充分履行义务的缔约方作出补救决定——要求委员会对缔约方的表现进行监测和评估,直至其恢复履约,并在缔约方不恢复履约或不恢复充分履约的情况下,予以警告。③

三、“蒙特利尔模式”的确立

无论是《蒙特利尔议定书》第8条还是《不遵守情事程序》,均侧重于“促进遵约”,也即敦促缔约方切实履约。但是,从条文设计上来看,其虽尽可能地规划机制启动和运行程序,但仍过于原则化,内容简约而概括性强。故为了实现机制设立的宗旨,宜将“争端解决”作为补充手段。《蒙特利尔议定书》虽未直接提及争端解决机制,但在第14条表示,除另有规定外,《保护臭氧层维也纳公约》中的有关规定也可直接适用,该公约第11条明确指出,当缔约方在解释和适用公约发生争端时,应以谈判方式加以解决,若无

①　See UNEP Ozone Secretariat, *Annex* Ⅴ: *Indicative List of Measures that Might be Taken by a Meeting of the Parties in Respect of Non-compliance with the Protocol*, UNEP Ozone Secretariat (Nov. 25, 1992), https://ozone. unep. org/meetings/fourth-meeting-parties-montreal-protocol/decisions/annex-v-indicative-list-measures-might? q = zh-hans/meetings/fourth-meeting-parties-montreal-protocol/decisions/fujian-wu.

②　参见金慧华:《试论〈蒙特利尔议定书〉的遵约控制程序》,载《法商研究》2004年第2期。

③　参见国家环境保护总局政策法规司编:《中国缔结和签署的国际环境条约集》,学苑出版社1999年版,第68页。

法通过谈判达成协议,则可寻求斡旋、调停、国际司法、国际仲裁和调解等和平方式。因此,《蒙特利尔议定书》遵约机制的框架应为"促进遵约 + 争端解决"。其中,"促进遵约"系《蒙特利尔议定书》第 8 条和第Ⅳ/5 号决定附件四《不遵守情事程序》的目标,而"争端解决"为《保护臭氧层维也纳公约》第 11 条①的宗旨。故基本架构大致如表 2 - 1 所示。

表 2 - 1　《蒙特利尔议定书》遵约机制的基本架构

框架	法律依据	主要内容
促进遵约	《蒙特利尔议定书》第 8 条	缔约方应当在第一次会议上,审议并通过裁定和处理不遵约的程序和体制机制
	第Ⅳ/5 号决定 附件四《不遵守情事程序》	机制定位:遵循《蒙特利尔议定书》第 8 条,不应妨碍《保护臭氧层维也纳公约》第 11 条
		程序启动:一缔约方对另一缔约方启动、秘书处启动和缔约方自身启动三种方式(第 1 ~ 4 条)
		遵约机构及其职能范围:履行委员会作为遵约机构,由缔约方会议根据公平地域分配原则选的 10 个缔约方的人员组成,任期两年,可连选连任。委员会主要收取、审议和汇报相关遵约问题的任何意见,并要求提供进一步资料,同时在缔约方进行资料收集,或对有关各方提供财务支持与技术合作(第 5 ~ 7 条)
		机制运行:履行委员会的审议应充分尊重《蒙特利尔议定书》的各项规定,并向缔约方会议提出报告。缔约方如果不是委员会成员,仍有权参与审议,但所有缔约方均不得参与制定和通过一项决定的建议。缔约方应当通过秘书处向缔约方会议通报相关信息,而缔约方会议可以发出临时性要求,并要求履行委员会提出建议,以协助缔约方会议审议(第 8 ~ 14 条)
		其他事项:履行委员会和参与者应确保资料的机密性,但报告不应载有保密材料且应对外公开(第 15、16 条)
	附件五《指示性清单》	三项措施:适当援助;发出警告;中止《蒙特利尔议定书》下的具体权利和特权
争端解决	《保护臭氧层维也纳公约》第 11 条	缔约方之间就公约解释和适用发生争端,可以采取谈判、斡旋、调停、国际司法、国际仲裁和调解等和平方式解决

在《蒙特利尔议定书》遵约机制成立后,讨论的第一个案件为"俄罗斯不遵约案"。在 1995 年特别工作组会议上,俄罗斯提交了一份联合声明,认为其作为经济转型国家,在 1996 年 1 月前停止 ODS 的使用存在较大困难,

---

①　此处及表 2 - 1 中的《保护臭氧层维也纳公约》第 11 条为援引。

希望寻求一个五年的宽限期。一开始,俄罗斯并未打算启动遵约机制,但履行委员会将这份声明视为俄罗斯作为缔约方发起的"自我"启动,而俄罗斯也未反对。当时,俄罗斯使用的 ODS 占全球的 24% 左右,因此,其不遵约将在很大程度上破坏《蒙特利尔议定书》的权威性及遵约机制的稳定性。[1] 基于此,履行委员会与俄罗斯进行商议,未果后,向缔约方会议提交了建议报告。报告显示:俄罗斯作为出口国可向《蒙特利尔议定书》第 2 条的缔约方出口 ODS,但须保证这些进口国不再就此类物质再行出口。考虑到苏联解体导致俄罗斯经济急剧衰退,报告同时建议给予俄罗斯一定的国际援助。然而,《蒙特利尔议定书》中的多边基金援助主要针对发展中国家,因此,作为发达国家的俄罗斯只能从全球环境基金(Global Environment Fund)中获得资助,但须每年提出停用 ODS 的进展报告。[2]

在此之后的缔约方会议主要就履行委员会的成员进行更新,并就各国的遵守情况予以汇报。比如:在第七次缔约方会议中,第Ⅶ/15 号、第Ⅶ/16号、第Ⅶ/17 号、第Ⅶ/18 号、第Ⅶ/19 号决定分别就波兰、保加利亚、白俄罗斯、俄罗斯联邦和乌克兰的遵守情况进行通报;在第八次缔约方会议中,第Ⅷ/22 号、第Ⅷ/23 号、第Ⅷ/24 号、第Ⅷ/25 号决定分别就拉脱维亚、立陶宛、捷克和俄罗斯的履行情况予以讨论,并对捷克于 1994 年未遵守《蒙特利尔议定书》的情况进行通报;在第十四次缔约方会议中,第ⅩⅣ/18 号至第ⅩⅣ/35 号决定分别将阿尔巴尼亚、巴哈马、玻利维亚、孟加拉国、埃塞俄比亚等界定为未遵约方。值得注意的是,第九次缔约方会议首次对《不遵守情事程序》进行审查,达成了第Ⅸ/35 号决定《对不遵守情事程序的审查》,并设立了"不遵守情事法律和技术专家特设工作组"。为了简化工作组的运行程序,第十次缔约方会议形成了第Ⅹ/10 号决定《审查不遵守情事程序》,并通过了附件二——修正版的《不遵守情事程序(1998 年)》。[3]

《不遵守情事程序(1998 年)》改动较少,并未出现过多新内容。比如,第 2 条仅对所涉缔约方未就呈文进行答复的期限作了补充,即秘书处在三个月内未收到答复,可发出一份催复函,并在六个月内将所有资料转交履行

---

[1] 参见朱鹏飞:《论〈蒙特利尔议定书〉不遵守情事程序》,载《政治与法律》2008 年第 10 期。

[2] 2002 年《蒙特利尔议定书》第十四次缔约方会议表示,在履行委员会的建议和缔约方会议的决定下,俄罗斯已回到遵守《蒙特利尔议定书》各项义务的状态。应当说,"俄罗斯不遵约案"是《蒙特利尔议定书》处理不遵约情事的首个正式案件,在引导、促使俄罗斯回到遵约状态上取得了巨大成功,为后续其他国家的不遵约案件提供了重要指导,也表明了国际环境法上遵约机制的未来前进方向。

[3] See UNEP Ozone Secretariat, *Decision* Ⅹ/10, *Annex* Ⅱ *to the Montreal Protocol Agreed by the Tenth Meeting of the Parties*, UNEP Ozone Secretariat (Nov. 24, 1998), https://ozone. unep. org/treaties/montreal-protocol/meetings/tenth-meeting-parties/decisions/decision-x10-review-non-compliance-procedure.

委员会;第 5 条要求委员会成员在整个任期内保持不变,并将姓名通知秘书处,缔约方可连任一届,如需再次参选,应在第二任期结束一年以后;第 7 条补充了委员会部分职能——确定不遵守情事个案所涉的事实及其可能的原因,并向缔约方会议提出适当建议。①

《蒙特利尔议定书》遵约机制的构建和完善对 UNFCCC 的影响甚大,后者在遵约设计上也采用了"蒙特利尔模式",形成 UNFCCC 遵约机制。

四、"蒙特利尔模式"下的 UNFCCC 遵约机制

作为气候治理的首个国际条约,1992 年联合国环境与发展大会达成的 UNFCCC(1994 年 3 月生效,我国于 1992 年 11 月加入)在 CBDR 原则之基础上,构建了气候变化领域的遵约机制。其在第 10 条表示,应设立附属履行机构(subsidiary body for implementation),以协助缔约方会议审评公约的有效履行。该机构定期就其工作的一切方面向缔约方会议报告。在缔约方会议指导下,它参照最新的科学评估,对缔约方采取的行动进行总体估算,并酌情协助缔约方会议拟定和执行相关决定。在第 12 条,UNFCCC 强调,缔约方应提供履约信息,包括:《蒙特利尔议定书》未予管制的所有温室气体的各种源的人为排放和汇的清除的国家清单;关于遵约而采取或预计采取的行动的一般描述;为遵约而采取政策和措施的详细描述;发展中国家在自愿基础上提出的需资助项目;等等。为了解决与履约有关的问题,UNFCCC 第 13 条进一步要求,缔约方应在第一次会议上考虑设立一个与遵约有关的多边协商程序,以供缔约方使用。② 由此不难看出,UNFCCC 已意识到遵约

---

① See UNEP Ozone Secretariat, *Annex* Ⅱ: *Non-compliance Procedure* (1998), *The Montreal Protocol on Substances that Deplete the Ozone Layer*, UNEP Ozone Secretariat (Nov. 24,1998), https://ozone. unep. org/meetings/tenth-meeting-parties-montreal-protocol/decisions/annex-ii-non-compliance-procedure-1998? q = meetings/tenth-meeting-parties-montreal-protocol/decisions/annex-ii-non-compliance-procedure-1998.

② UNFCCC 第 10 条:"兹设立附属履行机构,以协助缔约方会议评估和审评公约的有效履行。……该机构应定期就其工作的一切方面向缔约方会议报告。在缔约方会议指导下,它应:(a)考虑依第 12 条第 1 款之信息,参照有关气候变化的最新科学评估,对缔约方所采取步骤的总体影响作出评估;(b)考虑依第 12 条第 2 款之信息,协助缔约方会议进行第 4 条第 2 款(d)项的审评;和(c)酌情协助缔约方会议拟订和执行其决定。"UNFCCC 第 12 条:"1. 按照第 4 条第 1 款,一缔约方应通过秘书处向缔约方会议提供含有下列内容的信息:(a)在能力允许范围内,用缔约方会议所将推行和议定的可比方法编成的关于《蒙特利尔议定书》未予管制的所有温室气体之各种源的人为排放和汇的清除的国家清单;(b)关于该缔约方为履行公约而采取或设想的步骤之一般性描述;和(c)该缔约方认为与实现本公约目标有关且适合列入其所提供信息的其他信息,在可行情况下,包括与计算全球排放趋势有关的资料。2. 附件一所列每一发达国家缔约方和每一其他缔约方应在所提供信息中列入下列各类信息:(a)关于该缔约方为履行第 4 条第 2 款(a)项和(b)项承诺所采取政策和措施的详细描述;和(b)关于本款(a)项所述政策和措施在第 4 条第 2 款(a)项所述期间对温室气体各种源的排放和汇的清除所产生影响之具体估计。"UNFCCC 第 13 条:"缔约方会议应在第一次会议上考虑设立一个解决与公约履行有关问题的多边协商程序,供缔约方在有此要求时使用。"

机制的重要性，并对其投以笔墨，但是，就相关条文内容而言，正面论述遵约机制的仅有第 13 条，其他条款主要集中于缔约方提交的材料清单、对条文解释不一的处理方案和条约退出等。而在第 13 条，其借鉴了《蒙特利尔议定书》第 8 条——以模糊性、概括性的措辞来描述。至 1998 年 UNFCCC 第四次缔约方会议，各国达成了第 10/CP.4 号决定《多边协商程序》。尽管它未采用"遵约"等称谓，但本质即遵约程序和机制。该决定共 14 条，涉及如下四方面内容。

（一）机制设立目标和性质

在第 1 条，《多边协商程序》表示，应根据 UNFCCC 第 13 条建立一种多边协商程序，使之作为多边协商委员会负责落实的一套机制。在第 2 条，《多边协商程序》指出，该机制旨在解决与遵约有关的问题，并就如何协助缔约方克服遵约困难提供咨询意见，同时增进对 UNFCCC 的理解并防止发生争端。在第 3、4 条，《多边协商程序》强调，这一机制应具有便利性、合作性、非对抗性、透明性、及时性和非裁判性，且不影响 UNFCCC 第 14 条所涉争端解决程序。

（二）程序启动和委员会职能

在第 5 条，《多边协商程序》列明了四种程序启动方式：一是一缔约方提出与本方遵约有关的问题；二是一些缔约方提出与其遵约有关的问题；三是一缔约方或一些缔约方提出与另一缔约方或另一些缔约方遵约有关的问题；四是缔约方会议提出。其中，前两种是就提出者的数量而作的分类。在第 6 条，《多边协商程序》认为，多边协商委员会在程序启动后，与所涉各方审议有关问题时，应对遇到困难的缔约方提供适当协助，如澄清和解决问题、提供资金和技术建议、就汇编和交流信息提供咨询意见等。同时，委员会不应重复 UNFCCC 下的其他机构活动。在人员组成上，应根据公平地域分配和轮换原则选出 10、15 或 25 名成员，任期三年，可连任一届。通常来说，这些成员应是缔约方提名的科学、社会、经济和环境领域的专家。当然，如有必要，委员会也可确定外部专家。委员会每年至少举行一次会议，并结合缔约方会议或附属机构的届会一起。同时，委员会应就工作的所有方面向缔约方会议提出报告，以便后者作出必要决定。

（三）结果运用

在第 12 条，《多边协商程序》指出，委员会所作任何结论和建议均应转交所涉各方并供其考虑。该结论应包括有关各方与其他缔约方为推进 UNFCCC 目标而进行合作的建议，以及委员会认为所涉各方为遵约而应采取的措施。在第 13 条，《多边协商程序》进一步指出，所涉各方应有机会就委员会所作结论和建议提出意见，而委员会也应及时将之呈交缔约方会议。

（四）机制发展

在第 13 条，《多边协商程序》提到，委员会职能并非固定不变，而是可参照 UNFCCC 的修正而加以修改。该条表明,多边协商程序应为一项动态发展机制,将在气候治理中不断得以完善。①

不过,由于《多边协商程序》过于框架性,因此,在实施中,需以争端解决机制作为补充。在第 14 条,UNFCCC 指出,缔约方就公约的解释和适用型争端应通过和平方式加以解决。这些方式包括:国际司法、国际仲裁和调解等。除非当事方另有协议,否则新作的声明和撤回通知均不得影响正在进行的国际司法和国际仲裁程序;而调解需经调解委员会以附件形式通过。②

基于此,UNFCCC 遵约机制的结构也可表示为"促进遵约 + 争端解决",其中,"促进遵约"由 UNFCCC 第 13 条和第 10/CP. 4 号决定《多边协商程序》所组成,而"争端解决"指 UNFCCC 第 14 条的争端解决机制。故基本架构大致如表 2 - 2 所示。

表 2 - 2　UNFCCC 遵约机制的基本架构

框架	法律依据	主要内容
促进遵约	UNFCCC 第 13 条	缔约方应在第一次会议上考虑设立一个与遵约有关的多边协商程序
	第 10/CP. 4 号决定《多边协商程序》	机制设立目标和性质:旨在解决与遵约有关的问题;该程序具有便利性、合作性、非对抗性、透明性、及时性和非裁判性(第 1 ~ 4 条)
		程序启动及委员会职能:一(或一些)缔约方对另一(或一些)缔约方启动、缔约方会议启动、一缔约方自己启动和一些缔约方自发启动四种方式;委员会旨在协助澄清和解决问题,提供资金和技术建议,并就汇编和交流信息提供咨询意见;委员会的组成根据公平地域分配和轮换原则指定(第 5 ~ 11 条)
		结果运用:委员会的结论和建议应转交所涉缔约方,且该结论和建议应当包括:有关各方为推进 UNFCCC 的目标而进行合作的建议,以及委员会认为各方为遵约而采取的措施(第 12、13 条)
		机制发展:委员会的职能范围可以参照 UNFCCC 的修正而不断修改(第 14 条)
争端解决	UNFCCC 第 14 条	通过国际司法、国际仲裁和调解等和平方式解决 UNFCCC 的解释和适用型争端

---

① See COP, *Decision 10/CP. 4*:*Multilateral Consultative Process*, *United Nations Framework Convention on Climate Change*, UNFCCC (Jan. 25, 1999), https://newsroom. unfccc. int/documents/1572.

② UNFCCC 第 14 条:"1. 任何两个或两个以上缔约方之间就公约解释或适用发生争端时,有关缔约方应寻求通过谈判或选择的任何其他和平方式加以解决。2. 非为区域经济一体化组织的缔约方在批准、接受、核准或加入本公约时或之后,可在交给保存人的一份文书中声明……下列义务为当然且具有强制性的,无须另订特别协议:(a)将争端提交国际法院,和/或(b)按将由缔约方会议尽早通过的、载于仲裁附件中的程序进行仲裁。……"

可见，UNFCCC 遵约机制基本沿袭《蒙特利尔议定书》的设计方法，采取"促进遵约＋争端解决"的"蒙特利尔模式"。事实上，此后的《巴塞尔公约》《奥胡斯公约》《卡塔赫纳生物安全议定书》等也是如此。在该模式下，由于具体的遵约程序和机制未以条约或附件形式生成，因此，在实用性和有效性上还有待改进。

第二节　"促进遵约＋处理不遵约"的"京都模式"

1997 年，UNFCCC 第三次缔约方会议在日本京都举行，其间达成《京都议定书》（2005 年 2 月生效，我国于 1998 年 5 月签署并于 2002 年 8 月核准）。其通过和生效是为实现 UNFCCC 第 2 条所述的最终目标，即将大气温室气体浓度控制在防止气候系统受到危险的人为干扰水平上。[1] 在《京都议定书》中，其首次量化温室气体减排目标和时间表，明确了第一承诺期（2008～2012 年）和第二承诺期（2013～2020 年），并创设三大灵活履约机制，即"京都三机制"——联合履约（joint implement）机制、排放贸易（international emissions trading）机制和清洁发展机制（clean development mechanism）。其中，联合履约机制允许发达国家之间开展项目级合作，其所实现的减排单位可转让给另一发达国家，但同时须在转让方的"分配数量"上扣减相应额度；排放贸易机制允许一发达国家超额完成所承诺的减排任务后，将多余减排限额出售给其他排放超量的发达国家；而清洁发展机制允许发达国家与发展中国家通过项目实施来进行减排量抵销额的转让与获得。可以说，这些机制涵盖发达国家与发达国家、发达国家与发展中国家的减排情形，贯穿《京都议定书》整个流程，是《京都议定书》的重要制度基础。因此，如何确保缔约方切实履行相关义务，是缔约方会议的深层关切，并催生了《京都议定书》遵约机制。

一、《京都议定书》第 18 条概览

《京都议定书》在第 18 条表示，缔约方应在第一次会议上通过适当且有效的程序机制，用以判定和处理不遵约情事，并就其后果列出一个示意性清单，同时考虑不遵约的原因、类别、程度和频度。换言之，为了保障"京都三机制"的顺利开展，《京都议定书》认为，遵约机制应具备两大功能：一是判

---

[1]　UNFCCC 第 2 条："……根据本公约各项有关规定，将大气温室气体浓度稳定在防止气候系统受到危险的人为干扰的水平上。……"

定不遵约；二是处理不遵约。在此基础上，其指示缔约方会议就具体实施细则形成统一意见。①

二、《京都遵约程序》的规则塑造

在第 18 条指导下，2005 年《京都议定书》第一次缔约方会议达成了第 27/CMP.1 号决定——《〈京都议定书〉遵约程序和机制》（以下简称《京都遵约程序》）。该程序共 17 条，涉及如下五方面内容。

（一）机制目标

在第 1 条，《京都遵约程序》指出，该机制旨在便利、促进和执行根据《京都议定书》所作的承诺。

（二）遵约机构

在第 2 条，《京都遵约程序》要求设立遵约委员会，并通过全体会议、主席团、促进事务组和强制执行事务组展开工作。委员会由 20 名成员组成——10 名在促进事务组任职，10 名在强制执行事务组任职。这两个事务组分别选出 1 名主席和副主席，任期两年，其中 1 人来自发达国家缔约方，另 1 人来自发展中国家缔约方。主席应由发达国家缔约方和发展中国家缔约方轮流担任。在选出正式委员时，还应为其各配备 1 名候补委员，委员和候补委员均以个人身份任职，且在气候变化相关领域具备公认的专业能力。委员会作出决定时，应至少四分之三成员出席，且以协商一致方式通过，如果实在无法达成统一意见，应以出席并参加表决的至少四分之三委员通过。一般情况下，委员会每年至少举行两次会议，且应兼顾经济转型国家的特殊性。

委员会全体会议由促进事务组和强制执行事务组构成，两个事务组的主席为联合主席。全体会议的职能主要包括五项：一是向缔约方会议的每届常会报告活动，包括事务组通过的决定清单；二是执行缔约方会议的一般政策指导；三是将有关行政和预算建议提交缔约方会议，以确保委员会有效运作；四是拟定任何可能需要的议事规则，并经缔约方会议以协商一致方式通过；五是履行为使委员会有效运作的其他职能。

促进事务组的 10 名成员由 5 个联合国区域集团各出 1 名、小岛屿发展

---

① 《京都议定书》第 18 条："作为本议定书缔约方会议的 UNFCCC 缔约方会议，应在第一届会议上通过适当且有效的程序和机制，用以继定、处理不遵守本议定书规定的情势，包括就后果列出一个示意性清单，同时考虑到不遵守的原因、类别、程度和频度。依本条可引起具拘束性后果的任何程序和机制应以本议定书修正案的方式通过。"

中国家出1名、发达国家缔约方和发展中国家缔约方各出2名组成。其中,
5名成员的任期为2年,另5名成员的任期为4年,此后的缔约方会议应选
出任期4年的5名新成员,可连选连任,但不得超过两届。这些成员应具备
各领域的专业能力,并根据CBDR原则向缔约方提供咨询和便利,负责促进
其遵约。通常来说,促进事务组负责处理的事项有二:一是关于《京都议定
书》第3条第14款的问题,包括审议发达国家履行该条时所发现的新问题;
二是关于发达国家提供有关利用《京都议定书》第6、12、17条补充本国行动
的信息。同时,为了促进遵约并预先警报可能出现的不遵约,促进事务组还
可负责指导根据《京都议定书》第3条第1款、第5条第1款和第2款以及
第7条第1款和第4款所作出的承诺。

强制执行事务组的人员构成规则与促进事务组一致,但他们需具备一
定的法律经验。在职能上,强制执行事务组主要负责确定缔约方在如下三
方面是否遵约:一是《京都议定书》第3条第1款规定的限制或减少排放的
量化承诺;二是《京都议定书》第5条第1、2款和第7条第1、4款规定的估
算法和报告要求;三是《京都议定书》第6、12、17条规定的资格要求。此外,
在专家审评组与所涉缔约方发生分歧时,其可根据《京都议定书》第5条第
2款对清单进行调整,并对汇编的核算数据库予以纠正。《京都遵约程序》
在第5条第6款强调,强制执行事务组的目的是纠正不遵约,以保障环境完
整性。

(三)程序启动和运行

在第6条,《京都遵约程序》设计了机制启动的三种情形:一是专家审评
组根据《京都议定书》第8条提交报告;二是任何缔约方就与本方有关事务
提交履行问题;三是一缔约方针对另一缔约方而提交的有佐证信息支持的
履行问题。秘书处在接到呈文后,应将之提供给所涉缔约方。事务组在收
到呈文后3周内完成初步分析,并确保该问题具有充分的佐证信息,且是以
《京都议定书》为依据。初步分析之后,秘书处应通过书面形式将决定告知
有关各方。在审评缔约方的资格要求时,强制执行事务组如决定不处理与
之有关的履行问题,则应通过秘书处以书面形式通知所涉各方。而缔约方
应有机会就与决定有关的信息提出书面意见。

事务组在审议遵约问题时,有关缔约方可指派一人或多人为代表,但不
得出席事务组审议和通过一项决定的讨论。事务组审议的信息主要包括五
类:一是专家审评组按照《京都议定书》第8条提交的报告;二是有关缔约方
提交的信息;三是一缔约方针对另一缔约方的遵约问题而提交的信息;四是

附属机构的报告;五是另一事务组提供的信息。每一事务组均可征求专家咨询意见,且审议的任何信息均应提供给有关各方,除非另有规定,事务组审议过的信息应予公布。事务组所做决定应包括结论和理由,并通过秘书处告知所涉缔约方,后者应有机会提出书面意见。

在收到初步分析通知后的 10 周内,有关缔约方可向强制执行事务组提交书面意见,包括反驳意见。而强制执行事务组应在收到该意见 4 周内举行听证会,所涉各方可在会上发表意见或提出专家证词。一般来说,强制执行事务组可在任何时候以书面形式向有关缔约方提出问题和/或要求澄清,后者应在 6 周内作出答复。在规定时间内,强制执行事务组应作出认定有关缔约方未遵约的初步调查结果或不再处理此问题的决定。该结果或决定均应提供结论及理由,且需通知有关各方。所涉缔约方在收到初步调查结果通知后的 10 周内,可向强制执行事务组提出进一步书面意见,否则强制执行事务组应通过最后一项决定,对该调查结果予以确认。如果收到进一步书面意见,则强制执行事务组应在 4 周内加以审议并作出最后决定。同时,强制执行事务组也可酌情在任何情况下将有关问题转交促进事务组审议。

在涉及缔约方的资格问题时,强制执行事务组可采取快速程序。也即,它在收到遵约问题之日起 2 周内完成初步分析,所涉缔约方应在 4 周内提交书面意见,如所涉缔约方要求,则需在 2 周内举行听证会。一般情况下,初步调查结果或不再处理此问题的决定应在初步分析通知发出之日起 6 周内或听证结束后 2 周内通过。所涉各方应在 4 周内提交进一步书面意见,强制执行事务组应在收到该意见后 2 周内作出最后决定。在缔约方资格被中止后,其可通过专家审评组或请求强制执行事务组恢复其资格,而强制执行事务组应尽快作出决定。一般来说,在如下四种情况下,此项资格应予恢复:一是专家审评组提交一份不再涉及该缔约方资格的遵约报告;二是在当事方请求后,强制执行事务组认为不再存在资格履行问题;三是当事方按照规定提交包括排放趋势的进度报告;四是当事方在规定期限内已达到限制或减少排放的量化承诺要求。当然,在作出相关决定时,强制执行事务组可征求专家咨询意见。

若缔约方认为强制执行事务组作出的最终决定未经正当程序,则可在得知决定后 45 天内向缔约方会议提出上诉。后者应在上诉后的第一次会议上加以审议。如果最终决定确实存在程序瑕疵,则缔约方会议可通过出席并参加表决的四分之三成员来否决它,并将上诉事项退回强制执行事务组重新处理。在上诉决定作出前,强制执行事务组的决定仍应有效。若缔约方 45 天内未提出上诉,则强制执行事务组的决定为最终决定。

（四）不遵约后果

通常情况下,为了遵约,在完成承诺期最后一年专家审评工作规定的日期后 100 天内,缔约方可继续取得来自上一承诺期的排放减少量单位,而其他缔约方也可向其转让,但需以缔约方资格未被中止为限。

当确定出现了不遵约情形,促进事务组可向个别缔约方提供咨询意见和协助,包括资金和技术援助,以及向发展中国家提供技术转让和能力建设,同时拟订对有关缔约方的建议。而强制执行事务组可宣布不遵约并拟订相关改进计划。不遵约方应在合适期限内提交一项计划以供审评。这一计划应包括缔约方不遵约的原因分析,以及为纠正不遵约而准备的执行措施和时间表。同时,不遵约方还应定期向强制执行事务组提交计划执行的进度报告。如果强制执行事务组认为不遵约方未能符合《京都议定书》中的某项资格要求,则可中止该资格。若某一缔约方的排放超过配量,则强制执行事务组应宣布其未遵守《京都议定书》,并从该方第二承诺期的配量中扣减超量排放的 1.3 倍,中止其成员资格并要求 3 个月内拟订、提交一份遵约行动计划。

（五）其他事项

在第 16 条和第 17 条,《京都遵约程序》强调,该机制不得妨碍《京都议定书》第 16 条重申的 UNFCCC 相关体制,且《京都议定书》秘书处为遵约委员会的秘书处。①

三、"京都模式"的形成

如前所述,《京都议定书》第 18 条认为,遵约机制应具有判定和处理不遵约的功能。因此,第 27/CMP.1 号决定《京都遵约程序》将机构分为促进事务组和强制执行事务组两类。其中,促进事务组的目的是协助缔约方遵约,正如《京都遵约程序》第 4 条所指出的,重在"促进遵约";而强制执行事务组旨在对不遵约方进行惩罚或制裁,正如《京都遵约程序》第 5、9、10 条所显示的,意在"处理不遵约"。基于此,《京都议定书》遵约机制由"促进遵约 + 处理不遵约"所组成。基本架构大致如表 2 - 3 所示。

---

① See CMP, *Decision*: 27/*CMP*. 1 *Procedures and Mechanisms Relating to Compliance under the Kyoto Protocol*, UNFCCC (Mar. 30,2006), https://unfccc. int/documents/4254.

表 2-3 《京都议定书》遵约机制的基本架构

框架	法律依据	主要内容
促进遵约 + 处理不遵约	《京都议定书》第 18 条	缔约方应在第一次会议上通过适当且有效的程序和机制,用以判定和处理不遵约情事,并就后果列出一个示意性清单
	第 27/CMP.1 号决定《京都遵约程序》	机制目标:便利、促进和执行《京都议定书》下的承诺(第 1 条)
		遵约机构:(1)遵约委员会。委员会由缔约方会议选出的 20 名成员组成,其中 10 名在促进事务组任职,10 名在强制执行事务组任职,每位正式委员应各有 1 名候补委员;委员会作出决定时应采取协商一致的方式,若实在无法形成统一意见,则应以出席并参加表决的至少四分之三委员通过;除非另有规定,委员会每年应至少举行两次会议。(2)委员会全体会议。由促进事务组和强制执行事务组的全体成员组成;负责向缔约方会议的每届常会报告活动,并执行缔约方会议给予的一般政策指导,同时将有关行政和预算建议提交缔约方会议,以确保有效运作;等等。(3)促进事务组。10 名成员由 5 个联合国区域集团各出 1 名、小岛屿发展中国家出 1 名、发达国家和发展中国家缔约方各出 2 名组成;成员应具备各领域的专业能力;负责向缔约方提供咨询和便利,促进缔约方遵约。(4)强制执行事务组。10 名成员由 5 个联合国区域集团各出 1 名、小岛屿发展中国家出 1 名、发达国家和发展中国家缔约方各出 2 名组成;成员应具备一定的法律经验;对缔约方限排或减排的量化承诺,及其资格要求等进行审议;对相关清单进行调整,并对核算数据库进行纠正(第 2~5 条)
		程序启动和运行:程序启动的情形有三,一是专家审评组提出;二是任何缔约方就与本方有关的遵约问题提交报告;三是一缔约方针对另一缔约方而提交的有佐证信息支持的履行问题。遵约委员会根据每一事务组的职责范围分配相关问题。在初步分析之后,有关事务组应作出决定,并通过秘书处以书面形式通知所涉各方。强制执行事务组可以作出认定不遵约的初步调查结果或决定不再处理此问题。对此,所涉各方可提交进一步的书面意见,强制执行事务组在 4 周内加以审议和作出最后决定。在涉及资格问题时,强制执行事务组应采取快速审理程序。如果缔约方认为强制执行事务组的决定存在程序瑕疵,则可在得知决定后 45 天内向缔约方会议提出上诉(第 6~11 条)
		不遵约后果:当确定缔约方存在不遵约的情形之后,促进事务组可以向个别缔约方提供咨询意见和协助,包括资金和技术援助;而强制执行事务组可以宣布该方不遵约,并要求它拟订一份遵约行动计划,同时附上不遵约的原因分析,以及准备采取的行动和执行进度的时间表(第 12~15 条)
		其他事项:遵约机制不应妨碍 UNFCCC 下的相关体制,且《京都议定书》秘书处为遵约委员会的秘书处(第 16、17 条)

从上可知,“京都模式”的“促进遵约 + 处理不遵约”已经融入《京都议

定书》第18条和《京都遵约程序》——不同于"蒙特利尔模式"的分割状态。具言之,在"蒙特利尔模式"下,"促进遵约"体现在《蒙特利尔议定书》第8条和第Ⅳ/5号决定,而"争端解决"则指《保护臭氧层维也纳公约》第11条,但"京都模式"并未有此明显界限。当然,在《京都议定书》中,也存在争端解决条款。在第19条,《京都议定书》表示,UNFCCC第14条的争端解决机制应比照适用。① 不过,由于"处理不遵约"已发挥与遵约有关的争端解决功能,因此,"京都模式"一改"蒙特利尔模式"的处理方式,将争端解决机制还原至缔约方的其他纠纷。申言之,在《京都议定书》中,遵约委员会具有较强职能,其分支机构不仅具有确定缔约方是否遵约的权力,还能就不遵约情形采取各种技术性和实质性措施。显然,委员会已成为《京都议定书》下独立的决策实施机构,承担着遵约问题的实质审查任务,而秘书处仅对程序启动是否正当予以负责。这是国际环境法上遵约机制的重大发展——首次在建议权之外,赋予遵约机构以援助和告诫等实体权力。

此后,《京都议定书》遵约机制得到进一步更新和完善。比如,在《京都议定书》第二次缔约方会议上,其通过第4/CMP.2号决定《遵约委员会》,明确了委员会的议事规则,包括委员、候补委员、主席和副主席的产生方式,以及会议、辩论等议事方式,并要求缔约方自愿捐款,以支持委员会工作;在《京都议定书》第三次缔约方会议上,其通过第5/CMP.3号决定《〈京都议定书〉下的遵约问题》,审议了委员会提交的年度报告,并对缔约方提交的第四次国家信息通报和补充资料给予关切;在《京都议定书》第七次缔约方会议上,其通过第12/CMP.7号决定《遵约委员会(2011年)》,注意到委员和候补委员的差旅费和会议费等问题,要求对相关预算进行审议。除此之外,在《京都议定书》第九次缔约方会议上,其通过第8/CMP.9号决定《遵约委员会(2013年)》及附件《〈京都议定书〉遵约委员会议事规则的修正案》,分别对第4/CMP.2号决定中的第2、25条予以修正,进一步明晰了缔约方范围,补充了相关议事程序。

总体而言,《京都议定书》遵约机制已不再局限于原则性的处理方式,而是采取具体、细化的实施方案,在敦促缔约方遵约之时,对不遵约方进行责任追究,一方面具有"促进性",另一方面也释放出"执行性"、"惩罚性"和"威慑性"。

---

① 《京都议定书》第19条:"UNFCCC第14条规定应比照适用于本议定书。"

第三节 "促进遵约"的"巴黎模式"

2015 年 12 月 12 日,UNFCCC 第二十一次缔约方会议在法国巴黎召开,其间达成具有法律约束力的《巴黎协定》(2016 年 11 月生效,我国于 2016 年 4 月加入)。其是继 UNFCCC 和《京都议定书》之后第三个具有里程碑意义的多边气候条约,为 2020 年后的全球气候治理提供了方向指引。

从文本上来看,《巴黎协定》较之前的气候条约作了根本转变,一改《京都议定书》"自上而下"(top-down)的治理体制,在以"自下而上"(bottom-up)治理机制为主的基础上,兼采"自上而下"治理成分,属于混合型治理模式。① 目前,几乎所有 UNFCCC 缔约方均加入了该协定,覆盖了全球绝大部分温室气体排放量,开启了全球气候治理的 3.0 时代。②《巴黎协定》由序言和 29 条组成,虽在一定程度上坚持 CBDR 原则,但同时也将发展中国家纳入强制性减排之列,将"发达国家和发展中国家"的二元划分悄悄转向"发达国家、发展中国家、最不发达国家和小岛屿发展中国家"的三元划分。③

在三元划分模式下,发展中国家逐渐承担硬性减排任务,且对最不发达国家和小岛屿发展中国家提供资金和技术援助,并从"受援国"转向"受援国 + 施援国"。④ 不过,《巴黎协定》将 NDC 确立为 2020 年之后的基本运行机制,破解了 UNFCCC 下温室气体减排的固有僵局,是基于国家理性而采取的一种灵活性"软减排"策略。就该层面而言,《巴黎协定》虽不尽完美,但不失为当下全球气候治理的最优方案。⑤ 与 UNFCCC 和《京都议定书》一样,其也确立了相应遵约机制。

---

① See Daniel M. Bodansky et al. , *Facilitating Linkage of Climate Policies through the Paris Outcome* ,16 Climate Policy 956 (2016).

② 参见冯帅:《次国家行为体在全球气候治理 3.0 时代的功能定位研究》,载《西南民族大学学报(人文社会科学版)》2019 年第 5 期。

③ 参见曾文革、冯帅:《巴黎协定能力建设条款:成就、不足与展望》,载《环境保护》2015 年第 24 期。

④ 参见冯帅:《欧美气候变化能力建设行动进展对我国的影响及其对策》,载《中国软科学》2017 年第 7 期。

⑤ 参见曾文革、冯帅:《巴黎协定能力建设条款:成就、不足与展望》,载《环境保护》2015 年第 24 期。

一、《巴黎协定》第15条概览

《巴黎协定》第15条对遵约问题进行了思考。在内容上,共有3款。其中,第1款表示,缔约方应建立一个体制机制,用以促进执行和遵守相关规定。在第2款,它指出,该机制应由一个委员会组成,且以专家为主。委员会在行使职能时,应采取透明性、非对抗性和非惩罚性方式,且需特别关心缔约方的国家能力和各自情况。第3款要求,缔约方需在第一次会议上通过该机制,且委员会每年向缔约方会议提交报告。① 换言之,在《巴黎协定》第15条看来,应存在一套专门的程序和机制,以敦促各方遵约,且在定位上不能具有对抗和惩罚等责任追究性质。

二、《巴黎遵约程序》的制度安排

2018年12月,《巴黎协定》第一次第三期缔约方会议形成遵约机制的实施细则——第20/CMA.1号决定《巴黎遵约程序》。该细则分为八个部分,共37条,涉及以下六方面内容。

（一）机制设立宗旨和性质

在第1条,《巴黎遵约程序》指出,遵约机制由《巴黎协定》第15条设立,由遵约委员会组成。第2条旨在重申《巴黎协定》第15条第2款规定,即对委员会性质予以界定,认为委员会应以专家为主,且是促进性的,在行使职能时采取透明性、非对抗性和非惩罚性方式,并需特别关心缔约方的国家能力和各自情况。在第3、4条,《巴黎遵约程序》强调委员会的法律地位,即工作时应遵循《巴黎协定》有关规定,避免重复劳动,且不得作为执法和争端解决机制,也不能实施处罚或制裁,并应尊重国家主权。

（二）体制安排

在第5条,《巴黎遵约程序》表示,委员会由12名成员组成——在相关科学、技术、社会经济或法律领域,根据公平地域代表性原则选出。其中,5个联合国区域集团各派2名,最不发达国家和小岛屿发展中国家各派1名,并兼顾性别平衡。每位正式成员配备1名候补成员,且是各领域专家。这

---

① 《巴黎协定》第15条:"1.兹建立一个机制,以促进履行和遵守本协定的规定。2.本条第1款所述机制应由一个委员会组成,应以专家为主,且是促进性的,行使职能时采取透明性、非对抗性、非惩罚性方式。委员会应特别关心缔约方的国家能力和各自情况。3.该委员会应在作为本协定缔约方会议的 UNFCCC 缔约方会议第一次会议通过的模式和程序下运作,并每年向作为本协定缔约方会议的 UNFCCC 缔约方会议提交报告。"

些正式成员和候补成员的任期为三年,最多可连任两届。① 若出现成员空缺,则同一缔约方应选出专家接替其剩余期限内的工作。所有成员均以个人专家身份任职,但需兼顾公平地域代表性原则选出两名联合主席。除非另有规定,委员会每年至少举行两次会议。在拟定和通过一项决定时,仅能有正式委员、候补委员和秘书处官员在场,且出席的法定人数为 10 名。在审议过程中,应确保所收到机密信息的机密性。同时,委员会所作任何决定应采取协商一致方式,并顾及透明性、促进性、非对抗性和非惩罚性原则。如果确实无法达成统一意见,可由出席并参加表决的四分之三委员通过,并特别注意国家能力和各自情况。

(三)程序启动和进程

在第 19 条,《巴黎遵约程序》指出,委员会应注意如下五个事项:一是工作内容不得改变《巴黎协定》的法律性质;二是在审议遵约问题时,应努力在进程所有阶段与所涉各方进行建设性接触和磋商,并请他们提交书面材料;三是在进程所有阶段注意缔约方的国家能力和各自情况,并向有关各方提供援助,建议其采取适当措施;四是考虑其他机构下的工作,避免重复劳动;五是考虑与应对措施影响有关的因素。在缔约方提交遵约材料后,委员会应在规定时限内进行初步审查,以确认是否包含充分信息,以及是否与遵守《巴黎协定》有关。通常情况下,遵约机制启动的情形有如下四种:一是缔约方未通报或未持续通报《巴黎协定》第 4 条规定的 NDC;二是缔约方未提交《巴黎协定》第 13 条第 7、9 款或第 9 条第 7 款规定的强制性报告或信息通报;三是根据秘书处提供的信息,缔约方未参与有关进展的促进性多边审议;四是缔约方未提交《巴黎协定》第 9 条第 5 款规定的强制性信息通报。此外,如果一缔约方提交的信息与《巴黎协定》有关规定存在重大矛盾,经有关缔约方同意,可对相关问题进行促进性审议。在程序启动时,委员会应通知有关各方并请其就此事提供必要信息。有关各方可参加委员会讨论,但不能参加拟定和通过一项决定的讨论,若所涉缔约方提出书面要求,则委员会在审议与之相关事项时可予协商,并酌情邀请《巴黎协定》下设或服务于《巴黎协定》的有关机构代表参加。在向所涉各方发送结果草案、措施草案

---

① 不过,根据《巴黎遵约程序》规定,在《巴黎协定》第二次缔约方会议上,应分别选出任期为两年和三年的正式成员及候补成员。在此之后,所有成员任期均为三年。关于正式成员和候补成员的任期、职责、行为与利益冲突等,在 2021 年《促进遵约的委员会议事规则》中有详细阐述。See CMA, *Decision 24/CMA. 3；Rules of Procedure of the Committee to Facilitate Implementation and Promote Compliance Referred to in Article 15, Paragraph 2, of the Paris Agreement*, UNFCCC (Mar. 8,2022), https://unfccc. int/sites/default/files/resource/CMA2021_10_Add3_E. pdf.

或建议草案副本时,委员会应考虑缔约方提出的任何意见。鉴于发展中国家的特殊情况,《巴黎遵约程序》第 26 条要求给予其灵活性,并在第 27 条表示,若资金允许,委员会应根据其请求提供援助。

（四）措施和产出

在确定适当结果或建议时,委员会应参考《巴黎协定》有关条款的法律性质,并特别注意缔约方的国家能力和各自情况。而所涉各方也可向委员会提供信息,说明其能力限制和所获支持的充分性,供后者在作出决定时审议。为了促进缔约方遵约,委员会可采取五项措施:一是与有关缔约方进行对话,旨在确定挑战、提出建议和分享信息;二是协助有关缔约方与《巴黎协定》下设或服务于《巴黎协定》的适当资金、技术和能力建设机构进行接触,以便查明潜在挑战和解决办法;三是就上述挑战和解决办法向有关缔约方提出建议,并经有关缔约方同意后予以通报;四是建议制订一项行动计划,并应缔约方请求协助其制订;五是发布与遵约有关的事实性结论。在第 31 条,《巴黎遵约程序》鼓励缔约方向委员会提供资料,说明其已取得的行动进展。

（五）审议系统性问题

在第 32 条,《巴黎遵约程序》允许委员会确定缔约方在遵约上面临的一些系统性问题,并提请缔约方会议注意。缔约方会议也可随时要求委员会审议系统性问题,而委员会在审议后,应向缔约方会议报告,并酌情提出建议。但是,在处理系统性问题时,不得处理与个别缔约方遵约有关的事项。

（六）其他事项

在第 35 条,《巴黎遵约程序》指出,委员会在工作时,可寻求专家咨询意见,并接收《巴黎协定》下设或服务于《巴黎协定》的进程、机构和论坛提供的信息。在第 36、37 条提到,遵约委员会应每年向《巴黎协定》/UNFCCC缔约方会议报告,委员会的秘书处即《巴黎协定》秘书处。①

三、"巴黎模式"的构建

可以发现,《巴黎协定》遵约机制侧重于"促进遵约"——在《巴黎协定》第 15 条和《巴黎遵约程序》中均有体现。首先,《巴黎协定》第 15 条指出,遵约机制应是"促进"执行和遵守《巴黎协定》的有关规定,且委员会需具备"促进性"——在工作时采用"非对抗性"和"非惩罚性"方式,意味着《巴黎

---

① See CMA, *Decision 20/CMA. 1: Modalities and Procedures for the Effective Operation of the Committee Referred to in Article 15, Paragraph 2, of the Paris Agreement* (2018), UNFCCC (Mar. 19, 2019), https://newsroom.unfccc.int/documents/193408.

协定》遵约机制旨在"协助"和"敦促"缔约方遵约。其次,《巴黎遵约程序》第2、4条强调,遵约机制不得作为执法和争端解决机制,也不能实施处罚或制裁,意味着它无法发挥"执行"功能——这与《京都议定书》遵约机制存在本质区别。就该层面而言,《巴黎协定》遵约机制呈现出以下两大特点。

第一,"自下而上"性。应当说,在《巴黎协定》中,"自下而上"是贯穿其间的主要特性——强调非对抗性的自主减排,以提升减排积极性,这对凝聚国际共识而言具有重要意义。在此背景下,《巴黎协定》遵约机制也表现出这一性质。从第15条来看,《巴黎协定》将其定位为鼓励性机制,目的是在搁置争议的前提下避免部分国家的抵触情绪,使之自愿地加入全球气候治理。由此,《巴黎协定》将透明度和全球盘点作为遵约的重要手段。除此之外,它更为关注对最不发达国家和小岛屿发展中国家的援助及气候治理的国际合作。在《巴黎遵约程序》中,其进一步指出,遵约机制不得与《巴黎协定》条款相悖,并在第19、20条对程序启动的范围和方式作了清晰界定,同时在第21条申明了委员会的"形式"而非"实质"审议权限。

第二,非强制性。非强制性是在"自下而上"基础上衍生出来的。"自下而上"意味着《巴黎协定》具有相当的"民主性"而非对抗性,而"非强制性"便是保障这一"民主性"的重要方式。前已述及,《巴黎协定》遵约机制要求兼顾缔约方能力和各自情况。事实上,这与NDC机制有密切关系——NDC机制赋予缔约方在减排目标和行动上以较大自由裁量权,而遵约机制试图与之形成平衡格局,避免《巴黎协定》流于形式而缺乏法律约束力,但与此同时,受NDC机制影响,它已很难回到"京都模式"的强硬立场,无法发挥强制性、威慑性作用。尽管《巴黎协定》第24条将比照适用UNFCCC的争端解决机制,但在《京都议定书》介入下,这一机制已然难以触及缔约方的遵约问题。再加上前文已提及,《巴黎遵约程序》的立场坚定,要求委员会不得作为执法和争端解决机制。

是以,本书认为,《巴黎协定》遵约机制表现出明显有别于"蒙特利尔模式"和"京都模式"的特点——首次引入NDC、透明度和全球盘点机制,强调"自下而上"的非强制性遵约,重"促进遵约"而非"处理不遵约",形成了独特的"促进遵约"的"巴黎模式"。① 其基本架构大致如表2-4所示。

---

① 需要指出,尽管当前《巴黎协定》遵约机制代表"巴黎模式",二者在某些情况下可互换,但随着"巴黎模式"的丰富和发展,《巴黎协定》遵约机制或仅为外在表现之一。换言之,"巴黎模式"的范围更广。因此,为了体现逻辑性,本书将二者分开使用。

表 2 – 4　《巴黎协定》遵约机制的基本架构

框架	法律依据	主要内容
促进遵约	《巴黎协定》第 15 条	兹建立一个机制,以促进执行和遵守相关规定;该机制由一个委员会组成,且是促进性的,在行使职能时体现透明性、非对抗性和非惩罚性。委员会应每年向缔约方会议提交报告
	第 20/CMA.1 号决定《巴黎遵约程序》	机制设立宗旨和性质:遵约机制根据《巴黎协定》第 15 条设立,由以专家为主的委员会组成;委员会是促进性的,且需体现透明性、非对抗性和非惩罚性;该机制不得作为执法和争端解决机制,且应尊重国家主权(第 1 ~ 4 条)
		体制安排:委员会应由缔约方会议根据公平地域代表性原则在相关科学、技术、社会经济或法律领域选出的具备公认才能的 12 名成员组成;每名正式成员应配备 1 名候补成员,所有成员均以个人专家的身份任职,任期三年,最多可连任两届;在拟定和通过一项决定时,仅能有正式委员、候补委员和秘书处官员在场,且需以协商一致方式,若实在无法形成统一意见,可以由出席并参加表决的四分之三的委员通过;这些决定和议事规则,应当顾及透明性、促进性、非对抗性和非惩罚性(第 5 ~ 18 条)
		程序启动和进程:遵约机制将在四种情况下启动,主体有二,一是缔约方未通报、未持续通报或未提交有关强制性报告,二是秘书处提供信息认为缔约方未参与有关进展情况的促进性多边审议。如果缔约方提交的信息与《巴黎协定》的有关规定存在重大矛盾,则经其他缔约方同意,也可对相关问题进行促进性审议。在审议时,委员会不得改变《巴黎协定》的法律性质,并努力在进程的所有阶段与所涉各方进行建设性接触和磋商,同时注意缔约方的国家能力和各自情况。在工作过程中,委员会应避免重复劳动。有关缔约方可以参加委员会的讨论,但不能参加拟定和通过一项决定的讨论,若有关缔约方提出书面要求,则委员会在审议与之相关的遵约事项时应予以协商,并酌情邀请《巴黎协定》下设或服务于《巴黎协定》的有关机构代表参加(第 19 ~ 27 条)
		措施和产出:为了促进遵约,委员会可以采取五项措施,一是与有关缔约方进行对话,旨在确定挑战、提出建议和分享信息;二是协助有关缔约方与适当资金、技术和能力建设机构进行接触,以查明潜在的挑战和解决办法;三是就上述挑战和解决办法向有关各方提出建议,并经其同意后酌情通报;四是建议制订一项行动计划,并应请求协助有关缔约方制订;五是发布与遵约有关的事实性结论(第 28 ~ 31 条)
		审议系统性问题:委员会可以确定缔约方遵约所面临的一些系统性问题,并提请缔约方会议注意。在审议之后,委员会应向缔约方会议报告,并酌情提出建议。在处理系统性问题时,不得处理与个别缔约方遵约有关的事项(第 32 ~ 34 条)
		其他事项:在工作时,委员会可寻求专家咨询意见,并接收有关进程和机构、论坛提供的信息;委员会应每年向缔约方会议报告;委员会的秘书处即《巴黎协定》秘书处(第 35 ~ 37 条)

在 2019 年《巴黎协定》第二次缔约方会议上,各国未就遵约机制进行专门讨论;2020 年缔约方会议也因 COVID – 19 疫情的影响而被迫延期。在 2021 年第三次缔约方会议上,各方达成第 24/CMA. 3 号决定《促进遵约的委员会议事规则》,主要涉及:委员会正式成员与候补成员的任期、职责、行为和利益冲突;共同主席的选举、作用和职能;会议日期、通知和地点;编写、发送和通过会议议程;法定人数;根据《巴黎遵约程序》进行决策和表决;等等。① 总的来看,这一规则主要在委员会工作流程上对《巴黎遵约程序》作了细化。

---

① See CMA, *Decision 24/CMA. 3: Rules of Procedure of the Committee to Facilitate Implementation and Promote Compliance Referred to in Article 15, Paragraph 2, of the Paris Agreement*, UNFCCC (Mar. 8, 2022), https://unfccc. int/sites/default/files/resource/CMA2021_10_Add3_E. pdf.

第三章 《巴黎协定》遵约机制的传承：从基本形式到主要内容

现代国际环境法产生于 1972 年联合国人类环境会议，是国际法主体在利用、保护和改善全球环境问题中形成的、调整国际环境法律关系的规范总合。它体现了不同主体在全球环境治理上的意志协调，①并形成一系列基本原则——可持续发展原则、CBDR 原则、风险预防原则、国际合作原则等。② 由于同为国际环境法规范，因此，《蒙特利尔议定书》、UNFCCC、《京都议定书》和《巴黎协定》在助力全球环境治理的目标上必然一致，而作为确保各自条约实施的遵约机制——"蒙特利尔模式"、"京都模式"和"巴黎模式"，在逻辑结构上也定然存在一脉相承之处。

第一节 基本形式："条约授权 + 缔约方会议"

在国际法上，存在四种体系建构模式：一是《联合国海洋法公约》(United Nations Convention on the Law of the Sea)模式，即将所有事项纳入单一条约中进行规定；二是框架条约模式，即"一般义务"与"具体规则"相结合；三是《关税及贸易总协定》(General Agreement on Tariffs and Trade)模式，即通过"回合谈判"分批讨论相关议题；四是"保证与再检讨"模式，该模式基于"禁止反言"而衍生出来，允许各国自行作出保证后，再由相关机构定期审查。③ 由于环境问题具有严重性和复杂性，且与国际政治和经济等议题挂钩，因此，在国际环境法中，通常采用第二种模式。其本意是尽可能地兼顾各方诉求，在无法面面俱到的情况下，概括性地介绍相关制度和规则，体现了利益博弈的基本属性，亦即"一般义务"——这通常也是多边环境条约的价值定位。但是，由于条约往往较为原则化，因此，它们倾向于通过"授权"来形成具体的、可操作性的实施方案。

---

① 参见王曦编著：《国际环境法》，法律出版社 1998 年版，第 54 页。
② 参见秦天宝：《国际环境法基本原则初探——兼与潘抱存先生商榷》，载《法学》2001 年第 10 期。
③ 参见林灿铃：《国际环境法实施机制探析》，载《比较法研究》2011 年第 2 期。

一、条约授权

一般来说,国际法上的授权包括两种:一是组织授权;二是条约授权。

首先,组织授权。国际组织的权威性来自国家授权——代表着合法性的集体意愿。[1] 通常情况下,它包括授权范围、代理人执行任务的工具及应遵循的程序等。因此,国际组织虽据此获得自主性,但在很大程度上仍服从于控制其治理结构的国家。根据授权内容不同,可将国际法上的授权组织分为政府间机构和条约秘书处。其中,前者如联合国和世界银行(World Bank),它们受缔约方控制较少,所涉及事项范围广;而后者关心的事项非常具体,通常仅限于收集信息和支持条约实施,并通过缔约方会议不定期更新授权任务。相较于政府间机构而言,条约秘书处的行动范围较窄,且受缔约方影响颇大。具言之,条约秘书处旨在通过制订新条约或修订、完善旧条约,支持缔约方解决多边体制下的特定问题,其执行的主要责任源于成员国。故条约秘书处对缔约方的依赖程度较高。就该层面而言,秘书处在自主性上存在较多限制,"任何超越纯粹促进作用"的行为都可能使之面临合法性怀疑。[2] 正是因此,条约秘书处往往能对成员国的利益作出合理预期并调整相关行为。不过,任务授权并非一成不变,而是受到国际形势、任务进展和事情解决程度等因素影响。因此,秘书处可在成员国集体意愿下被赋予新的任务,使授权范围得以扩张。若事情已获解决,则该项授权即告终止。当然,条约秘书处对缔约方的依赖与其自主性并不排斥——在授权范围内,秘书处可自主选择运行方式。[3]

其次,条约授权。与组织授权侧重于赋予国际组织以权力合法性来源不同,条约授权希望通过"框架 + 细则"来解决某一具体问题。故组织授权也可称为权力授权,而条约授权属于文本授权或规范授权。在规范授权下,通常存在两个或两个以上文本,且以"国际硬法 + 国际软法"形式呈现。传统理论认为,由于国际条约和国际习惯属于国际法渊源且具有一定的法律约束力,因而属于国际硬法,而宣言、决定和标准等既非独立或直接的国际法渊源,也不具有法律约束力,因而属于国际软法。不过,尽管国际软法不

---

[1] See Michael Barnett & Martha Finnemore, *The Power of Liberal International Organizations*, in Michael Barnett & Raymond Duvall eds. , Power in Global Governance, Cambridge University Press,2004,p. 172.

[2] See Pamela S. Chasek,David L. Downie & Janet Welsh Brown,*Global Environmental Politics: Dilemmas in World Politics*,7th edition,Westview Press,2016,p. 78.

[3] 参见周逸江:《塑造全球治理议程:国际组织自主性的行动逻辑——以 UNFCCC 秘书处为例》,载《外交评论(外交学院学报)》2021 年第 1 期。

具有约束力，但它在相当长一段时期对国家行为产生了间接或潜在影响，故也起到了有效的指引作用。① 从主体上来看，条约授权的主体为国际条约，这与组织授权的主体为国家不同；从对象上来看，条约授权的对象为缔约方集体或缔约方会议，而组织授权的对象为国际组织（包括政府间机构和条约秘书处）；从内容上来看，条约授权的内容是就相关条款达成具体实施方案，且不得超出职权范围，这与组织授权中的条约秘书处授权基本一致，但政府间机构的授权则非常宽泛；从形式上来看，条约授权是通过书面形式加以确立，这与组织授权一样。

在遵约机制中，存在两个或两个以上文本，且具有"国际硬法＋国际软法"分布。其中，《蒙特利尔议定书》、UNFCCC、《京都议定书》和《巴黎协定》作为多边环境条约，属于国际硬法；而《不遵守情事程序》、《多边协商程序》、《京都遵约程序》和《巴黎遵约程序》作为会议决定，属于国际软法。这一组合形成的根源在于条约授权。具言之，《蒙特利尔议定书》第 8 条授权第一次缔约方会议审议并通过遵约程序和机制；UNFCCC 第 13 条授权第一次缔约方会议考虑设立与遵约有关的多边协商程序；《京都议定书》第 18 条授权第一次缔约方会议通过适当且有效的遵约程序和机制；《巴黎协定》第 15 条亦授权第一次缔约方会议通过遵约模式和程序，以使遵约委员会在该机制下运行。是以，在《不遵守情事程序》、《多边协商程序》、《京都遵约程序》和《巴黎遵约程序》中，才会出现"遵循《蒙特利尔议定书》第 8 条拟定""根据 UNFCCC 第 13 条设立""注意到《京都议定书》第 18 条规定""根据《巴黎协定》第 15 条设立"等表述。

这样安排固然是因《蒙特利尔议定书》、UNFCCC、《京都议定书》和《巴黎协定》作为多边环境条约，在内容和形式上存在一定延续，②但从更深层次的角度来看，有内在的逻辑考量。国际法是"通过制度固化和提升相互依

---

① 参见万霞：《试析软法在国际法中的勃兴》，载《外交评论（外交学院学报）》2011 年第 5 期。

② 需要说明的是，UNFCCC 和《巴黎协定》作为相对独立的多边环境条约，在学术界基本无异议。但《京都议定书》是否也如此？有学者认为，它仅是 UNFCCC 的附件，主要原因有三：一是《京都议定书》第 27 条第 3 款表示"退出 UNFCCC 的任何缔约方，应被视为退出本议定书"；二是议定书的名称不够正式；三是《京都议定书》的全称为《联合国气候变化框架公约下的京都议定书》。然而，笔者认为，这不足以得出否定答案，因为：（1）《巴黎协定》第 28 条第 3 款也有"退出 UNFCCC 的任何缔约方，应被视为亦退出本协定"之表述；（2）相较于"公约"（convention）一词而言，"协定"（agreement）的正式程度并不比"议定书"（protocol）更强；（3）《巴黎协定》的全称亦冠上 UNFCCC 的帽子。既然《巴黎协定》可相对独立，那么《京都议定书》自然也可以。故本书将 UNFCCC、《京都议定书》和《巴黎协定》均视为独立的多边环境条约，以便于研究。参见戴宗翰：《论〈联合国气候变化框架公约〉下相关法律文件的地位与效力——兼论对我国气候外交谈判的启示》，载《国际法研究》2017 年第 1 期。

赖格局下行为体之间的合作水平,来推进建构主义国际关系理论所倡导的共同观念和良好文化"的,①且"基于国家自身的允诺和同意,通过彼此约定而形成",②可以说,国际法本质是国家利益博弈的结果。因此,在条约达成中,不同国家因利益诉求各异而产生激烈交锋。为了尽快形成对各方均有一定约束力的法律文本,参与方在国际谈判与国内政治的双重影响下不得不作出妥协和让步,由此导致这些文本偏向于"原则性"和"引导性",而无法将具体实施方案囊括其中。遵约机制的设计便是如此。在《蒙特利尔议定书》、UNFCCC、《京都议定书》和《巴黎协定》中,其仅能授权缔约方会议另行制定遵约细则,否则将影响条约本身的达成。

二、缔约方会议

传统理论认为,为了促进国际环境法的实施,通常存在两类组织机构。一是经多边环境条约建立的专业性国际组织,如 1946 年《国际捕鲸管制公约》(International Convention for the Regulation of Whaling)中的国际捕鲸委员会和 1949 年《北大西洋国际渔业公约》(Convention on Marine Fishery)中的北大西洋国际渔业委员会;二是将既有的国际组织作为条约实施机构,如 1951 年《国际植物保护公约》(International Plant Protection Convention)所依托的联合国粮食及农业组织(Food and Agriculture Organization of the United Nations)和 1954 年《防止海洋石油污染国际公约》(International Convention for the Prevention of Pollution of the Sea by Oil)所依托的国际海事组织(International Maritime Organization)。除此之外,一些多边环境条约并未提及类似机构,如 1968 年《关于自然和自然资源保护非洲公约》(African Convention on the Conservation of Nature and Natural Resources)等就未作出相关安排。然而,机构缺失对于多边环境条约的发展而言明显不利,既无法解决与之相关的争议,也难以形成配套的议定书或修正案。但无论是已经存在的还是专门建立的政府间国际组织,其运行成本过高且带有严重的"行政"属性,难以保证多边环境条约实施的公正。基于此,缔约方会议(Meeting of Parties)模式形成。

缔约方会议,通常也称缔约方大会(Conference of Parties,COP),是缔约方集体所形成的一种机构,旨在督促条约实施。首次提及缔约方会议的为 1971 年通过且自 1975 年生效的《国际重要湿地特别是水禽栖息地公约》

---

① 何志鹏:《国际法治何以必要——基于实践与理论的阐释》,载《当代法学》2014 年第 2 期。
② 何志鹏:《国际法在新时代中国的重要性探究》,载《清华法学》2018 年第 1 期。

(Convention on Wetlands of Importance Especially as Waterfowl Habitat,以下简称《拉姆萨尔公约》),它在第 6 条第 1、2 款指出,缔约方应在必要时召开相关会议。该会议具有咨询性,且有权讨论《拉姆萨尔公约》的实施情况及名录增加和变更事项,并向缔约方提出湿地和动植物养护的一般或具体建议,同时要求国际机构就有关事项编写报告和统计资料。① 由此,缔约方会议开始进入国际环境法。在 1972 年通过且自 1975 年生效的《防止倾倒废物及其他物质污染海洋公约》(Convention on the Prevention of Maritime Pollution by Dumping of Wastes and Other Matters,以下简称《海洋倾废公约》)中,第 14 条第 4 款表示,缔约方的协商会议或特别会议应不断审查《海洋倾废公约》的履行情况,且有权审查和通过有关修正案,并与适当的科学团体合作,就科学技术问题提供咨询意见,同时与有关国际组织协商,制定相关程序和基本标准。该条还要求,缔约方应在第一次协商会议上制定必要的议事规则。②

　　尽管《拉姆萨尔公约》和《海洋倾废公约》提到缔约方会议模式,但二者并未使用"缔约方会议"或"缔约方大会"的称谓。第一次明确使用的为 1973 年签署、1975 年生效的《华盛顿公约》。在第 11 条,它规定专门的"缔约方会议"条款,认为在《华盛顿公约》生效两年后,秘书处应召集一次缔约方会议。自此,缔约方会议模式渐臻完善,且其主要职能包括五项:一是作出必要决定,使秘书处履行相应职责;二是根据第 15 条,通过附录一和附录二的修正案;三是检查物种恢复和保护情况的进展;四是接受并考虑相关报告;五是在适当情况下推出提升《华盛顿公约》效力之建议。③

① 《拉姆萨尔公约》第 6 条第 1、2 款:"1. 设立缔约国会议,以检查和促进公约的实施。第 8 条第 1 段所提及的常务办事处至少每 3 年召开一次缔约国会议之例会,除非会议另有决定。在至少有 2/3 的缔约国提出书面要求的情况下,也可召开特别会议。缔约国会议的每次例会均应确定举行下次例会的时间及地点。2. 缔约国会议具有下列职权:(a)讨论本公约的执行情况;(b)讨论《目录》(笔者注:《具有国际意义的湿地目录》)的增补和修改;(c)审议根据第 3 条第 2 段提供的关于《目录》中所列湿地生态特性变化的资料;(d)就保护、管理和合理使用湿地及其动植物问题,向缔约国提出一般性建议或具体建议;(e)要求有关国际机构就涉及湿地的国际问题提出报告和提供统计资料;(f)通过其他建议或决议,来促进本公约的执行。"
② 《海洋倾废公约》第 14 条第 4 款:"各缔约国的协商会议或特别会议应不断审查本公约的履行情况,并且,除其他外可以:按照第 15 条审查并通过对本公约及其附件的修正案;邀请适当的科学团体与各缔约国或该'机构'协作,并就有关本公约的任何科学或技术问题(特别是附件内容)提供咨询意见;接受并审议按照第 6 条第 4 款提出的报告;促进与防止海洋污染有关的区域性组织的协作及这类组织之间的协作……"
③ 《华盛顿公约》第 11 条第 3 款:"各成员国在例会或特别会议上,应检查本公约执行情况,并可:(a)作出必要规定,使秘书处能履行职责;(b)根据第 15 条,考虑并通过附录一和附录二修正案;(c)检查附录一、附录二、附录三所列物种的恢复和保护情况的进展;(d)接受并考虑秘书处或任何成员国提出的报告;(e)在适当情况下,提出提高公约效力的建议。"

《蒙特利尔议定书》第 11 条也有类似内容,并表示,缔约方应定期召开会议,且在第一次缔约方会议上通过相关议事规则,同时审议并通过第 8 条的程序和体制机制。① UNFCCC 第 7 条第 2 款更是指出,缔约方会议作为最高机构,应在职权范围内作出促进缔约方遵约的必要决定。为此,它需定期审评缔约方义务和机构安排,并促进信息交流,同时审议和通过遵约情况的定期报告。此外,缔约方会议还以协商一致的方式议定并通过相关议事规则和财务事项。② 从篇幅和内容上来看,UNFCCC 确立了 13 项任务,基本覆盖缔约方会议的所有活动领域。由于《京都议定书》与《巴黎协定》在 UNFCCC 的基础上形成,故其均将 UNFCCC 的缔约方会议作为自身的缔约方会议。就该层面而言,《巴黎协定》的缔约方会议传承自 UNFCCC,而 UNFCCC 的缔约方会议模式则参照了《蒙特利尔议定书》。

在遵约机制的设计上,"蒙特利尔模式"中的《不遵守情事程序》便由《蒙特利尔议定书》第 8 条授权缔约方在第四次缔约方会议上形成。《多边协商程序》的产生与之一样,由 UNFCCC 第 13 条授权缔约方在第四次缔约方会议上通过。当然,在第一次缔约方会议的第 20/CP.1 号决定、第二次缔约方会议的第 4/CP.2 号决定和第三次缔约方会议的第 14/CP.3 号决定中,缔约方会议也对之进行了关注。"京都模式"在此方面沿袭"蒙特利尔模式",经《京都议定书》第 18 条授权缔约方在第一次缔约方会议上建立。事实上,由于二者的缔约方会议一致,因此,在第一次缔约方会议之前,UNFCCC 的第五次和第七次缔约方会议均对"京都模式"进行过讨论,并先后形成第 15/CP.5 号决定《遵守问题联合工作组今后的工作》和第 24/CP.7 号决定《与〈京都议定书〉遵约有关的程序和机制》。因存在同样的缔约方

---

① 《蒙特利尔议定书》第 11 条第 3 款:"……缔约国应在第一次会议上,以协商一致方式通过会议议事规则;以协商一致方式通过第 13 条第 2 款所指财务细则;设置第 6 条规定的专家组并确立其任务;审议并通过第 8 条所规定的程序及体制机构;开始依据第 10 条第 3 款制定工作计划。……"

② UNFCCC 第 7 条第 2 款:"……缔约方会议作为本公约的最高机构,应定期审评本公约和缔约方会议可能通过的任何相关法律文书之履行情况,并在职权范围内作出为促进本公约有效履行所必要的决定。为此目的,缔约方会议应:(a)根据本公约目标及在履行过程中取得的经验和科学与技术知识发展,定期审评本公约规定的缔约方义务和机构安排;(b)促进和便利就缔约方为应付气候变化及其影响而采取的措施进行信息交流;(c)应两个或更多缔约方要求,便利将其为应付气候变化及其影响而采取的措施加以协调,同时考虑各缔约方不同情况、责任和能力以及各自在公约下的承诺;(d)依照本公约目标和规定,促进、指导发展和定期改进由缔约方会议议定的,除其他外,用于编制各种温室气体源的排放和汇的清除之清单,及评估为限制这些气体排放及增进其清除而采取的各种措施的有效性可比方法;(e)根据依本公约获得的所有信息,评估各缔约方履行情况及依照公约所采取措施的总体影响,特别是环境、经济和社会影响及其累计影响,以及当前在实现本公约目标方面取得的进展……"

会议模式,故《巴黎协定》遵约机制也延续了这一路径,由《巴黎协定》第 15 条授权缔约方在第一次缔约方会议上所达成。当然,在第一次缔约方会议之前,UNFCCC 第二十一次缔约方会议也予以了讨论,并形成第 1/CP. 21 号决定《为履行和遵守〈巴黎协定〉提供便利》。

如果说,以上授权是基于遵约机制的构建,那么,在后续机制完善中,授权范围即有所转变——以确定、更换委员会成员和通报不遵约为核心。比如,《蒙特利尔议定书》第五次、第六次、第七次、第八次……缔约方会议均对遵约机制进行了商议。甚至在 2020 年第三十二次缔约方会议、2021 年第三十三次缔约方会议上,各方仍通过了第XXXⅡ/8 号决定《履行委员会成员(2020 年)》[①]和第XXXⅢ/10 号决定《履行委员会成员(2021 年)》[②]。

总体而言,缔约方会议已被公认为是一种成功的制度化模式。主要优点有四:一是运行成本低,不置常设机构,也不限定会议地点;二是运转灵活,通过常会和特别会议,确保工作的针对性和有效性;三是影响范围广,将所有缔约方纳入其中,使其工作得到更多支持;四是监督手段和争议解决符合全球环境治理的客观要求,在利益驱动外增强了国际合作比重。[③] 通常来说,缔约方会议的职能有四项:一是安排会议召开,制定程序规则和指导秘书处活动;二是通过修改多边环境条约或采用新的议定书而影响缔约方义务;三是监督缔约方是否遵约,同时对缔约方违约或不遵约作出决定;四是在特定情况下,同其他国际组织或国家签订协议。[④] 其中,前三项均与遵约密切相关。无怪乎有学者在分析缔约方会议模式时,将其置于遵约机制中,认为缔约方会议一方面通过国家报告和机制设立来实现遵约监控,另一方面通过财政和技术来达到遵约援助。换言之,他们主张,缔约方会议的集体性和多边合作性,使之在促进遵约上更为有力,是多边环境条约的实施从

---

① See UNEP Ozone Secretariat, *Decision* XXXⅡ/8: *Membership of the Implementation Committee*, UNEP Ozone Secretariat（Nov. 27, 2020）, https://ozone. unep. org/treaties/montreal-protocol/meetings/thirty-second-meeting-parties/decisions/decision-xxxii8-membership-implementation-committee? q = treaties/montreal-protocol/meetings/thirty-second-meeting-parties/decisions/decision-xxxii8-membership-implementation-committee.

② See UNEP Ozone Secretariat, *Decision* XXXⅢ/10: *Membership of the Implementation Committee*, UNEP Ozone Secretariat（Oct. 29, 2021）, https://ozone. unep. org/treaties/montreal-protocol/meetings/thirty-third-meeting-parties/decisions/decision-xxxiii10-membership-implementation-committee.

③ 参见徐祥民、张晨:《缔约方大会:推动国际环境法律实施的有效形式》,载《西部法学评论》2009 年第 5 期。

④ See Robin Churchill & Geir Ulfstein, *Autonomous Institutional Arrangements in Multilateral Environmental Agreements: A Little-Noticed Phenomenon in International Law*, 94 American Journal of International Law 623（2000）.

各自监督走向集体监督、从单独执行走向合作实施的重大转折。① 不过,在缔约方会议是否属于政府间国际组织的问题上,学术界仍存在争议。② 鉴于该会议具有一定的自主性,且具备国际组织的内部法律秩序,故本书认为缔约方会议在实际上已具有国际组织的部分要素。是以,经缔约方会议达成的遵约机制也具有一定的法律效力,可成为条约遵守时的规范指导和重要参考。因此,"条约授权 + 缔约方会议"作为遵约机制的基本形式,具有正当性。

第二节 目标定位:"促进遵约 + 国际合作"

作为多边环境条约,《蒙特利尔议定书》、UNFCCC、《京都议定书》和《巴黎协定》均以全球环境治理为目的。一般来说,如果一缔约方不履行环境义务,往往并不直接导致某一具体的缔约方利益受损,而是通过全球环境治理的目标受掣,来由所有国家承担不利后果。在这些条约中,缔约方不遵约所导致的后果往往具有累积性,而非"立竿见影"———一般需较长时间才能看到影响。在此情形下,很难将特定的环境损害归因于某一或某几个缔约方的作为或不作为。③ 故现有国际环境法上的遵约机制,均有意无意地回避了这一话题,而是集中于缔约方是否履行或充分履行相关义务。这也就决定遵约机制是以促进性为主。

一、促进遵约

在契约法中,存在两种不同类型的规则:一是促进性规则(facilitative rules);二是强制性规则(mandatory rules)。其中,促进性规则可通过任意性规则或选择性规则的形式(当事方)可选择加入或退出;而强制性规则隐含"家长式"干预,不可退出。不过,促进性规则并不是非强制性规则,前者表现为一种积极的规范力量,而后者是一种消极立场。尽管强制性规则是在风险不确定性背景下的确定性尝试,希望以明确的规则体系来管理组织成员的行为,但它本身亦陷入失效的泥淖。因此,促进性规则开始以全新姿态走向国际舞台,并分流为两套理论:一是乐观主义的三方治理框架;二是相

---

① 参见陈晓华:《试论条约机构与多边条约的实施——以多边环境协定的缔约方大会管理模式为例》,载《河南省政法管理干部学院学报》2010 年第 3 期。

② 参见饶戈平主编:《全球化进程中的国际组织》,北京大学出版社 2005 年版,第 80 页。

③ See M. Fitzmaurice & C. Redgwell, *Environmental Non-compliance Procedures and International Law*, 31 Netherlands Yearbook of International Law 35 (2000).

互依赖下的共同规范。前者强调社会自治，而后者主张相互促进的治理体系。促进性规则本身属于引导性规范——希望行为体通过积极的价值判断实现有利于组织目标的行为。它与强制性规则并不排斥，可同时出现于某一法律制度之下。①

由于国际法不仅是一套规则体系，更多时候表现为一套话语体系，故其在评价国家行为的合法性与正当性上发挥着重要作用。② 因此，国际法通常具有促进性。在国际环境法的遵约机制上，这一属性表现得尤为明显。

首先，在遵约机制启动前，希望预防不遵约。无论是现实主义下基于安全威胁的遵约，还是自由主义下基于利益偏好的遵约，抑或新现实主义下基于权力结构的遵约，出发点均是对条约的遵守。故遵约机制的设立初衷便是呼吁缔约方善意履约并预防不遵约。因此，在内容上，它通常设置限制或禁止措施，以尽量减少各方不遵约的可能选择：其一，对与环境损害有关的活动过程进行明确禁止或限制；其二，对本身不会造成环境损害但能潜在或间接产生环境连锁反应的活动过程进行禁止或限制。预防不遵约的本质是通过预先控制来实现遵约，即在不遵约事实出现前就将其消灭于萌芽状态。换言之，它希望通过引导来鼓励缔约方的行为，一方面为行为体营造更自由的空间；另一方面也对其予以规范。事实上，这亦体现了国际环境法中的风险预防原则（precautionary principle）。该原则要求人类在进行任何经济活动前，对可能之于自然环境和生态系统的影响进行预测和评估，并采取针对性措施，以降低风险。③

其次，在不遵约事实被确定后，旨在创造条件使遵约更为便利。当缔约方存在不遵约情形时，缔约方会议或遵约委员会可通过一些诱导性条件，促进缔约方继续履约，这些条件包括资金和技术援助。通常来说，在国际环境法中，资金和技术机制反映出国家的相关权利和义务，以帮助发展中国家"便利"遵约，并敦促发达国家以项目合作"对价"遵约。然而，不论怎样，其均属于激励性的促进遵约。

目前，在促进遵约上，多边环境条约的措施大致有三种：一是提供咨询，即在 CBDR 原则的基础上，向缔约方提供执行条约的便利，包括资金援助和技术支持等具体事项的咨询；二是要求或协助缔约方制定遵约计划，即审议缔约方的遵约方式和内容，以帮助其履行已作出的全球环境治理承诺；三是

---

① 参见张乾友：《论社会治理中的控制性规则与促进性规则》，载《江苏社会科学》2014 年第 3 期。

② 参见车丕照：《国际法的话语价值》，载《吉林大学社会科学学报》2016 年第 6 期。

③ 参见陈维春：《国际法上的风险预防原则》，载《现代法学》2007 年第 5 期。

协助落实资金援助和技术支持,即敦促发达国家向发展中国家提供减缓和适应型资金、强化技术开发和转让,以加强后者的能力建设,并改善它们对环境问题的复原能力。

在"蒙特利尔模式"下,《蒙特利尔议定书》虽然不乏强制性规则,并在第2条设立了"控制措施"条款,但其亦在第10条规定了财务机制和技术援助。在《不遵守情事程序》中,履行委员会应为所涉缔约方在财务和技术方面拟定有关建议,而后者也可请求委员会采取相关措施,以协助遵守《蒙特利尔议定书》。UNFCCC第13条和《多边协商程序》中的"协商"二字也表明,该机制以促进为主,目的是为所涉缔约方提供咨询意见并增进其对UNFCCC的理解。《多边协商程序》还表示,无论是否判定缔约方遵约,在结论和建议中均需载明为推进UNFCCC的目标而合作的建议,及促进该方有效履约所采取的措施。在"京都模式"下,尽管《京都议定书》通过"京都三机制"来增强文本效力,带有一定的强制性,但在《京都遵约程序》中,"促进事务组"即表明了其促进性导向。在它看来,促进事务组应负责向缔约方提供咨询和便利,并促进遵守《京都议定书》。故它可预先警报可能出现的不遵约并为此作出妥善安排。当确定存在不遵约情形后,促进事务组可就遵约事项向所涉缔约方提供协助,并拟定有关建议,以促进该方继续履行承诺。

"巴黎模式"秉承并强化了这一宗旨。《巴黎协定》第15条指出,遵约机制应是促进性的,且具有非对抗性和非惩罚性。故在《巴黎遵约程序》中,其以促进性为出发点。遵约委员会可与所涉各方进行对话,并协助它们与适当的资金、技术或能力建设机构予以接触,以便查明潜在挑战和解决办法。除此之外,委员会就遵约事项所提建议,需经有关各方同意后,方可通报。换言之,在《巴黎协定》遵约机制下,委员会可向缔约方会议提出合适建议,并为不遵约方提供帮助,但不能实施处罚或制裁以促进遵约。

二、国际合作

在理论上,国际合作由两部分构成:一是一国行为指向多个目标;二是合作将给该国带来一定收益或回报。当然,各国收益和回报并不必然一致。[1] 换言之,国际合作的出现存在三个条件:一是利益多样性;二是对未来存在预期;三是行为体有多个。就该层面而言,国际合作是使个体收益之

---

[1] See Helen Milner, *International Theories of Cooperation among Nations: Strengths and Weaknesses*, 44 World Politics 466 (1992).

和接近国际整体收益。① 从过程上来看,其具有讨价还价和监督执行两个阶段。②

国际环境合作产生于国际安全和国际秩序稳定的客观要求中。在维护环境安全成为各国共同责任和人类普遍关切的前提下,国际环境合作(或者更准确地说,全球环境合作)在遏制环境恶化上已取得一系列成就。③ 事实上,国际环境法的兴起也主要得益于国际环境合作意识的提高和相关理念的发展。因此,国际环境合作俨然成为国际环境法上的一项基本原则。④ 一般来说,国际环境合作是指,两个或两个以上国家为实现各自的或共同的利益而在法律、政策及行动上的相互调适。⑤ 换言之,国际环境合作是国家之间复杂的谈判和博弈过程。这些国家可能存在共同的环境权益,但也可能仅存在共同环境利益的事实。进言之,合作是为了使个体在集体行动下的收益大于单方行动收益,以避免陷入“公地悲剧”(tragedy of the commons)⑥或“集体行动困境”(collective action dilemma)。⑦ 在博弈过程中,国际制度将最终决定收益结构,即国际制度的设计可对参与博弈的各方形成约束或激励,从而影响国家战略选择。故国际环境合作可理解为客观事物的本质规律在现行法律中的凝结。⑧

比如,《蒙特利尔议定书》在“前言”部分指出,应考虑在控制、削减 ODS 使用的替代性技术方面的国际合作。故第 10 条表示,多边基金机制应包括多边、区域和双边合作方法。在第 10(A)条,它进一步认为,应将最佳的无

---

① 参见苏长和:《全球公共问题与国际合作———一种制度的分析》,上海人民出版社 2000 年版,第 65~67 页。

② See James D. Fearon, *Bargaining*, *Enforcement*, *and International Cooperation*, 52 International Organization 269 (1998).

③ 参见张莉萍:《经济全球化与国际环境合作》,载《国际论坛》2001 年第 2 期。

④ 参见蔡守秋、张文松:《演变与应对:气候治理语境下国际环境合作原则的新审视——以〈巴黎协议〉为中心的考察》,载《吉首大学学报(社会科学版)》2016 年第 5 期。

⑤ 正如学者所指出:“国际合作,是指国际关系行为主体全面或局部的协调、联合等协力行为,是一种相互适应,它是基于各行为主体在一定领域和范围内的利益或目标的基本一致或部分一致。”俞正梁:《经济全球化的极化效应与世界格局的和平转移》,载《河南大学学报(社会科学版)》2001 年第 2 期。

⑥ “公地悲剧”是指:公地作为一项资源或财产,有许多拥有者,他们中的每一个均有使用权,但无权阻止他人使用,而每个个体都倾向于过度使用,从而造成资源枯竭。之所以叫悲剧,是因为每个个体都知道资源将由于过度使用而枯竭,但他们对阻止事态继续恶化感到无能为力。See G. Hardin, *The Tragedy of the Commons*, 162 Science 1243 (1968).

⑦ “集体行动困境”是指:人人都能知道某件事情是好事,需要大家共同行动,但均不愿亲自去做,结果大家都无法享受到集体行动的成果。See Mancur Olson, *The Logic of Collective Action*: *Public Goods and the Theory of Groups*, Harvard University Press, 1965, p. 1-52.

⑧ 参见古祖雪:《国际造法:基本原则及其对国际法的意义》,载《中国社会科学》2012 年第 2 期。

害环境技术(environmentally sound technologies)转让给所需缔约方。①
UNFCCC 第 3 条第 5 款也表示,缔约方应当合作以促进开放的国际经济
体系,以便有能力应对气候变化。在第 4 条第 1 款(g)项,它要求缔约方
就科学研究、信息交流和教育培训等方面展开合作。② 在《京都议定书》
中,除了"京都三机制",第 10 条(c)款也重申了缔约方的合作范围和领域,
以促进其履行相关承诺。③ 自 2014 年 IPCC 第五次评估报告将国际合作
单独成章并重点分析其概念框架和机制成果后,国际环境合作的重要性
进一步凸显④——《巴黎协定》第 6 条第 1 款允许缔约方就 NDC 的执行采
取合作,以提升治理力度;第 7 条第 6 款进一步指出,缔约方应增强适应
努力上的国际合作,并特别考虑易受气候变化不利影响的发展中国家之
需要。⑤

在遵约机制的构建和运行上,国际合作亦贯穿其中。《不遵守情事程
序》在第 7 条(e)款特别提到,应向缔约方提供财务和技术合作,并与多边基
金执行委员会交换信息。《多边协商程序》第 12 条(a)款也指出,委员会的
结论应包括缔约方在推进 UNFCCC 目标上的国际合作建议。尽管"蒙特
利尔模式"在遵约合作上表现得较为原则化,但它至少表明国际合作之于
遵约实现的重要性。"京都模式"和《巴黎协定》遵约机制虽未明确强调
国际合作,但在委员会构成、遵约结果产出等方面依然照顾到不同缔约方
诉求。比如,在《京都遵约程序》中,第 2 条要求在发达国家和发展中国家
之间进行委员遴选,且主席和副主席应分属两方阵营。第 13 条继续强
调,一缔约方可继续根据"京都三机制"向其他缔约方转让排放减少量单

---

① 《蒙特利尔议定书》第 10 条:"……按第 1 款设置的机制应包括一个多边基金。该机制还包括
其他多边、区域和双边合作办法。……"《蒙特利尔议定书》第 10(A)条:"每一缔约方应配合
财务机制支持方案,采取一切实际可行步骤,确保:(a)现有最佳的、无害环境的替代品和有关
技术迅速转让给按第 5 条第 1 行事的缔约方;(b)以上(a)项所指转让在公平和最优惠条
件下进行。"
② UNFCCC 第 3 条第 5 款:"各缔约方应合作促进有利的和开放的国际经济体系,该体系将促成
所有缔约方特别是发展中国家缔约方的可持续经济增长和发展,从而使其有能力更好地应付
气候变化。……"UNFCCC 第 4 条第 1 款(g)项:"……促进和合作进行关于气候系统的科
学、技术、工艺、社会经济和其他研究、系统观测及开发数据档案,目的是……"
③ 《京都议定书》第 10 条(c)款:"合作促进有效方式用以开发、应用和传播与气候变化有关的
有益于环境之技术、专有技术、做法及过程……"
④ See IPCC,Climate Change 2014: Synthesis Report,Geneva,Switzerland,2014,p. 102 – 105.
⑤ 《巴黎协定》第 6 条第 1 款:"缔约方认识到,有些缔约方选择自愿合作执行其国家自主贡献,
以能够提高其减缓和适应能力,并促进可持续发展和环境完整性。"《巴黎协定》第 7 条第 6
款:"缔约方认识到必须支持适应努力并开展适应努力方面的国际合作的重要性,以及考虑发
展中国家缔约方的需要,尤其是特别易受气候变化不利影响的发展中国家之需要的重要性。"

位。《巴黎遵约程序》第 5 条也对委员会构成做了解释,并在第 30 条表示,缔约方可在委员会协助下与相关机构或其他缔约方接触,以查明潜在挑战和解决办法。

总体而言,遵约机制的构建是为了避免缔约方的"搭便车"行为,即要求所有缔约方履行条约义务,从而形成"合力",以实现协同治理。在协同治理模式下,国际合作是必经之路。随着治理效果的持续深入,国际合作自然也就成为遵约机制的重要目标。事实上,遵约机制的设计也可对参与博弈的缔约方形成约束或激励,影响其战略抉择,进而促进国际合作开展——这对"蒙特利尔模式"、"京都模式"和"巴黎模式"而言,均是如此。

第三节 根本原则:"共同但有区别责任 + 各自能力"

在《蒙特利尔议定书》、UNFCCC、《京都议定书》和《巴黎协定》中,共同但有区别责任(CBDR)和各自能力(respective capabilities,RC)是基础性原则。其中,CBDR 原则是指,由于气候资源具有整体性,且引起气候变化的因素多样,因此,各国在应对气候变化上负有共同但有区别的责任;而 RC 原则是指,由于在能力建设上存在差别,因此,各国承担的责任和义务应与自身能力和发展水平相适应。二者体现了历史责任、发展排放和现实能力的统一—— CBDR 侧重于责任主体和义务承担,而 RC 将能力和外界支持作为义务履行的关键。[1] 正是由于 RC 原则反映的是各国依经济发展水平而对应不同责任,故理论上也可将二者称为"共同但有区别责任 + 各自能力"(CBDR-RC)原则。[2]

事实上,早在 1972 年《联合国人类环境宣言》(又称《斯德哥尔摩宣言》)中,"CBDR"一词便已出现,并分别从"共同"和"区别"两方面来对缔约方责任进行阐释。其时,各国在"生存"和"发展"的论争下,虽然意识到"区别责任",但更为认可"共同责任"。至《蒙特利尔议定书》时,CBDR-RC原则进一步体现了发达国家和发展中国家在国际环境法下的不同待遇,并在条文中多次重申二者依各自能力而承担的共同但有区别责任。比如,第 5条第 1 款指出,若发展中国家在规定期限内,附件 A 所列控制物的每年消费

---

[1] 参见曹明德:《中国参与国际气候治理的法律立场和策略:以气候正义为视角》,载《中国法学》2016 年第 1 期。

[2] 参见曹明德:《中国参与国际气候治理的法律立场和策略:以气候正义为视角》,载《中国法学》2016 年第 1 期;陈贻健:《国际气候法律新秩序的困境与出路:基于"德班—巴黎"进程的分析》,载《环球法律评论》2016 年第 2 期。

计算数量低于人均 0.3 公斤,为了满足基本需要,允许其将责任时限延迟 10 年。① 由此,发达国家与发展中国家的能力差异被提上日程,发达国家在保护臭氧层方面承担更多义务。不过,需要说明的是,《蒙特利尔议定书》并未将 CBDR-RC 作为一项原则——而是以“标准”形式出现,其初衷是对发展中国家予以特殊考量。

1992 年联合国环境与发展大会通过的 UNFCCC,首次明确提出 CBDR-RC 原则并阐述其与公平原则的内在联系,由此奠定了 CBDR-RC 原则在国际环境法中的重要地位。比如,在“前言”部分,UNFCCC 要求所有缔约方根据 CBDR-RC 原则及各自社会和经济条件,尽可能地开展最广泛合作,并积极参与国际应对行动。在第 3 条“原则”部分,UNFCCC 进一步指出,缔约方应在公平基础上,根据 CBDR-RC 原则,为全人类利益而保护气候系统。同时强调,在应对气候变化过程中,应充分考虑发展中国家的具体需要和特殊情况。② 这一条款也被解释为“率先作用”原则——在全球环境问题上,发达国家应起率先作用,不仅要遵守更严格标准,还应在减排上作出更大努力和贡献。③

在《京都议定书》中,CBDR-RC 原则得到进一步深化。在第一承诺期,《京都议定书》仅对发达国家设置量化减排指标,而对发展中国家未做任何约束。比如,在附件 B,它要求发达国家在 1990 年的基础上整体减排 5.2%。其中,欧盟减排 8%,美国减排 7%,日本和加拿大分别减排 6%。第 10 条也指出,考虑到 CBDR-RC 原则及缔约方的优先发展顺序,不对发展中

① 《蒙特利尔议定书》第 5 条:“1. 任何发展中国家缔约国,如果在本议定书对其生效之日或其后(在本议定书生效后 10 年内任何时间)直至 1999 年 1 月 1 日止,其附件 A 所列控制物质每年消费的计算数量低于人均 0.3 公斤,为满足国内基本需要(就第 2 条第 1 款至第 4 款)的履行而言可比该几款规定的时限延迟 10 年。应有权暂缓 10 年执行第 2A ~2E 条规定的控制措施。但此种缔约国每年消费的计算数量应不超过平均每人 0.3 公斤。任何此种缔约国应有权或使用其 1995 ~1997 年每年消费的计算数量之平均数,或每年消费的计算数量平均每人 0.3 公斤,视何者较低为定……”
② UNFCCC“前言”:“……承认气候变化的全球性,要求所有国家根据其共同但有区别的责任和各自的能力及其社会经济条件,尽可能开展最广泛合作,并参与有效和适当的国际应对行动……”UNFCCC 第 3 条:“……各缔约方应在公平基础上,并根据其共同但有区别的责任和各自的能力,为人类当代和后代利益保护气候系统。因此,发达国家缔约方应率先对付气候变化及其不利影响。应充分考虑到发展中国家缔约方尤其是特别易受气候变化不利影响的发展中国家缔约方之具体需要和特殊情况,也应充分考虑按本公约必须承担不成比例或不正常负担的缔约方特别是发展中国家缔约方的具体需要和特殊情况。……”
③ 参见刘晗:《气候变化视角下共同但有区别责任原则研究》,中国海洋大学 2012 年博士学位论文,第 20 ~21 页。

国家引入任何新的承诺，并表示发展中国家应获得财政和技术援助。① 不过，需要注意的是，在后京都时代，因发达国家的强烈质疑，CBDR-RC 原则开始弱化——在 2007 年《巴厘路线图》中，发达国家的硬性减排指标被最终删去，使 MRV 原则沦为一具空壳；在 2009 年《哥本哈根协议》中，发达国家与发展中国家围绕"单轨制"和"双轨制"谈判进行激烈交锋，后发展中国家"自愿"采取减缓行动并作出部分承诺；在 2011 年《德班平台》中，发达国家与发展中国家对资金、技术、减缓和适应等议题无法达成一致，发展中国家的减排贡献成为争议焦点。

在《巴黎协定》中，CBDR-RC 原则共出现 4 次。它要求缔约方在 NDC 承诺和通报等方面兼顾国家能力和不同情况。不过，相较于《蒙特利尔议定书》、UNFCCC 和《京都议定书》而言，《巴黎协定》中的 CBDR-RC 原则有所变化。其一，虽然肯定发达国家与发展中国家的区别，但也意识到发展中国家的内部差异，将发达国家与发展中国家的"二分法"转向发达国家、发展中国家和最不发达国家与小岛屿发展中国家的"三分法"。其二，采用"自下而上"规则体系表明，CBDR-RC 原则将"区别责任"交给缔约方自主判定，使"区别责任"转向"自主区别责任"。其三，对 RC 表现出强偏向性。在《蒙特利尔议定书》、UNFCCC 和《京都议定书》中，CBDR-RC 原则的侧重点在 CBDR 上，即从历史排放和人均排放等角度对缔约方责任予以区分，而将 RC 作为修饰或次要因素。但是，在《巴黎协定》下，由于缔约方的"二分法"转向"三分法"，因此，RC 作为 CBDR 的限定条件而出现——几乎所有的 CBDR 之后都加了 RC。换言之，在《巴黎协定》看来，"共同责任"和"区别责任"的划分标准是基于国家能力而非其他。② 因此，发达国家与发展中国家的责任应有区别，发展中国家（尤其是发展中大国）与最不发达国家和小岛屿发展中国家的责任也非完全一致。

尽管 CBDR-RC 原则在不同阶段各自侧重，但本意仍是主张责任、义务的共性和个性。③ 故作为国际环境法的一项基本原则，其在遵约机制中也有显现，且通常以"差别待遇"出现。国际法上的差别待遇是指，在国际交往中，提供更优惠待遇给特定国家的原则、规则和制度的总称。它虽与

---

① 《京都议定书》第 10 条："所有缔约方，考虑到它们的共同但有区别的责任及其特殊的国家和区域发展优先顺序、目标和情况，不对未列入附件一的缔约方引入任何新的承诺……"

② 参见李慧明、李彦文：《"共同但有区别的责任"原则在〈巴黎协定〉中的演变及其影响》，载《闽江学刊》2017 年第 5 期。

③ 在《巴黎协定》中，CBDR-RC 原则虽已被一定弱化，但不可否认，它仍作为国际环境法原则而被延续下来，其弱化仅是针对具体解释而言，而非在全球环境治理中的地位。

CBDR-RC 在形式上有别,但在国际环境法下的语义基本一致。① 通常来说,CBDR-RC 原则在遵约机制中的表现主要有三:

其一,在机构的人员组成上,体现发达国家与发展中国家的平衡,而非全在发达国家或发展中国家选任。换言之,发达国家和发展中国家均负有全球环境治理的"共同责任"。比如,《不遵守情事程序》第 5 条表示,委员会应按公平地域分配原则选出 10 个缔约方的成员。尽管其未明确缔约方性质,但"公平"二字已隐含国家能力的区分。《多边协商程序》第 9 条虽在注释部分阐述了公平地域分配原则在委员会构成上的分歧,但它至少表明:发达国家与发展中国家应各自指定一半成员,且任期为三年。就该层面而言,"蒙特利尔模式"一方面希望不同缔约方参与委员会的组建;另一方面又试图根据公平原则而在发达国家和发展中国家之间寻求平衡。"京都模式"进一步细化了委员会构成。在第 4 条促进事务组和第 5 条强制执行事务组的成员分配上,《京都遵约程序》要求发达国家与发展中国家各出 2 名,小岛屿发展中国家和 5 个联合国区域集团各出 1 名,且各成员应分别具备各自领域的专业能力。《巴黎协定》遵约机制对"京都模式"作了部分改动,在委员会构成上,要求 5 个联合国区域集团各派 2 名,最不发达国家和小岛屿发展中国家各派 1 名,而不再在发达国家和发展中国家遴选。如此安排一方面兼顾了缔约方的"三分法",突出最不发达国家和小岛屿发展中国家在履约上的特殊性,另一方面也从宏观角度重申了所有国家的气候治理责任,确保发展中国家普遍参与。

其二,在审议时,对不同缔约方予以区别对待。如前所述,《蒙特利尔议定书》表示,需考察发展中国家的"优惠期",并给予其十年履约过渡期,允许它们在 ODS 消耗上进行灵活处理。发达国家因负有破坏臭氧层的历史责任,故未享受此等待遇。因此,《不遵守情事程序》虽然未区分发达国家与发展中国家,但它仍主要就发达国家的义务进行规定。UNFCCC 提出,由于发展中国家的治理能力弱于发达国家,因此,发达国家应承担温室气体减排义务,而对发展中国家未有此强制约束。换言之,在 CBDR-RC 原则下,UNFCCC 主要针对发达国家的减排行为,故在《多边协商程序》中,委员会的审查对象也仅限于发达国家。"京都模式"与此一致。《京都议定书》在UNFCCC 的基础上设置量化减排指标,但它仅针对附件一缔约方(发达国

---

① See Lavanya Rajamani, *Differential Treatment in International Environmental Law*, Oxford University Press, 2006, p. 129 – 161; Philippe Cullet, *Differential Treatment in International Law: Towards A New Paradigm of Inter-state Relations*, 10 European Journal of International Law 549 (1999).

家)而言,对非附件一缔约方(发展中国家)并未作强制要求。是以,《京都遵约程序》第 4 条第 5 款认为,促进事务组审议的问题应为发达国家如何履行《京都议定书》第 3 条第 14 款及其有关行动的信息;第 5 条第 4 款也指出,强制执行事务组应负责审议发达国家是否遵守《京都议定书》第 3 条第 1 款的限排或减排的量化承诺。《巴黎协定》虽在一定程度上弱化了 CBDR-RC 原则,但在减排行动和方式上选择了继承——发达国家和发展中国家因能力差异而得到区别对待。在第 19 条,《巴黎遵约程序》指出,在审议缔约方的遵约状况时,应特别注意国家能力和各自情况,尤其是最不发达国家和小岛屿发展中国家的特殊情形。

其三,在采取措施时,充分考虑具体国情、能力限制和经济发展需求。"蒙特利尔模式"在审议和结果上,未区分发达国家和发展中国家,但在"俄罗斯不遵约案"中,表明了相关态度和立场——不对所有缔约方给予同等对待,而依具体情况采取不同措施。"京都模式"下的《京都遵约程序》在第 14 条(b)款也指出,在考虑 CBDR-RC 原则的前提下,应促进有关缔约方向发展中国家提供技术转让和能力建设。在第 15 条,它继而将不遵约方的资格问题和排放超标对象确定为"附件一缔约方(发达国家)",表明其对发达国家和发展中国家的考量亦有所差异。在"巴黎模式"下的《巴黎遵约程序》中,"国家能力和各自情况"共出现 4 次。第 28、30 条更是直接表示,委员会在确定结果和建议时,应特别注意缔约方的特殊情况和不可抗力,并协助其与适当的体制机制予以接触。从解释论的角度来看,《巴黎协定》遵约机制在差别待遇上更加精细化、灵活化和实质化,并在气候治理与经济发展的平衡上更为关注[1],体现了气候正义的固有内涵及本质要求。

正如学者所言,CBDR-RC 原则已扎根于遵约机制中。[2] 尽管它在程序启动和运行上存在不同解读,但整体上可理解为具有两个维度:一是各自能力决定着缔约方是否承担国际环境法上的责任;二是各自能力影响着缔约方承担责任的大小。具言之,各自能力指向的是缔约方的承诺实现能力,即国家承担不同减排量的额度。就该层面而言,RC 既是一项原则,更是 CBDR 的参照指标。[3]

---

[1] 参见张琪静:《国际环境法中的差别待遇新发展——以〈巴黎协定〉为例》,载《广西政法管理干部学院学报》2018 年第 2 期。

[2] 参见杨兴:《〈气候变化框架公约研究〉——国际法与比较法的视角》,中国法制出版社 2007 年版,第 214 页。

[3] 参见季华:《论〈巴黎协定〉中的"共同但有区别责任"原则——2020 后气候变化国际治理的新内涵》,载秦天宝主编:《环境法评论》第 2 辑,中国社会科学出版社 2019 年版。

第四节　履约内容:"资金援助 + 技术支持"

资金援助和技术支持是发达国家向发展中国家转移公共资源的两种形式,以支持发展中国家的能力建设和经济转型。通常来说,其具有额外性和增量成本特征。额外性,是指发达国家对发展中国家的资金援助和技术支持并不属于发展援助(official development assistance);而增量成本相对于资本投资而言,是用一种成本较高但对环境更友好的方式取代成本较低但产生更多污染的方式——实质是选择"全球利益方案"而非"国家利益方案"的额外成本。[①] 换言之,资金援助和技术支持为发达国家对发展中国家新增的、稳定的能力建设来源。[②] 就该层面而言,在缔约方的履约过程中,资金援助和技术支持亦为两项重要内容。

一、资金援助

在国际环境法中,资金援助首次由《蒙特利尔议定书》所提出。在第10条,它要求设立包含多边基金的财务机制,且该机制能进行多边、区域和双边合作。根据《蒙特利尔议定书》的设定,在多边基金中,应成立一个执行委员会,且需与世界银行、UNEP、联合国开发计划署(United Nations Development Programme)等合作,用于支付有关执行费用,以利于发展中国家缔约方。[③] 换言之,多边基金主要是向发展中国家提供财政援助,促使它们能实现《蒙特利尔议定书》下的控制措施,而执行委员会负责对多边基金的资金进行分配并设计具体实施方案。至 1994 年,执行委员会建立了更加有效的实施审查制度,要求有关国家汇报项目进展;1995 年,它进一步设立监督和评价项目实施的指导原则,内容涉及事后审查和销毁程序等。

---

① 参见刘倩、粘书婷、王遥:《国际气候资金机制的最新进展及中国对策》,载《中国人口·资源与环境》2015 年第 10 期。

② See Andries F. Hof, Michel G. J. den Elzen & Angelica Mendoza Beltran, *Predictability*, *Equitability and Adequacy of Post* – 2012 *International Climate Financing Proposals*, 14 Environmental Science & Policy 615 (2011).

③ 《蒙特利尔议定书》第10条:"……按第 1 款设置的机制应包括一个多边基金。该机制还可包括其他多边、区域和双边合作办法。这一基金应酌情作为赠款或减让款,并按照待由缔约国通过的准则来支付议定的增加费用,同时提供交换所经费从事下列任务:(i)通过国别研究及其他技术合作,协助依第 5 条第 1 款行事的缔约国确定其合作需要;(ii)便利技术合作,以满足以上已确定的需要;(iii)按第 9 条规定分发资料及其他有关材料,举办讲习班、训练班及其他有关活动,以利于发展中国家缔约国;(iv)便利及监测发展中国家缔约国可取得的其他多边、区域和双边合作……"

在 UNFCCC 第 4、11、12 条中,资金援助被正式确立,并明确了发达国家的供资义务与发展中国家减排责任的内在关联。一般来说,气候资金由五项基金构成:全球环境基金、绿色气候基金(Green Climate Fund)、气候变化特别基金(Special Climate Change Fund)、最不发达国家基金(Least Developed Countries Fund)和适应基金(Adaptation Fund)。这些基金主要用于四个方面:一是支付发展中国家提供的有关遵约信息;二是支付发展中国家因履约而产生的费用;三是支付发展中国家因能力建设而增加的费用;四是支付发展中国家因减缓或适应气候变化而增加的费用。在此基础上,UNFCCC 提出了资金援助的理想程序,即先由发展中国家在信息通报中提出资金需求,再由缔约方会议提供援助。《京都议定书》在 UNFCCC 的基础上作了两方面拓展:一是放宽资金用途限制,取消发展中国家在接受资金时须为一定行动的要求,并细分资金获取的法定用途和约定用途;二是创设清洁发展机制,允许发达国家将国内减排额度通过投资发展中国家的技术改造项目来完成,以帮助后者通过国际市场渠道获得资金。《巴黎协定》重申了资金机制,要求发达国家在 2020 年之后继续承担 UNFCCC 下的供资义务——积极为发展中国家提供资金援助,同时定期报告出资信息并对之进行定期盘点。在此基础上,第 5/CP. 21 号决定《长期气候资金》表示:2020年以前,发达国家应继续履行每年出资 1000 亿美元的承诺;而在 2020 年之后,发达国家应提高出资目标(需于 2025 年前确定),为气候资金流提供确定性和可预见性。①

在遵约机制上,遵约委员会通常将资金援助作为所涉缔约方继续履约的救济方式。比如,《不遵守情事程序》第 7 条(e)款表示,在向有关缔约方提供财务合作时,应与多边基金执行委员会交换信息。《多边协商程序》虽然概括性地指出应向所涉各方提出结论和建议,但并未深入资金援助,第 6条(b)款表示,委员会可应所涉缔约方请求向其提供如何获取资金的建议。而且,从 UNFCCC 第 12 条也可以看出,发展中国家可向缔约方会议提出需资助的项目,而后者应及时、主动地回应,以使它们能获取与履约有关的资金。可见,"蒙特利尔模式"已意识到资金援助之于履约的重要性。在"京都模式"中,资金援助的作用进一步凸显。《京都遵约程序》第 14 条(b)款主张,促进事务组应就遵约事项向所涉缔约方提供咨询意见和协助,包括资金方面的。在第 1/CMP. 4 号决定《适应基金》的附件四中,其明确指出,资

---

① See COP, *Decision 5/CP. 21*: *Long-term Climate Finance*, *Report of the Conference of the Parties on Its Twenty-first Session*, *Held in Paris from* 30 *November to* 13 *December* 2015, UNFCCC (Jan. 29, 2016), https://newsroom. unfccc. int/documents/9098.

金机制应协助发展中国家解决适应工作的成本问题,而符合资格的缔约方也可向适应基金董事会提交项目提议,从而获得资金。① 《巴黎协定》遵约机制继续重申资金援助。在第 27 条,《巴黎遵约程序》表示,在资金允许的情况下,应根据发展中国家请求为其提供援助,使它们可参加相关会议。第 30 条进一步指出,为了促进遵约,委员会可与所涉缔约方对话,以确定在资金援助上的挑战和信息,并协助它们与适当的资金机构接触。在此基础上,该缔约方可制订有关行动计划。与此同时,第 6/CMA. 2 号决定《对绿色气候基金的指导》亦指出,绿色气候基金应继续向发展中国家提供支持,使之能根据 NDC 承诺而执行适应计划。②

二、技术支持

科学技术是实现可持续发展的重要手段③,并与资金同为全球环境治理的关键要素。不过,与资金援助不同,技术支持在解决环境问题上更具直接性和现实性。因此,在第 10 条,《蒙特利尔议定书》指出,缔约方应进行合作并促进技术转让,以便利执行和遵守议定书,而所有缔约方也可向秘书处请求转让有关技术。④ 第 10(A)条继而将技术机制和财务机制并重,认为二者可相互配合,确保无害环境技术可迅速转让给发展中国家缔约方。它同时强调,技术支持和转让应在公平和最优惠条件下进行。此外,《蒙特利尔议定书》还建立多个技术与经济选择委员会(如制冷剂技术选择委员会和溶剂技术选择委员会等),用以审查与 ODS 有关的技术。UNFCCC 延续了这一机制。在第 4 条,它表示,发达国家应采取一切实际可行的方案,向发展中国家转让或使其有机会得到无害环境技术和专有技术,以促进它们履行 UNFCCC 的各项规定。除转让之外,该条还鼓励发达

---

① See CMP, *Decisions* 1/*CMP*. 4: *Adaptation Fund*, *Report of the Conference of the Parties Serving as the Meeting of the Parties to the Kyoto Protocol on its Fourth Session*, *Held in Poznan from* 1 *to* 12 *December* 2008, UNFCCC (Mar. 19, 2009), https://newsroom. unfccc. int/documents/5564.

② See CMA, *Decision* 6/*CMA*. 2: *Guidance to the Green Climate Fund*, *Report of the Conference of the Parties Serving as the Meeting of the Parties to the Paris Agreement on its Second Session*, *Held in Madrid from* 2 *to* 15 *December* 2019, UNFCCC (Mar. 16, 2020), https://newsroom. unfccc. int/documents/210477.

③ See Nicola Cantore, Dirk Willem te Velde & Leo Peskett, *How Can Low-income Countries Gain from a Framework Agreement on Climate Change?*, *An Analysis with Integrated Assessment Modelling*, 32 Development Policy Review 313 (2014).

④ 《蒙特利尔议定书》第 10 条第 1、2 款:"1. 各缔约国应从事合作,并特别考虑到发展中国家需要,在公约第 4 条规定范围内促进技术援助,以便利参与和执行本议定书。2. 本议定书的任一缔约国或签署国,为执行或参加本议定书而需要技术援助时。均可向秘书处提出请求。"

国家对发展中国家的自生能力和技术予以支持。①《京都议定书》进一步深化了技术机制——第 10 条主张，缔约方应进行合作，以促进环境友好技术（environmentally friendly technologies）的开发、应用和传播，并采取一切实际途径将之转让给发展中国家或使其有机会获得。与 UNFCCC 略有不同，《京都议定书》还倡导为私营部门创造有利条件，使之能转让和获得环境友好技术。② 为此，2010 年《坎昆协议》还将技术执行委员会（Technology Executive Committee）和气候技术中心与网络（Climate Technology Centre and Network）作为监督管理机构。《巴黎协定》第 10 条也重申了技术支持，并表示，缔约方应充分落实技术开发和转让机制，以减少排放。它进一步指出，发达国家应向发展中国家提供环境友好技术，尤其在技术周期的早期，应使后者能获得该技术。《巴黎协定》强调，技术支持需在减缓和适应之间实现平衡，而全球盘点也应包括技术转让的相关信息。③

在技术支持作为缔约方履约的重要途径之情况下，遵约机制也对其进行了考量。《不遵守情事程序》第 7 条（e）款表明，委员会向所涉缔约方提供的合作，除了资金援助，还包括技术转让和支持。而《多边协商程序》第 6 条（b）款也主张，委员会在与所涉缔约方商议遵约问题时，可向其提供为解决困难而如何获取技术的意见和建议。在"蒙特利尔模式"影响下，"京都模式"亦强调技术支持。在第 14 条，《京都遵约程序》要求促进事务组向有关缔约方提供资金援助和技术支持的同时，向 UNFCCC 和《京都议定书》之外的国家提供技术转让和能力建设。在《京都议定书》第五次缔约方会议通过的第 2/CMP. 5 号决定《与清洁发展机制有关的进一步指导意见》中，其进一

---

① UNFCCC 第 4 条第 5 款："附件二所列发达国家缔约方和其他发达缔约方采取一切实际可行的步骤，酌情促进、便利和资助向其他缔约方特别是发展中国家缔约方转让或使其有机会得到无害环境技术及专有技术，以使其能履行本公约各项规定。在此过程中，发达国家缔约方应支持开发和增强发展中国家缔约方的自生能力和技术。有能力的其他缔约方和组织也可协助便利这类技术转让。"

② 《京都议定书》第 10 条（c）款："合作促进有效方式用以开发、应用和传播与气候变化有关的有益于环境之技术、专有技术、做法及过程，并采取一切实际步骤促进、便利和酌情资助将此类技术、专有技术、做法和过程特别转让给发展中国家或使其有机会获得，包括制定政策和方案，以便利有效转让公有或公共支配的有益环境技术，并为私营部门创造有利环境，以促进和增进转让并获得有益环境技术。"

③ 《巴黎协定》第 10 条："1. 缔约方共有一个长期愿景，即必须充分落实技术开发和转让，以改善对气候变化的抗御力和减少温室气体排放。2. 注意到技术对于执行本协定下减缓和适应行动之重要性，并认识到现有技术部署和推广工作，缔约方应加强技术开发和转让的合作行动……5. 加快、鼓励和扶持创新，对有效、长期的应对气候变化及促进经济增长和可持续发展至关重要。应对这一努力酌情提供支助，包括由技术机制和由 UNFCCC 资金机制通过资金手段提供帮助，以便采取协作性方法开展研究和开发以及便利获得技术，特别是在技术周期的早期阶段便利发展中国家缔约方获得技术……"

步要求清洁发展机制项目执行理事会审议未按规则而履约的具体情况,并在授权下作出有关裁决。①《巴黎遵约程序》第 30 条在委员会采取的措施上,将技术支持与资金援助置于同等地位,认为委员会应与所涉缔约方进行对话,以确定在资金、技术和能力建设上的挑战和信息,进而协助它们与有关资金、技术和能力建设机构的接触,以寻求解决方案。在《巴黎协定》第一次第三期缔约方会议通过的第 15/CMA. 1 号决定《技术框架》中,它表示,应便利各国加强扶持性环境,促进内生和性别敏感型技术,用于减缓和适应行动,并提高所有缔约方(尤其是发展中国家)的国家指定实体之遵约能力,同时加强缔约方根据《巴黎协定》实现技术转型的有效性。此外,《技术框架》也主张通过资金和技术合作,协同增强对技术开发和转让的支持。②《巴黎协定》第三次缔约方会议通过的第 15/CMA. 3 号决定《加强气候技术开发和转让》亦多次强调,气候技术中心与网络宜继续支持发展中国家的技术行动,并应请求为其计划实施提供专业支持。③

　　总体而言,国际环境法中遵约机制的设立,主要是考虑到缔约方的不遵约情形。对于发展中国家而言,不遵约的主要原因是能力不足;而对于发达国家来说,不遵约的主要原因是缺乏政治意愿。在这一过程中,发达国家怠于履行资金援助和技术支持义务而造成的发展中国家能力不足,为其动因。就该层面而言,发达国家的资金援助和技术支持是多边环境条约实施的前提与核心。故在遵约机制中,将资金援助和技术支持作为履约内容,对实现全球环境治理的目标来说,无疑具有重要意义。概言之,其含义有两种:一是发达国家对发展中国家的资金援助和技术支持,可用于帮助后者参与全球气候治理;二是在某一或某几个缔约方未遵约时,遵约委员会可对它(们)提供资金援助和/或技术支持,以促进其继续履约。

① See CMP, *Decision 2/CMP. 5: Further Guidance Relating to the Clean Development Mechanism, Report of the Conference of the Parties Serving as the Meeting of the Parties to the Kyoto Protocol on its Fifth Session, Held in Copenhagen from 7 to 19 December 2009*, UNFCCC (Mar. 30, 2010), https://unfccc. int/documents/6101.

② See CMA, *Decision 15/CMA. 1: Technology Framework under Article 10, Paragraph 4, of the Paris Agreement, Report of the Conference of the Parties Serving as the Meeting of the Parties to the Paris Agreement on the Third Part of its First Session, Held in Katowice from 2 to 15 December 2018*, UNFCCC (Mar. 19, 2019), https://unfccc. int/documents/193408.

③ See CMA, *Decision 15/CMA. 3: Enhancing Climate Technology Development and Transfer to Support Implementation of the Paris Agreement,*, UNFCCC (Mar. 8, 2022), https://unfccc. int/sites/default/files/resource/CMA2021_10_Add3_E. pdf.

第四章 《巴黎协定》遵约机制的发展：
动力、主体与遵约判定

通常来说,遵约机制不仅要对条约所关注事项保持敏感,更要与条约宗旨相契合。因此,遵约机制本身即条约价值的反映。从内容上来看,《巴黎协定》遵约机制试图通过"承诺 + 审评"(pledge and review)来促进缔约方遵约,一方面尊重国家之间差异,另一方面希望采取主动,以实现国际社会的规范性期待。① 尽管它在基本形式、目标定位、根本原则和履约内容等方面传承自"蒙特利尔模式"和"京都模式",但作为《巴黎协定》减排目标实现的一种国际机制,其在敦促缔约方遵约上亦会随着国际形势变化而有所发展。事实上,正是由于它在一些方面有别于"蒙特利尔模式"和"京都模式",才得以形成相对独立的"巴黎模式"。②

第一节 遵约动力：从强制遵约到自主遵约

根据遵约动力不同,遵约机制与遵约行为存在四组关系：巧合(coincidental)、顺应(conformity)、依从(compliance)和服从(obedience)。③其中,第一组表明,遵约行为与遵约机制之间无任何因果关系,遵约行为仅是出于巧合;第二组表明,遵约行为仅仅出于"随意"或"方便";第三组表明,遵约行为是为了获取特殊回报或规避特别的处罚;第四组表明,遵约主体已将机制融入自身内部价值体系,从而采取规则指导下的遵约行为。④对此,建构主义代表人物亚历山大·温特不甚认可,并提出规范内化的三级理论——被迫遵守、利益驱使和承认规范的合法性。其中,被迫遵守可理解为"武力干预",利益驱使可表述为"行为代价",而承认规范的合法性则反

① 参见魏庆坡：《美国宣布退出对〈巴黎协定〉遵约机制的启示及完善》,载《国际商务(对外经济贸易大学学报)》2020 年第 6 期。
② 参见冯帅：《多边气候条约中遵约机制的转型——基于"京都—巴黎"进程的分析》,载《太平洋学报》2022 年第 4 期。
③ 这与现实主义下国际法遵守理论的"巧合"、"协调"、"合作"与"强迫"四种模式颇为相似。
④ See Harold Hongju Koh, *Why Do Nations Obey International Law?*, 106 The Yale Law Journal 2599 (1996 – 1997).

映了规则示范和引领。① 在此基础上,有学者提出强制遵约和自主遵约的
分析模型,本书对此表示赞同。强制遵约,是指缔约方的遵约行为是在外部
压力或胁迫下作出的选择,而非自愿;自主遵约,是指缔约方的遵约行为是
出于自愿,而非外部因素所导致。通常来说,在强制遵约中,加大对不遵约
的处置力度是核心;而自主遵约又可分为两种情形:一是出于私利目的而自
愿遵约;二是认可条约的合法性与合理性,出于认同而自愿遵约。当然,就
自主遵约的两种情形来看,第二种更为稳定——不受外界压力和遵约收益
的变化而改变。②

  强制遵约,通俗理解即"迫不得已地接受"。③ 这种情况往往发生在条
约规范的前期,此时,部分大国主导建立相关国际机制或条约规范,并对其
他中小国家施以强大外部压力,令其不得不遵约。这种压力既可能是直接
的、现实的制裁,也可能是某种确定的、逼近的威胁。在此情形下,缔约方的
遵约质量很低,需不断的外部胁迫才能确保遵约,而一旦减弱、失去该压力,
则不遵约之可能性非常大。④ 据此,强制遵约具有两项基本条件:一是遵约
行为并非出于自愿或者符合其自身利益;二是缔约方有改变遵约机制现
状的想法。⑤ 为了防止不遵约,强制遵约倾向于"对不遵约的惩罚力度至少
达到其通过不遵约可能获益的水平"。⑥ 进言之,这种不遵约产生的后果有
二:一是触发贸易和外交制裁等强制执行措施的启动;二是导致不遵约方的
国际声誉受损。其中,第一种后果主要发生在国际经济法和国际贸易法领
域,并通常以"报复"形式出现⑦;而在国际环境法中,不遵约导致的后果主
要是第二种⑧。

---

① 参见[美]亚历山大·温特:《国际政治的社会理论》,秦亚青译,上海人民出版社 2000 年版,
第 317 页。
② 参见梁长平:《国际核不扩散机制的遵约研究》,天津人民出版社 2016 年版,第 21~22 页。
③ 参见梁长平:《国际核不扩散机制的遵约研究》,天津人民出版社 2016 年版,第 22~27 页。
④ See Alexander Wendt, *Social Theory of International Politics*, Cambridge University Press, 1999,
p. 250.
⑤ See Alexander Wendt, *Social Theory of International Politics*, Cambridge University Press, 1999,
p. 250.
⑥ See George W. Downs, David M. Rocke & Peter N. Barsoom, *Is the Good News about
Compliance Good News about Cooperation?*, 50 International Organization 379 (1996).
⑦ See Andrew T. Guzman, *A Compliance-based Theory of International Law*, 90 California Law
Review 1823 (2002).
⑧ 当然,第一种后果也可能发生,但仅发生在多个国家联合体对不遵约国的经济或外交进行制
约时,但强制性大为减弱。在第二种后果中,不遵约国的国际声誉受损主要由四个因素决定,
包括不遵约理由、不遵约的严重性、不遵约的曝光率和不遵约的明显程度。See Andrew T.
Guzman, *A Compliance-based Theory of International Law*, 90 California Law Review 1823
(2002).

不过,有学者主张,一味地强调制裁措施并不能保证完全遵约,因此,他们提出管理(management)型的"弱"强制遵约来取代强制(enforcement)型的"强"强制遵约,即更多地考虑缔约方能力和履约透明度。① 但是,"弱"强制遵约也仅能对传统的强制遵约进行补充,并由此衍生出"非集权性制裁"(decentralized sanctions)的强制遵约——赋予国家、国际组织和非政府组织对不遵约方进行制裁的权力。② 然而,由于国际社会在遵约问题上很难达成共识,因此,缔约方因不遵约而受到的惩罚往往不够及时。

自主遵约,通俗理解即"心甘情愿地遵守"。③ 这是相对于强制遵约而言的。在自主遵约下,缔约方可能出于自利目的而遵约,也可能因认同条约规范而遵约。在第一种情况下,缔约方将遵约视为一种行为选择——与强制遵约的无选择余地不同。不过,它内含工具主义(inetrumental)属性,即缔约方需不断衡量自身利益。一旦服从条约规范的代价超过所得收益,则缔约方很可能改变行为方式。④ 因此,这一自主遵约往往带有一定的"内部"强制性。在第二种情况下,缔约方认为条约规范具有合法性,因而完全接受。换言之,合法性是缔约方自主遵约的推动力。此种情况也即上文提到的"服从"。具体来说,缔约方将国际规则内化为国内法律体系的组成部分,从而成为国际规则的重要参与者,而非简单的工具性遵约。进言之,行为体出于对国际规范的辩护和维持,在没有外界压力下仍履行应践行的承诺⑤,将"强加的义务"转变为"自发的渴望"⑥。从道德层面来看,对于内化的国际规则,若行为体没有遵守,则将产生负罪感。当然,不论是何种情况下的自主遵约,它们都受到一些因素限制,尤其是国内制度和历史背景等。⑦

一、"蒙特利尔模式"和"京都模式"的遵约动力:强制遵约

上文已述,在强制遵约下,缔约方的遵约动力是外部强迫。换言之,缔约方之所以遵约,主要原因是外部施压或对违约惩罚力度的恐惧。在"蒙特

---

① See Abram Chayes & Antonia Handler Chayes, *On Compliance*, 47 International Organization 175 (1993).
② 参见[美]奥兰·扬:《世界事务中的治理》,陈玉刚、薄燕译,上海人民出版社 2007 年版,第 91 页。
③ 参见梁长平:《国际核不扩散机制的遵约研究》,天津人民出版社 2016 年版,第 21~22 页。
④ See Alexander Wendt, *Social Theory of International Politics*, Cambridge University Press, 1999, p. 271.
⑤ See Ernest Q. Campbell, *The Internalization of Moral Norm*, 27 Sociometry 391 (1964).
⑥ See Amitai Etzioni, *Social Norms: Internationalization, Persuasion, and History*, 34 Law & Society Review 157 (2000).
⑦ 参见梁长平:《国际核不扩散机制的遵约研究》,天津人民出版社 2016 年版,第 30~34 页。

利尔模式"和"京都模式"中,强制遵约的价值倾向非常明显。

(一)CBDR-RC 原则的"强区别性"催生了"弱"强制遵约

在《蒙特利尔议定书》和 UNFCCC 下,CBDR-RC 实现从标准到原则的嬗变,能够区分发达国家与发展中国家,并确立了"能力+影响"的二元归责原则。① 由于发展中国家的能力较弱,因此,其通常对发达国家的责任更为关注。故"蒙特利尔模式"将争端解决作为遵约的救济途径之一,而国际环境争端解决已由国际司法所主导,且逐渐依附于 WTO 争端解决机制和国际投资仲裁机构。② 这一趋势使得"蒙特利尔模式"具有一定的强制性,并对缔约方形成潜在威胁。换言之,缔约方为了避免陷入争端解决机制的框架之下,往往选择遵约。然而,这种因强制力所造就的遵约偏向于管理——一方面希望对发达国家与发展中国家予以区别对待,另一方面又通过争端解决程序来确立违约的惩罚可能性。

与"蒙特利尔模式"争端解决的价值导向不同,"京都模式"通过强制执行事务组来对缔约方形成现实、紧迫的威慑。在《京都遵约程序》中,强制执行事务组可决定缔约方成员资格的取消与恢复,并在第二承诺期的减排指标上进行适当扣减,因此,为了避免违约所带来的声誉损失和直接制裁,缔约方通常也选择遵约。然而,这种遵约侧重于执行。在这两种情形下,缔约方的遵约行为均非自愿——若不遵约,则至少将承担国际声誉受损的后果,且该后果具有一定的影响性,但这与国际经济法领域的"强"强制遵约不同,而是一种"弱"强制遵约。

(二)外部强制力的放松导致了缔约方的不遵约行为

在"蒙特利尔模式"下,除了前文所述的"俄罗斯不遵约案",根据1995年《蒙特利尔议定书》第七次缔约方会议的第Ⅶ/14 号决定,在 126 个缔约方中,仅有 82 个国家汇报了 1993 年的数据,而汇报 1994 年数据的国家仅有60 个。③ 在 1999 年第Ⅺ/24 号、第Ⅺ/25 号决定中,保加利亚和土库曼斯坦

---

① 参见康贻健:《共同但有区别责任原则的演变及我国的应对——以后京都进程为视角》,载《法商研究》2013 年第 4 期。

② 参见赵玉意:《国际投资仲裁机构对涉环境国际争端的管辖:主导与协调》,载《国际经贸探索》2017 年第 9 期。

③ See UNEP Ozone Secretariat, *Decision Ⅶ/14: Implementation of the Protocol by the Parties*, *The Montreal Protocol on Substances that Deplete the Ozone Layer*, UNEP Ozone Secretariat (Dec. 7, 1995), https://ozone. unep. org/treaties/montreal-protocol/meetings/seventh-meeting-parties/decisions/decision-vii14-implementation-protocol-parties? q = zh-hans/meetings/seventh-meeting-parties-montreal-protocol/decisions/di-vii14haojueding.

被认定为未遵约。① 在第十三次缔约方会议上,亚美尼亚、哈萨克斯坦、塔吉克斯坦、阿根廷、伯利兹等也相继被认定为未遵守《蒙特利尔议定书》。② 之所以如此,一方面,固然是因部分国家处于经济转型期,缺乏遵约能力;但另一方面,"蒙特利尔模式"的"自我实施"(self-enforcement)方案缺乏解释力,产生了"通过非人格化管理即能实现遵约效果"的片面错觉。③ 因此,在条约缔结时,尽管成员方基于外部因素而加入,但是,随着《蒙特利尔议定书》的深化,不遵约行为将越发显著。④ UNFCCC 作为框架性条约,本身并未设置具体义务,但从发达国家的资金援助和技术支持来看,还远未达到预期目标。

自 2001 年美国退出《京都议定书》后,加拿大也于 2011 年宣布退出,使得"京都模式"在约束力上备受质疑。根据遵约委员会 2011 年年度报告,保加利亚、克罗地亚、立陶宛、罗马尼亚和乌克兰出现了不遵约,其中,保加利亚和克罗地亚被取消《京都议定书》第 6、12、17 条项下的成员资格。在 2011 年强制执行事务组的决定中,保加利亚被认为已经不存在履行问题,成员资格得以恢复,而克罗地亚尚未解决履行问题,因而事务组未就其请求采取相关行动。⑤ 此外,2011 年附属履行机构第三十四次会议报告也指出,仅有 16 个发达国家按照第 10/CP. 13 号决定提交了第五次国家信息通报,另有 24 个发达国家逾期提交。⑥ 可见,在缺乏持续发力的情况

---

① See UNEP Ozone Secretariat, *Decision XI/24: Compliance with the Montreal Protocol by Bulgaria*, The Montreal Protocol on Substances that Deplete the Ozone Layer, UNEP Ozone Secretariat (Dec. 3,1999), https://ozone. unep. org/treaties/montreal-protocol/meetings/eleventh-meeting-parties/decisions/decision-xi24-compliance-montreal-protocol-bulgaria? q = treaties/montreal-protocol/meetings/eleventh-meeting-parties/decisions/decision-xi24-compliance-montreal-protocol-bulgaria.

② See UNEP Ozone Secretariat, *Thirteenth Meeting of the Parties*, The Montreal Protocol on Substances that Deplete the Ozone Layer, UNEP Ozone Secretariat (Oct. 19, 2001), https://ozone. unep. org/treaties/montreal-protocol/meetings/thirteenth-meeting-parties? q = treaties/montreal-protocol/meetings/thirteenth-meeting-parties.

③ 参见康杰:《国际公共产品供给中的遵约困境与解决——以 19 世纪国际反贩奴协定体系为例》,载《国际政治研究》2015 年第 3 期。

④ See George W. Downs, David M. Rocke & Peter N. Barsoom, *Is the Good News about Compliance Good News about Cooperation?*,50 International Organization 379 (1996).

⑤ See UNFCCC Compliance Committee, *Annual Report of the Compliance Committee to the Conference of the Parties Serving as the Meeting of the Parties to the Kyoto Protocol*, UNFCCC (Nov. 3,2011), https://newsroom. unfccc. int/documents/6908.

⑥ See UNFCCC Subsidiary Body for Implementation, *Report of the Subsidiary Body for Implementation on Its Thirty-fourth Session*, Held in Bonn from 6 to 17 June 2011, UNFCCC (Aug. 12,2011), https://newsroom. unfccc. int/documents/6783.

下,强制遵约并不能保证缔约方充分履约。故 2013 年 UNEP 的《2013 排放差距报告》显示,发达国家的遵约情况不容乐观,按照当时的进度,即使各国遵守《京都议定书》下的承诺,仍与第二承诺期的目标存在 80 亿～120 亿吨 CO_2 当量的差距。[①]

二、《巴黎协定》遵约机制的遵约动力:自主遵约

与强制遵约的"成本—效益"结构不同,自主遵约并非出于获取利益或规避惩罚,而是在国家互动和学习中将条约内化为自身价值体系,自愿地采取遵约行为。正是因强制遵约的权威很少由条约所授予,即使授予了也很少使用,使用时又很有可能是无效的,[②]因此,《巴黎协定》遵约机制偏向于自主遵约。

(一)CBDR-RC 原则的"弱"区别性彰显出"巴黎模式"的自主遵约

前已述及,在《巴黎协定》中,CBDR-RC 原则一方面呼吁缔约方在减排和全球盘点上肩负共同使命,另一方面也允许缔约方自主确立和提交 NDC 承诺,将区别责任的划分权限交由缔约方手中,赋予其"自主区别"属性。换言之,《巴黎协定》通过回避《京都议定书》中的分配冲突,扫清了气候合作的最大障碍,使得缔约方无须被迫卷入重大减排行动。[③] 与此同时,围绕 CBDR-RC 原则的解读,"责任＋能力"结构出现松动,从"历史责任＋经济能力"的静态范式转向"历史责任＋现实责任＋经济能力"的动态范式。申言之,在《京都议定书》下,温室气体的长期滞留和历史排放是造成气候变化的最直接原因,因此,"历史责任＋经济能力"是 CBDR-RC 原则的基本逻辑。故"责任＋能力"中的"责任"指的是"历史责任",而"能力"指"经济能力"或"发展排放＋现实能力"。[④] 但是,在《巴黎协定》下,"国家能力＋各自情况"之组合使得"责任＋能力"有所发展。它将注意力转向"责任"而非"能力",认为"各自情况"指的是缔约方的现实排放,因此,"责任＋能力"被

---

① CO_2 当量是用来比较不同温室气体排放的度量单位,用于度量温室效应。See UNEP, *The Emissions Gap Report* 2013: *A UNEP Synthesis Report*, UNEP (Nov. 5, 2013), https://wedocs. unep. org/bitstream/handle/20. 500. 11822/8345/-The% 20emissions% 20gap% 20report% 202013 _% 20a% 20UNEP% 20synthesis% 20report-2013EmissionsGapReport% 202013. pdf? sequence = 3&isAllowed = y.

② See Abram Chayes & Antonia Handler Chayes, *The New Sovereignty*: *Compliance with International Regulatory Agreements*, Harvard University Press, 1995, p. 137.

③ See Robert Falkner, *The Paris Agreement and the New Logic of International Climate Politics*, 92 International Affairs 1107 (2016).

④ 参见曹明德:《中国参与国际气候治理的法律立场和策略:以气候正义为视角》,载《中国法学》2016 年第 1 期。

理解为"历史责任 + 现实责任 + 经济能力"。其中,"现实责任"属于国际义务范畴,且将随着缔约方的国情而不断调整。① 在此背景下,缔约方的遵约不再具有胁迫性和强制性,而是可以选择。

(二)《巴黎协定》遵约机制注重规则互动和诠释

尽管从内容设计上来看,《巴黎协定》遵约机制远没有《京都议定书》遵约机制细致,在很多问题上较为原则化,但它可通过规则之间的阐释(interpretation)和联系而引导遵约。《巴黎遵约程序》作为软法规范,在第 22 条将作为硬法规范的《巴黎协定》写入其中,认为缔约方在遵约过程中需考虑《巴黎协定》第 13 条规定。第 26 条也表示,在给予发展中国家以灵活性时,应在《巴黎协定》第 15 条框架下进行。除了国际硬法与国际软法的互动(interaction),"巴黎模式"还注重国际法的国内化(internalization)。在《巴黎协定》遵约机制下,缔约方应切实履行 NDC 承诺,且缔约方会议将通过全球盘点机制进行审评。为此,各国开始将温室气体减排、"碳达峰"和"碳中和"作为国内立法与政策的重要方向。据统计,至 2022 年 8 月,苏里南和不丹已经实现"碳中和",欧盟、日本、英国、韩国等 17 个地区或国家制定了相关立法;马尔代夫、芬兰、冰岛、美国、意大利、澳大利亚和中国等 33 个国家在政策中提及"碳中和";巴西、泰国、阿根廷、马来西亚、越南、南非和印度等 18 个国家作出相关声明或承诺;另有孟加拉国、尼泊尔、瑞士、东帝汶、也门和印度尼西亚等 60 个国家尚在讨论中。② 从跨国法律过程理论来看,正是由于认同《巴黎协定》遵约机制并对规则建构较为满意,因此,缔约方选择将条约履行内化为自身的"义务感",这是基于合法性而采取的理性遵约③——不具有强迫性,属于自主遵约。

(三)《巴黎协定》遵约机制下暂无缔约方违约情形

《巴黎遵约程序》在"前言"部分表示,将于 2024 年开展机制审查,故目前尚无缔约方不遵约的有关报告。再加上,《巴黎协定》确定的是中长期减排方案,因此,短期内难以确定缔约方是否遵约。不过,通常情况下,由于外部压力的放松导致不遵约属于强制遵约的主要特点,但《巴黎协定》遵约机

---

① 参见李慧明、李彦文:《"共同但有区别的责任"原则在〈巴黎协定〉中的演变及其影响》,载《阆江学刊》2017 年第 5 期。

② See Energy and Climate Intelligence Unit, *Net Zero Tracker: Net Zero Emissions Race*, ECIU (Aug. 18,2022), https://eciu. net/netzerotracker.

③ See Harold Hongju Koh, *Why Do Nations Obey International Law?*, 106 The Yale Law Journal 2599 (1996–1997).

制并不存在这种压力，因此，可以预见，未来即使出现不遵约，具体缘由仍难以追溯至外部胁迫的取消。事实上，随着国际合作的加强及对气候变化认识得深入，"巴黎模式"的自主遵约或更为持久、稳定。换言之，即使违约的收益很高或代价很低，缔约方仍将选择遵约。①

总体而言，在"蒙特利尔模式"下，促进遵约和争端解决的价值导向非常明显，而"京都模式"的设立主要是考虑到发达国家不遵约时应当如何处理，二者带有"强制性"，属于强制遵约的范畴。但在《巴黎协定》中，由于CBDR-RC 原则出现弱化趋势，因此，遵约机制的设立是针对所有缔约方而言的，表明强制型的遵约动力已无法满足国际社会需求。换言之，《巴黎协定》遵约机制将"外部胁迫"转向"内部选择"，以满足 NDC 的"国家自主性"（intended nationally）——这是自主遵约的模式切换。

第二节　遵约主体：从发达国家到
"发达国家 + 发展中国家"

遵约主体是指需遵守国际条约、规则和机制等规范的行为体。一般来说，其关注特定条件下由谁来承担不遵约的代价。换言之，遵约主体是国际规范所规制的对象。在国际法上，遵约主体通常指缔约方，并以"国家"形式出现。当然，一些举足轻重的国际组织和非国家行为体也可作为"附加"主体，如 UNEP、联合国开发计划署、国际海事组织等。

在确立遵约主体时，合作博弈中的"损—益"结构是其核心命题。该结构在债法上也可理解为"损益相抵"原则——存在"损害"、"利益"和"因果关系"三个变量。不过，该原则偏向于国内侵权和违约赔偿，是指同一原因既给受害人造成损害又使其获得利益，故义务人仅需在损害额内扣除所得利益后进行差额赔偿。② 而合作博弈中的"损—益"结构侧重于缔约方行为的利弊分析，带有可预见性和潜在矫正性。③ 在是否遵约上，缔约方考虑的是遵约行为将带来何种损害和利益。这具有两层含义：一是遵约行为给自身带来的损害和/或利益；二是一缔约方的遵约行为给其他缔约方带来的损害和/或利益。然而，尽管主体获益或受损的情况因需解决问题的性质而有所差异，但国际机制可通过促进性方案来引导理性遵约。④ 在这一过程中，

---

① 参见梁长平：《国际核不扩散机制的遵约研究》，天津人民出版社 2016 年版，第 35 页。
② 参见杨立新：《论损益相抵》，载《中国法学》1994 年第 3 期。
③ 参见娄正前：《损益相抵规则研究》，南京大学 2018 年博士学位论文，第 155 页。
④ 参见王晓丽：《多边环境协定的遵守与实施机制研究》，武汉大学出版社 2013 年版，第 76 页。

遵约行为和成本是主要考量。因此,遵约主体的选择关系着条约在实施中是否具有平衡性,也关乎着受益方能否依据公平原则而受益。由于 CBDR-RC 原则在《巴黎协定》遵约机制下面临重释和转型,故遵约主体的范围也相应发生变化。

一、"蒙特利尔模式"和"京都模式"的遵约主体:发达国家

CBDR-RC 从标准到原则的发展过程中,"区别责任"表现得尤为明显。《蒙特利尔议定书》第 10 条要求非第 5 条缔约方向第 5 条缔约方提供履约资金。因此,第三次缔约方会议达成的第Ⅲ/3 号决定指出,除了巴林、马耳他、新加坡和阿拉伯联合酋长国以外①,其他发展中国家均享有资金援助。② 同时,它要求建立多边基金机制,通过金融和技术合作,开创了以资金和技术条款鼓励发展中国家参与的先例。UNFCCC 秉承《里约环境与发展宣言》的宗旨,认为在环境与发展领域,应全面考虑不同国家利益和需要。在宣言中,发达国家也承认在环境问题上负有更大责任。故 UNFCCC 要求发达国家在遵守更严格的标准时,要比发展中国家作出更大贡献。《京都议定书》虽没有特定温室气体的排放限制措施,但对 CBDR-RC 原则的关注和适用毋庸置疑——由于发达国家未给发展中国家预留足够大气空间,因此,前者应承担主要责任,而后者在享受同样的公共产品时,仅需付出较小的履约成本。换言之,《京都议定书》通过给予发展中国家和经济转型国家以物质性额外激励来重申 CBDR-RC 原则,以实现所有缔约方共同参与全球气候治理。由于这些条约仅强调发达国家的责任和义务,因此,在遵约机制上,其所涉主体也主要为发达国家。

(一)"蒙特利尔模式"的遵约主体:发达国家

在《不遵守情事程序》中,并未出现"发达国家"和"发展中国家"之表述,而是通过"任何缔约方"或"缔约方"来加以指示。从第 3 条"……任何

---

① 目前,《蒙特利尔议定书》第 5 条缔约方有 147 个,包括阿富汗、巴西、中国、印度、南非等;非第 5 条缔约方有 51 个,包括美国、德国、法国、日本等。其中,巴林、新加坡和阿拉伯联合酋长国已成为第 5 条缔约方,而马耳他仍属于非第 5 条缔约方。See UNEP Ozone Secretariat, *Classification of Parties*, UNEP Ozone Secretariat (Aug. 18, 2022), https://ozone. unep. org/classification-parties.

② See UNEP Ozone Secretariat, *Decision* Ⅲ/3: *Implementation Committee*, *The Montreal Protocol on Substances that Deplete the Ozone Layer*, UNEP Ozone Secretariat (Jun. 21, 1991), https://ozone. unep. org/treaties/montreal-protocol/meetings/third-meeting-parties/decisions/decision-iii3-implementation-committee? q = treaties/montreal-protocol/meetings/third-meeting-parties/decisions/decision-iii3-implementation-committee.

缔约方可能未遵守议定书规定的义务……"来看①,在判断缔约方是否遵约上,需结合《蒙特利尔议定书》来观察。在《蒙特利尔议定书》中,尽管 CBDR-RC 并非严格意义上的国际环境法原则,但它至少包括三层含义:一是解决全球环境问题并不能仅依靠一个或几个国家,而是需发达国家和发展中国家齐心协力;二是在以上过程中,发达国家和发展中国家的责任并不同步——发达国家因历史排放责任而起表率和带头作用,发展中国家因能力限制而被赋予一定的宽限期;三是发达国家和发展中国家的标准差异是基于国际公平原则。故《蒙特利尔议定书》第 5 条给予发展中国家以十年的履约宽限期,意味着在特定期限内,仅发达国家需承担相应义务。该条第 4、6 款继而表示,发展中国家若不能获得充分的控制物供应,可将情况通知秘书处。而在秘书处将情况汇报给缔约方会议期间,至后者作出最后决定前,发展中国家均不被援引第 8 条(遵约条款)。② 可见,发展中国家被区别对待使其履约身份亦被淡化。第 10 条的资金和技术条款更是要求发达国家提供援助,将臭氧保护重任寄托在其身上,而发展中国家仅扮演"受援国"角色。事实上,在《蒙特利尔议定书》形成时,发展中国家也确实一度作为臭氧保护的"旁观者",只是,随着科学知识的传播和发达国家坚持,发展中国家才受到更多关注。然而,即便如此,《蒙特利尔议定书》还是对发展中国家作了明确让步。③ 故可以说,《蒙特利尔议定书》遵约机制将遵约主体限定为发达国家。④

① See UNEP Ozone Secretariat, *Annex* Ⅳ: *Non-compliance Procedure*, *The Montreal Protocol on Substances that Deplete the Ozone Layer*, UNEP Ozone Secretariat (Nov. 25, 1992), https://ozone. unep. org/meetings/fourth-meeting-parties-montreal-protocol/decisions/annex-iv-non-compliance-procedure? q = meetings/fourth-meeting-parties-montreal-protocol/decisions/annex-iv-non-compliance-procedure.

② 《蒙特利尔议定书》第 5 条第 4、6 款"4. 按照本条第 1 款行事的缔约国,如在第 2A ~ 2E 条所规定的控制措施义务适用于其之前,发现不能获得充分的控制物质供应,可将此情况通知秘书处。秘书处应即将此项通知副本转送各缔约国。缔约国应在下一次会议时审议此事并决定采取何种适当行动……6. 按照本条第 1 款行事的任何缔约国可在任何时候以书面通知秘书处:虽已采取一切实际可行的步骤,但由于第 10 条和第 10(A)条没有充分执行,无法履行第 2A ~ 2E 条规定的任何或全部义务。秘书处应即将该项通知副本转送各缔约国,缔约国应充分考虑到本条第 5 款,在下一次会议时审议此事并决定采取何种适当行动"。

③ See Marian A. L. Miller, *Sovereignty Reconfigured: Environmental Regimes and Third World States*, in Karen T. Litfin ed., The Greening of Sovereignty in World Politics, MIT Press, 1998, p. 178 – 179.

④ 在行动上,截至 2019 年 12 月,多边基金已从发达国家处获得 40.7 亿美元捐款用于对发展中国家援助。在此背景下,《蒙特利尔议定书》使 98.6% 的 ODS 被淘汰,并将带来 1.8 万亿美元的全球健康效益。故数据显示,若没有《蒙特利尔议定书》,则 2013 年南极臭氧空洞将扩大 40%;而若继续履行《蒙特利尔议定书》,则至 2030 年,北半球中纬度的臭氧将恢复到 1980 年水平,至 2050 年左右,南半球中纬度的臭氧也将达到这一目标。See UNEP Ozone Secretariat, *Facts and Figures on Ozone Protection*, UNEP Ozone Secretariat (Aug. 18, 2022), https://ozone. unep. org/facts-and-figures-ozone-protection.

《多边协商程序》采取类似处理方式,也未界定"发达国家"与"发展中国家",而是使用"一缔约方"和"一些缔约方"等词。它在第 5 条指出,委员会处理的应是缔约方履行 UNFCCC 时面临的问题。换言之,遵约主体的范围需从 UNFCCC 中来寻找。尽管 CBDR-RC 原则在 UNFCCC 上较为空泛,但它仍然包含三项内容:一是发达国家应作出减排承诺,而发展中国家不必;二是发达国家需定期递交执行措施的信息报告并估算其行为所产生的影响,而发展中国家可在"任何时间"通知秘书处受该制度约束的意愿;三是发达国家需给予发展中国家以资金援助和技术支持。[①] 此外,UNFCCC 第 3 条第 2 款也明确要求充分考虑发展中国家(尤其是易受气候变化不利影响的发展中国家)的需要和特殊情况。同时,为了实现 UNFCCC 的目标,缔约方作出了一般承诺和具体承诺。一般承诺是指所有缔约方均需履行的义务,主要体现在第 4 条第 1 款,包括促进可持续管理、提高公众意识和提供履约信息等;具体承诺是指特定缔约方需履行的义务,通常为发达国家义务,主要体现在第 4 条第 2 款,包括限制人为温室气体排放以减缓气候变化、向发展中国家提供资金援助和技术支持等。这些规定凝结着发展中国家的公平价值观,且发达国家为遵约的主要行为体。

(二)"京都模式"的遵约主体:发达国家

《京都遵约程序》在主体方面兼采两种表达方式——在区分"附件一国家"(发达国家)和"非附件一国家"(发展中国家)之时,沿用"一缔约方"的表述。在第 4 条第 5 款,《京都遵约程序》表示,促进事务组处理的事项主要有二:一是发达国家履约时发现的遵约问题;二是发达国家提供的补充本国行动的有关信息。在第 5 条第 4 款,《京都遵约程序》指出,强制执行事务组在确定遵约问题上,应审查发达国家限排或减排的量化承诺,及其在估算法和报告方面的要求。同时,第 7 条第 5 款强调,强制执行事务组还需对发达国家是否符合《京都议定书》下的资格要求进行审评,并在规定情形内中止其成员资格。可见,《京都遵约程序》本身并未提及发展中国家义务,而是重在论述发达国家的遵约内容。除此之外,在第 6 条第 1 款,《京都遵约程序》提到,委员会所接收的书面意见主要是"一缔约方"关于自身或其他成员的遵约问题。换言之,在确定缔约方是否遵约上,也可以从《京都议定书》出发。而在《京都议定书》的形成过程中,分歧严重,且发达国家与发展中国家的义务存在显著差别。在第 3 条第 1 款,《京都议定书》要求发达国家为遵约而制定相关政策和措施,并在第一承诺期将温室气体排放量削减到 1990 年的

---

① 参见龚微:《气候变化国际合作中的差别待遇初探》,载《法学评论》2010 年第 4 期。

水平以下 5% ,而发展中国家未有此约束。① 在第 10 条,它进一步表示,不对发展中国家引入任何新的承诺,且发展中国家履约取决于发达国家的遵约。进言之,在《京都议定书》看来,若发达国家未遵约,则发展中国家不需承担减排义务。事实上,从资金和技术条款来看,其仍对发达国家和发展中国家作了区别考虑——发达国家负有向发展中国家提供援助的义务。此外,清洁发展机制也声明,发达国家应向发展中国家提供项目援助,以使后者实现可持续发展。换言之,《京都议定书》认为,发达国家应"强制减排",而发展中国家仅需"自愿减排"。是以,在《京都议定书》未对发展中国家设定具体义务的情况下,《京都遵约程序》下的遵约主体自然也主要限于发达国家。②

总体而言,"蒙特利尔模式"虽未区分发达国家和发展中国家,但通过援引《蒙特利尔议定书》和 UNFCCC 下的主体义务,而将遵约主体基本限为发达国家。"京都模式"虽然有所发展——在沿袭相关表述的基础上,采用"附件一国家"和"非附件一国家"的表达,但仍主张将遵约义务置于发达国家身上,而未对发展中国家强加新的责任。就该层面而言,在"蒙特利尔模式"和"京都模式"中,遵约主体均以发达国家为主。

二、《巴黎协定》遵约机制的遵约主体:发达国家 + 发展中国家

在《巴黎协定》中,因 CBDR-RC 原则的弱化和缔约方"三分法"的出现,发达国家与发展中国家(尤其是发展中大国)的区别性逐渐缩小,使遵约机制的构建也带有这一聚合之势。

《巴黎遵约程序》尤为强调"最不发达国家和小岛屿发展中国家"。比如,在委员会组成上,第 5 条要求最不发达国家和小岛屿发展中国家各选出 1 名成员,而未允许其他发展中国家派出代表。第 19、28 条也表示,委员会在确定结果时,应特别注意最不发达国家和小岛屿发展中国家的特殊情况,而未涉及其他发展中国家能力现状。不过,从整个文本来看,它还是提到了发展中国家。比如,第 22、26 条指出,委员会在审议过程中,需考虑发展中国家在能力上的灵活性;第 27 条也强调,在资金允许的情况下,委员会应根

---

① 《京都议定书》第 3 条第 1 款:"附件一所列缔约方应个别地或共同地确保在附件 A 中所列温室气体之人为 CO_2 当量的排放总量不超过依附件 B 所载量化限制和减少排放的承诺及根据本条规定所计算的分配数量,以使 2008~2012 年承诺期内其全部排放量相比 1990 年水平至少减少 5%。"

② 说明:前文所提的保加利亚和克罗地亚等发展中国家未遵约,主要原因仍取决于发达国家的遵约行动。换言之,二者存在一定因果关系。

据相关发展中国家请求向其提供援助。由此可知,《巴黎协定》遵约机制已严格区别于之前的遵约设计——并未免除发展中国家的遵约义务,而是象征性地表示要考虑其能力灵活性。这与"蒙特利尔模式"和"京都模式"存在本质差异。

不过,与上述两种模式相同,《巴黎协定》遵约机制亦需将遵约机制和《巴黎协定》结合起来,以确定遵约主体范围。《巴黎遵约程序》第 20 条指出委员会审查权限时,并未区分发达国家与发展中国家,而是以"缔约方"来阐述,认为其所接收的书面材料应包括缔约方是否遵约。而在《巴黎协定》中,第 4 条主张,"各缔约方"应编制、通报、保持和实现 NDC 承诺。尽管发达国家仍应继续带头努力实现全经济减排,但发展中国家也需逐渐实现减排或限排。该条进而指出,最不发达国家和小岛屿发展中国家"可以"(而非"应当")编制和通报 NDC。从法理上来看,"应当"(shall)和"可以"(may)均为某种行为的价值判断,但通常来说,前者的义务性更强,属于一般性要求,而后者表示许可,赋予当事方自主决定行动与否的权利。① 故除了最不发达国家和小岛屿发展中国家,其他缔约方(包括发达国家和发展中国家)均应承担减排义务,以实现 NDC 承诺。在第 13 条,《巴黎协定》首次提出,应在透明度框架下设置灵活机制,以考虑缔约方的能力差异,并将"有能力的"发展中国家拉入发达国家阵营,主张建立单一体系。② 此外,第 9 条也将"最不发达国家和小岛屿发展中国家"从发展中国家阵营单独抽出。③ 受此影响,发达国家试图以"梯次"形式转变现有能力建设流向,即发达国家依然需对发展中国家(包括最不发达国家和小岛屿发展中国家)进行援助,但"有能力的"发展中国家也应适当对最不发达国家和小岛屿发展中国家予以帮助。可见,发达国家与"有能力的"发展中国家之区别责任存在合拢的迹象。④

此外,前文已述,《巴黎遵约程序》第 22 条表示,委员会审查的事项有四:一是缔约方未按照《巴黎协定》第 4 条第 12 款通报或持续通报 NDC;

① 参见张纬武:《"应当"和"可以"的另一种法哲学解读——兼论对现代法学的启示》,载《江西社会科学》2013 年第 4 期。

② 《巴黎协定》第 13 条:"为建立互信并促进有效执行,兹设立一个关于行动和支助的强化透明度框架,并内置一个灵活机制,同时考虑缔约方能力不同,并以集体经验为基础。透明度框架应为发展中国家缔约方提供灵活性,以利于因能力问题而需该灵活性的发展中国家缔约方执行本条规定。本条第 13 款所述模式、程序和指南应反映这一灵活性……"

③ 《巴黎协定》第 9 条:"……提供规模更大的资金来源,旨在实现适应与减缓之间平衡,同时考虑国家驱动战略及发展中国家缔约方的优先事项和需要,尤其是对气候变化不利影响特别脆弱及受到严重能力限制的发展中国家缔约方,如最不发达国家、小岛屿发展中国家……"

④ 参见曾文革、冯帅:《巴黎协定能力建设条款:成就、不足与展望》,载《环境保护》2015 年第 24 期。

二是缔约方未提交《巴黎协定》第9条第7款和第13条第7、9款规定的信息通报；三是缔约方未参与有关进展情况的多边审议；四是缔约方未提交《巴黎协定》第9条第5款规定的强制性信息通报。尽管《巴黎协定》第9条第5、7款和第13条第9款主要就发达国家义务进行了规定，但第4条第12款和第13条第7款均未对发达国家和发展中国家加以区分。比如，第4条第12款表示，"缔约方"通报的NDC应记录在公共登记册；第13条第7款也指出，"各缔约方"应定期提供温室气体排放源的人为排放和汇的清除的国家清单报告以及执行NDC所需之信息。因此，虽然《巴黎协定》产生于UNFCCC框架之下，延续了发达国家的义务建构模型，仍将发达国家视为遵约的主要行为体，但发展中国家也开始从"幕后"走向"台前"，并承担实质遵约义务，成为与发达国家并立的遵约主体。

第三节　遵约判定：从自上而下到"自上而下＋自下而上"

遵约判定，是指收集、分析和评估缔约方遵约或不遵约，同时核查相关规则并监控的过程。一般来说，其主要分为自我报告、独立监测、数据分析和公开发表。[①] 在遵约判定中，透明度为基本原则，即要求缔约方遵约或不遵约的信息均公开，包括信息收集过程、信息质量和分析结果等。故遵约判定通常被认为是遵约机制的核心。

通常来说，遵约判定的启动途径主要有三种：一是由缔约方提交自身的遵约报告；二是由一缔约方或一些缔约方提交另一缔约方或另一些缔约方的有佐证信息支持的遵约报告；三是由秘书处或缔约方会议直接提出。就三种途径而言，其并不排斥，即在遵约判定上并非非此即彼。换言之，在遵约机制中，可能同时存在三种途径。根据缔约方、缔约方会议和遵约委员会的角色权重不同，大致可将遵约判定体系划为"自上而下"、"自下而上"和"自上而下＋自下而上"三种模型。其中，"自上而下"型表明，缔约方会议和遵约委员会在遵约判定中（尤其是在调查和核实方面）占据主导，判定的主要程序基本由其完成；"自下而上"型以缔约方启动为主，缔约方会议和遵约委员会仅做最后形式审查机关；而"自上而下＋自下而上"型表明，缔约方、缔约方会议和遵约委员会在遵约判定的启动、调查和核实上均发挥着重要作用。[②]

---

① 参见王晓丽：《多边环境协定的遵守与实施机制研究》，武汉大学出版社2013年版，第78页。

② 参见高晓露：《国际环境条约遵约机制研究——以〈卡塔赫纳生物安全议定书〉为例》，载《当代法学》2008年第2期。

一、"蒙特利尔模式"和"京都模式"的遵约判定:自上而下

"自上而下"的体系建构受自然主义国际法学和实证主义国际法学影响甚大——将国家视为内部结构一致的同一单位。在立法和遵约上,"自上而下"均聚焦于国际层面,而忽视了单一国家的能动因素。①

(一)"蒙特利尔模式"的遵约判定:自上而下

在《蒙特利尔议定书》中,第 2 条的"控制措施"将 ODS 减少和停止使用作为国家义务,并通过国家性质的区分划定不同责任范围,本身即属于"自上而下"。此外,《不遵守情事程序》在第 1~4 条也设置了程序启动的三种情形:一是一缔约方或多个缔约方对另一缔约方的遵约义务持有保留时,可将书面关切提交秘书处;二是秘书处在了解到一缔约方可能未遵约时,可请其提供必要资料;三是一缔约方虽经最大的善意努力但仍不能遵约时,可将呈文提交秘书处。不难发现,遵约机制的程序启动主体有两类:一是条约机构,即秘书处;二是缔约方。其中,第一类主体代表缔约方会议和遵约委员会,而第二类主体针对的既可是己方的遵约问题,也可是他方的遵约事项。尽管缔约方在启动阶段被赋予较大权限,但在程序启动时,其需将信息提交秘书处,再由秘书处呈交遵约委员会。换言之,在判定阶段,缔约方即陷入"被动"。首先,在遵约委员会工作流程上,排除了缔约方主动介入的可能性。第 7 条指出,遵约委员会负责收取、审议和汇报相关呈文,并请有关各方补充进一步资料,同时在必要情况下赴所涉缔约方国土内进行资料收集。其次,在缔约方会议和遵约委员会互动上,未考虑缔约方的主体性。第 9、14 条表示,遵约委员会应向缔约方会议提出报告,包括认为适当的建议,而缔约方会议也可主动要求遵约委员会提出建议,以协助审议可能的不遵约情事。在最后结果作出前,缔约方会议还可对所涉缔约方发出临时性要求和/或措施。在此过程中,该缔约方可参与讨论,但不能影响最终结果的作出。在核实不遵约的情况和争议后,遵约委员会可进一步建议缔约方会议采取相关措施。而在争端解决时,《蒙特利尔议定书》表示,可暂停不遵约方管控物质贸易的权利。可见,在遵约判定中,缔约方仅可启动程序,而在后续流程,缔约方会议和遵约委员会发挥着根本性作用。

UNFCCC 在立法设计上也将国家视为同一行为体,规定的有关义务即国家的行动指南。《多边协商程序》第 5 条提出程序启动的四种情形:一是

---

① 参见刘志云:《自由主义国际法学:一种"自下而上"对国际法分析的理论》,载《法制与社会发展》2010 年第 3 期。

一缔约方提出自身的遵约问题;二是一些缔约方提出己方的遵约问题;三是一缔约方或一些缔约方提出他方的遵约问题;四是缔约方会议。这些情形同样涉及两类主体:一是缔约方;二是缔约方会议。尽管条文内容较少,但《多边协商程序》还是对后续工作流程作了阐述。在第 6 条,它表示,遵约委员会应负责澄清和解决问题,并为所涉缔约方提供咨询意见;第 11、12 条也指出,遵约委员会的结果应包括所涉缔约方为推进 UNFCCC 目标而合作的建议,且需就工作的所有方面向缔约方会议报告。第 13 条虽然也赋予所涉各方对遵约委员会结论提出意见的权利,但未明确是否允许重新审议或讨论。换言之,缔约方会议和遵约委员会负责审议、讨论和确定结果,并对所涉缔约方的行动提出建议,而缔约方可提出异议但却难获得相关救济。事实上,缔约方、缔约方会议和遵约委员会的这一功能定位在 UNFCCC 中亦有所呈现。比如:第 4 条要求国家提供遵约信息;第 7 条第 2 款指出,缔约方会议作为监督主体,可定期审评任何相关的遵约情况,并在职权范围内作出必要决定;第 10 条提议设立附属履行机构来协助缔约方会议审评各国是否遵约;第 12 条要求秘书处对发达国家的遵约报告予以汇编和转递。① 不过,总的来说,缔约方会议的监督力度较弱——偏向于提供遵约的讨论平台,带有较强的政治色彩,难以对不遵约行为作出有力回应。② 第 14 条试图作出改变,但与《蒙特利尔议定书》一样,适用于个别国家之间的对抗性争端解决机制并不符合全球环境治理的需要,因此,其所指的争端解决程序仍偏向于谈判与磋商。③ 故至目前为止,UNFCCC 仍未建立一套完整的、司法化的争端解决机制。④

由上可见,尽管"蒙特利尔模式"引入争端解决程序并将之作为敦促遵约的方式之一,但从总体上来看,在判定是否遵约时,缔约方会议、遵约委员会和秘书处被赋予更多权力,其中,缔约方会议和遵约委员会有权对相关信息进行审核和评估,而秘书处负责整理并提交遵约报告,同时帮助收集和补充信息,并与所涉缔约方沟通。就该层面而言,在遵约判定上,"蒙特利尔模

---

① UNFCCC 第 12 条第 1 款:"每一缔约方应通过秘书处向缔约方会议提供含有下列内容的信息……"

② See X. Wang & Glenn Wiser, *The Implementation and Compliance Regimes under the Climate Change Convention and its Kyoto Protocol*, 11 Review of European, Comparative & International Environmental Law 181 (2002).

③ See Daniel M. Bodansky, *The United Nations Framework Convention on Climate Change: A Commentary*, 18 Yale Journal of International Law 451 (1993).

④ See Risteard de Paor, *Climate Change and Arbitration: Annex Time before There Won't Be a Next Time*, 8 Journal of International Dispute Settlement 179 (2017).

式"采用的是"自上而下"模型。

(二)"京都模式"的遵约判定:自上而下

《京都议定书》中的"总量控制"即蕴含"自上而下"性。具言之,其以"控制"为治理核心,通过对温室气体减排的强行性规定来实现"自上而下"气候治理。这样设计,一方面弥补了治理赤字①,另一方面赋予遵约机构以执行性和"准"司法性。在《京都遵约程序》中,第6条阐述程序启动的三种情形:一是专家审评组向秘书处提交报告;二是一缔约方提交己方的遵约问题;三是一缔约方提交有佐证信息的他方遵约问题。据此,遵约机制的程序启动主体有二:一是专家审评组,即遵约委员会下设机构;二是缔约方。在工作时,促进事务组和强制执行事务组可将审议过的信息提供给有关缔约方,且强制执行事务组可在听证会上或任何时候以书面形式向有关缔约方提出问题并要求澄清,而后者需在六周内作出答复。不仅如此,强制执行事务组还可自主作出认定有关缔约方是否遵约的初步调查结果。若该国未于十周内提出意见,这一结果即为最终结论。在第10条,《京都遵约程序》规定了涉及成员方资格问题的快速审理程序。它认为,强制执行事务组应在两周内完成初步分析,有关缔约方应在四周内提交书面意见,而在发出通知之日起六周内或听证会后两周内,该事务组须作出相关决定。在确定出现不遵约后,强制执行事务组可宣布该方不遵约,并从第二承诺期的配量中扣减超量排放的1.3倍。在某些条件下,该事务组也可立即恢复其成员资格。可见,在成员资格问题上,强制执行事务组具有取消和恢复之权力,而在不遵约反应体系中,它更能对所涉缔约方予以惩罚,并要求该方拟定后续行动的年进度时间表。就该层面而言,强制执行事务组被赋予较强的执行性,具有行政属性或可称为"准"行政性。

从第11条来看,如果所涉缔约方认为强制执行事务组的决定存在程序瑕疵,则可向缔约方会议提起上诉。通常来说,上诉主要出现在司法领域,是上级法院对下级法院作出判决的案件予以再行审理的制度。它基于法院的权威性、裁判的公正性和法律的强制性而产生,体现了立法者对诉讼公正的价值期待。② 换言之,在《京都遵约程序》看来,缔约方会议与强制执行事务组之间存在类似于法院系统的"上下级"关系,允许前者纠正后者在裁判程序上的有关问题。就该层面而言,《京都议定书》遵约机制具有一定的司法属性,但区别于国内法院或国际司法,是一种"准"司法。在"准"行政性

---

① 参见于宏源:《自上而下的全球气候治理模式调整:动力、特点与趋势》,载《国际关系研究》2020年第1期。

② 参见陈桂明:《我国民事诉讼上诉审制度之检讨与重构》,载《法学研究》1996年第4期。

和"准"司法性下,缔约方除了要求听证和提出异议之外,基本无任何其他权力/权利。

概言之,《京都议定书》遵约机制侧重于处理不遵约,并设置遵约委员会、遵约委员会全体会议、主席团、促进事务组和强制执行事务组来专门负责。就不遵约的反应来看,它较"蒙特利尔模式"更具权威性,赋予缔约方会议、遵约委员会和两项事务组以更大权力,并引入"强"制裁性质的削减排放配额和中止灵活履约资格等措施。对此,有学者称之为"生杀大权"。① 然而,不论是"蒙特利尔模式"还是"京都模式",二者在遵约判定上存在共性,即缔约方仅扮演机制启动的助推角色,后续的形式认定、实质判定及处理事项都与之无关,而是由缔约方会议和遵约委员会及其下属机构来决定,属于典型的"自上而下"判定体系。

二、《巴黎协定》遵约机制的遵约判定:"自上而下 + 自下而上"

与"自上而下"的体系建构不同,"自上而下 + 自下而上"将国内因素放大到国际社会,并将国内影响延伸至全球,区别于权力因素主导下的"自上而下"或"由外至内"。② 在《巴黎协定》中,NDC 取代了总量控制。根据这一设定,缔约方依照国情和意愿提出减排形式、基准年和时间表,以及减排气体种类与核算方式。围绕各自承诺,缔约方可展开具体行动,以共同实现《巴黎协定》下的总体减排目标。从价值导向上来看,这一兼具自主性、灵活性的减排方式具有较强的"自下而上"性——希望通过调动减排积极性来增加参与方数量。其本质是通过对主权的强调,来促进全球气候治理共识的形成,以结束《京都议定书》下的"南北"对抗。③ 应当说,NDC 机制通过较强的灵活性、适应性和包容性,获得了广泛认同。

不过,为了避免散乱和无序,《巴黎协定》还通过定期审查、全球盘点和透明度机制来延续"自上而下"性。在定期审查上,第 4 条第 9 款和第 12 款要求缔约方在参照全球盘点结果之基础上,每五年通报一次 NDC,且记录在秘书处的公共登记册上。在全球盘点上,第 14 条要求缔约方会议定期总结《巴黎协定》的执行情况,以评估缔约方的集体行动进展。通常情况下,全球盘点应自 2023 年开始每五年进行一次。在透明度上,第 13 条要求设立强化的透明度框架,以提供国家信息通报、两年期报告和国际审评信息——

① 参见宋冬:《论〈巴黎协定〉遵约机制的构建》,外交学院 2018 年博士学位论文,第 85 页。
② 参见刘志云:《自由主义国际法学:一种"自下而上"对国际法分析的理论》,载《法制与社会发展》2010 年第 3 期。
③ 参见秦天宝:《论〈巴黎协定〉中"自下而上"机制及启示》,载《国际法研究》2016 年第 3 期。

在了解气候治理行动之时,追踪缔约方在 NDC 上所取得的进展。① 换言之,《巴黎协定》不为气候治理的内容和目标设置分配方案,而是由缔约方依据国情和能力来自主确定。当然,缔约方的行动也不再属于"责任"或"义务",没有预设的法律形式——作出怎样的承诺、采取怎样的行动,均由其自行决定,《巴黎协定》仅在顶层机制上起到监督作用。②

在此影响下,《巴黎协定》遵约机制有别于"蒙特利尔模式"和"京都模式"。根据《巴黎遵约程序》第 22 条规定,遵约机制的启动主要有四种情形:一是缔约方未通报或未持续通报 NDC;二是缔约方未提交有关信息通报;三是秘书处提供信息,认为缔约方未参与促进性多边审议;四是缔约方未提交强制性信息通报。该条将程序启动主体分为缔约方和秘书处两类。不过,在缔约方启动上,仅包括"自我"启动,而不涉及一缔约方对另一缔约方出现遵约问题时的"他方"启动。③ 换言之,在《巴黎遵约程序》中,与"京都模式"下的"执行性"不同,缔约方的遵约呈现出"自主性"。在程序启动后,《巴黎遵约程序》第 23 条继而指出,遵约委员会对有关问题进行审议时并不讨论实体内容,意味着其仅作形式审查。在第 25 条,如果缔约方提出书面要求,则遵约委员会在审议相关事项时应予协商,并在作出最后结果时考虑该方提出的任何意见。换言之,在遵约判定时,缔约方可主动介入,它虽不能参加遵约委员会拟定和通过一项决定的讨论,但可向遵约委员会说明特定能力限制、需求或所获支持的充分性,从而影响最终结果的作出。此外,从第 30 条来看,遵约委员会重在促进遵约——仅为缔约方提供参考,而无强制执行力。

值得注意的是,在《巴黎遵约程序》中,还使用了大量"鼓励"和"建议"等词。比如,第 30 条(d)款认为,遵约委员会可建议制订一项行动计划;第 31 条也指出,鼓励有关缔约方向遵约委员会提供资料,说明其在行动计划上取得的进展。可见,《巴黎协定》遵约机制采取了"弱"制度设计——通过满足多元主体的利益诉求来获得"强"合法性。进言之,《巴黎协定》遵约机制提供了模糊的适当性区间,建立了弹性、动态的责任模式,并为非国家行为体参与预留了空间,一方面降低了合作门槛,另一方面也提升了缔约方的自

① 《巴黎协定》第 4 条第 9 款:"各缔约方应根据第 1/CP.21 号决定和作为《巴黎协定》缔约方会议的 UNFCCC 缔约方会议之任何有关决定,并参照第 14 条所述全球总结结果,每五年通报一次 NDC。"《巴黎协定》第 13 条第 4 款:"UNFCCC 下的透明度安排,包括国家信息通报、两年期报告和两年期更新报告、国际评估和审评、国际协商和分析,应成为制定本条第 13 款下模式、程序和指南时加以借鉴之经验的一部分。"
② 参见袁倩:《〈巴黎协定〉与全球气候治理机制的转型》,载《国外理论动态》2017 年第 2 期。
③ 尽管范围有所缩小,但从主体类型上来看,缔约方仍发挥着程序启动功能。

主性和能动性。① 故相较于"自上而下"而言,在遵约判定上,《巴黎协定》遵约机制下的缔约方和缔约方会议均发挥着积极作用,并无太多偏向。事实上,在第 16 条第 4 款,《巴黎协定》也对缔约方会议的性质作了界定——在遵约方面仅赋予其成立附属履行机构的职能,而不再决定遵约判定的"生死"。② 而从《巴黎协定》第 15 条和《巴黎遵约程序》第 2、4 条来看,遵约委员会的权力亦相当有限——在遵约判定中,不再以"自上而下"的"惩罚性"权力为主,而仅作为促进遵约的手段。

因此,就该层面而言,"巴黎模式"在遵约判定上偏向于"自上而下 + 自下而上"。"自上而下"表明,缔约方会议和遵约委员会发挥着主持和协调功能,扮演着国际监督者角色;而"自下而上"意味着,缔约方的地位得到一定提升,可主动发表意见,并潜在地影响判定结果走向。故如果说"京都模式"的"自上而下"体现了目标导向,那么,"巴黎模式"的"自上而下 + 自下而上"则具有管理路径属性。这使《巴黎协定》遵约机制在促进缔约方的交流与合作上更为有效。③

---

① 参见齐尚才:《全球治理中的弱制度设计——从〈气候变化框架公约〉到〈巴黎协定〉》,外交学院 2019 年博士学位论文,第 69~81 页。

② 《巴黎协定》第 16 条第 4 款:"作为《巴黎协定》缔约方会议的 UNFCCC 缔约方会议应履行本协定赋予其职能,并应:(a)设立为履行本协定而被认为必要的附属机构;(b)行使为履行本协定所需其他职能。"

③ 参见魏庆坡:《美国宣布退出对〈巴黎协定〉遵约机制的启示及完善》,载《国际商务(对外经济贸易大学学报)》2020 年第 6 期。

第五章 《巴黎协定》遵约机制的不足：现实表征与法理检视

《巴黎协定》允许缔约方的减排目标依各自能力而定，故遵约机制的设立充分尊重国家主权，调动了国家意愿，体现了对缔约方差异性和多元价值的理解。其不同于"蒙特利尔模式"和"京都模式"的"自上而下"型分解减排目标之做法，而是化"被动"为"主动"，促进了缔约方的遵约意愿和能力。就该层面而言，"巴黎模式"有其进步性和积极意义。然而，尽管在"自主遵约"下，"巴黎模式"尚未出现不遵约情形，但是，从缔约方的行动来看，要实现《巴黎协定》的温升控制目标还存在较大差距。因此，如何在现有框架下确保缔约方充分履约，是《巴黎协定》遵约机制不得不思考的重大现实问题。然而，就目前来看，该机制还存在一些不足亟待完善。

第一节 《巴黎协定》遵约机制不足的现实表征

从 NDC 机制下的减排效果、英国脱欧、美国退出和重返《巴黎协定》，以及缔约方的"碳中和"目标等来看，《巴黎协定》遵约机制在规则内容、履约主体[1]和体制运行上还存在诸多不足。

一、NDC 机制下的全球减排效果不佳

NDC 机制将国家政策制定与《巴黎协定》相结合，通过集体行动来实现"零碳"和气候适应型未来，承载着遵约机制的核心内容。具言之，它在国家减排与全球气候治理之间建立"棘轮锁定"的反馈式循环——通过全球盘点和国家承诺更新来实现《巴黎协定》的减排目标。在此基础上，NDC 机制形成独特的"国家自主—全球盘点—减排差再分配"的履约模式。[2] 在该模式下，NDC 关乎缔约方的遵约与否。换言之，在 NDC 机制合理且充分实施的情况下，《巴黎协定》的减排目标即会显现，也就意味着缔约方完成遵约。但

---

① 需要说明的是，履约主体并不等于遵约主体。根据前文对"遵约"和"履约"之辨析，遵约主体通常为国家，而履约主体既可是国家，也可是非国家。

② 参见季华：《〈巴黎协定〉中的国家自主贡献：履约标准与履约模式——兼评〈中国国家计划自主贡献〉》，载《江汉学术》2017 年第 5 期。

目前,NDC 机制还面临两重困境。

(一)NDC 目标过于保守

相关数据显示,截至 2022 年 8 月,《巴黎协定》的成员方共 192 个,登记在册的 NDC 文件有 194 份。在这些文件中,有 151 份为更新后的 NDC,另有 11 份是缔约方提交的第二次 NDC。[①] 可见,在是否提交 NDC 上,缔约方的态度较为积极。

然而,2019 年 11 月,UNEP 发布的《2019 排放差距报告》显示,若按缔约方的当前承诺,则 2030 年的温室气体排放量将为 600 亿吨 CO_2 当量。但是,根据 2030 年达到《巴黎协定》目标的最低成本路径,若要实现 2℃目标,则温室气体排放需为 410 亿吨 CO_2 当量;若要实现 1.5℃目标,则温室气体排放应为 250 亿吨 CO_2 当量。如果 NDC 承诺得以充分履行,则到 2030 年,全球排放将分别减少 40 亿吨和 60 亿吨 CO_2 当量——与《巴黎协定》下 2℃和 1.5℃目标相比,存在 150 亿吨和 320 亿吨 CO_2 当量的排放差距。按照目前情形,至 21 世纪末,全球气温升幅仅能控制在 3℃至 3.2℃。该报告继而强调,若要实现 2℃和 1.5℃的目标,则缔约方需将 NDC 承诺分别增至 3 倍和 5 倍以上。换言之,自 2020 年开始,缔约方所需的减排量应分别接近每年 3% 和 7%。[②] 显然,减排行动推迟越久,所需的减排量就越大。[③]

事实上,2021 年 2 月 26 日,UNFCCC 秘书处还发布一份综合报告,汇总了截至 2020 年 12 月 31 日由 75 个缔约方提交的 48 份 NDC,涉及《巴黎协定》40% 的缔约方——排放量约为 2017 年全球排放的 30%。从分析结果来看,几乎所有缔约方都提供了减缓目标,并统计了 CO_2 排放数据。据估算,与之前的国家自主贡献预案(intended nationally determined contributions,INDC)相比[④],更新后的 NDC 更加积极,在 2025 年将减少 3800 万吨 CO_2 当量,至 2030 年时这一差值将达 3.98 亿吨。如果以 1990

① See COP, *Nationally Determined Contributions*, UNFCCC (Aug. 18, 2022), https://newsroom. unfccc. int/process-and-meetings/the-paris-agreement/nationally-determined-contributions-ndcs/nationally-determined-contributions-ndcs.

② See UNEP, *Emissions Gap Report* 2019, UNEP (Nov. 26, 2019), https://www. unep. org/resources/emissions-gap-report-2019.

③ See UNEP, UNEP DTU Partnership & World Adaptation Science Programme (WASP), *Emissions Gap Report* 2020, UNEP (Jan. 14, 2021), https://www. unep. org/zh-hans/resources/2020 shiyingchajubaogao.

④ INDC 与 NDC 均为国家自主贡献,但前者为预案(intended),具有意向性,后者为承诺,具有现实性。《巴黎协定》达成后,部分缔约方的 INDC 自动转化为 NDC,但也有部分缔约方将更新后的 NDC 取代之前的 INDC,我国和欧盟地区即属于后者。参见高翔、樊星:《〈巴黎协定〉国家自主贡献信息、核算规则及评估》,载《中国人口·资源与环境》2020 年第 5 期。

年、2010 年和 2017 年的排放为基准,则至 2025 年,缔约方的排放总量将分别高出 2%、2.2% 和 0.5%,而到 2030 年时,缔约方的排放总量将下降 0.7%、0.5% 和 2.1%。① 尽管该报告仅涉及部分缔约方,但它表明了全球排放的大致趋势。尽管如此,这还远未达到《1.5℃报告》中的要求。②

(二)缔约方的行动力度不够

根据《巴黎协定》第 4 条第 9 款规定,自 2023 年开始,缔约方每 5 年需通报一次 NDC,以评估减排目标的集体行动进展。而在 2021 年《巴黎协定》第三次缔约方会议达成的第 6/CMA.3 号决定《NDC 共同时间框架》中,NDC 的通报时间被延迟至 2025 年。③ 因此,目前尚无官方数据表明各国承诺履行情况。不过,《2019 排放差距报告》显示,过去十年,全球温室气体排放以每年 1.5% 的速度增长,至 2018 年,全球排放达到 553 亿吨 CO_2 当量。④ 2021 年 1 月,UNEP 发布的《2020 排放差距报告》进一步指出,2019 年全球排放量创历史新高,为 591 亿吨 CO_2 当量。由于森林火灾频发,2019 年温室气体排放增长率达到 2.6%。虽然 2020 年有所放缓,但到 2050 年气温仅能下降 0.01℃,全球升温幅度仍在朝着 21 世纪末超过 3℃的方向行进。该报告强调,随着全球从 COVID-19 大流行中恢复,气候危机仍在继续,一旦 COVID-19 大流行后经济再次升温,则全球排放将迎来更大反弹。与此同时,它还提到,全球最富有的 1% 人口要比全球最贫困的 50% 人口的排放量高出 2 倍以上,若要与《巴黎协定》目标保持一致,则富人群体的碳足迹至少要减少 30 倍。⑤ 在《2021 排放差距报告》中,UNEP 继而强调,如果新的 NDC 承诺与其他减缓措施相结合,至 21 世纪末,全球温升仍将上升 2.7℃;

---

① See COP, *Nationally Determined Contributions under the Paris Agreement：Synthesis Report by the Secretariat*, UNFCCC (Feb. 26, 2021), https：//unfccc. int/documents/268571.

② 若要实现《巴黎协定》下温升控制目标不超过 2℃,则 2030 年全球人为 CO_2 排放需比 2010 年降低 25%,并在 2070 年左右达到净零;若要不超过 1.5℃,则 2030 年全球人为 CO_2 排放应比 2010 年降低 45%,且在 2050 年左右达到净零。See IPCC, *Special Report：Global Warming of 1.5℃*, IPCC (Oct. 8, 2018), https：//www. ipcc. ch/sr15/.

③ 《NDC 共同时间框架》指出:鼓励缔约方于 2025 年通报一次到 2035 年的 NDC,于 2030 年通报一次到 2040 年的 NDC,依此类推,此后每 5 年通报一次。See CMA, *Decision 6/CMA. 3：Common Time Frames for Nationally Determined Contributions Referred to in Article 4, Paragraph 10, of the Paris Agreement*, UNFCCC (Mar. 8, 2022), https：//unfccc. int/sites/default/files/resource/CMA2021_10_Add3_E. pdf.

④ See UNEP, *Emissions Gap Report* 2019, UNEP (Nov. 26, 2019), https：//www. unep. org/resources/emissions-gap-report-2019.

⑤ See UNEP, UNEP DTU Partnership & World Adaptation Science Programme (WASP), *Emissions Gap Report* 2020, UNEP (Jan. 14, 2021), https：//www. unep. org/zh-hans/resources/2020 shiyingchajubaogao.

如果净零排放承诺得以有效实施,则温升有望控制在 2.2℃,但很多国家将气候行动推迟至 2030 年以后,这就意味着这一希望也很渺茫。①

UNEP 发布的《2020 生产差距报告》亦显示,为了实现 1.5℃目标,2030年之前,缔约方在化石燃料使用上应年均减少 6%——煤炭、石油和天然气每年减少 11%、4%和 3%。但相反,各国正在规划并预计年均增加 2%。尽管 COVID - 19 大流行使得 2020 年全球化石燃料产量下降 7%,但 COVID - 19 之前的能源计划和 COVID - 19 之后的刺激措施表明,全球化石燃料的生产差距将不断扩大。至 2020 年 11 月,二十国集团(Group of 20,G20)②已承诺向支持化石燃料消费的活动投入 2330 亿美元资金,但用于可再生能源和低碳替代品的仅有 1460 亿美元。③《2021 生产差距报告》重申到,各国计划到 2030 年生产的化石燃料,比可将全球温升限制在 1.5℃和 2℃的产量高出 110%和 45%——煤炭增加 240%和 120%,石油增加 57%和 14%,天然气增加 71%和 15%。至 2021 年 10 月,尽管多边开发银行(Multilateral Development Bank)和 G20 发展金融机构(Development Finance Institution)大幅减少了用于化石燃料生产的新公共资金。但自 2020 年 1 月以来,G20国家已承诺向化石燃料消费和生产活动定向投入 2970 亿美元——比用于清洁能源的要多。④

由于 G20 几乎占全球排放总量的 75%,在很大程度上决定着全球排放走势,因此,《2019 排放差距报告》对 G20 的排放数据做了专门分析指出,澳大利亚、加拿大、印度尼西亚、巴西、墨西哥、韩国、南非和美国短期内将无法兑现 NDC 承诺,而阿根廷、沙特阿拉伯和土耳其则根本未作出 2020 年承诺。⑤

---

① See UNEP & UNEP Copenhagen Climate Centre(UNEP-CCC), *Emissions Gap Report* 2021, UNEP(Oct. 26,2021),https://www.unep.org/resources/emissions-gap-report-2021.

② G20 于 1999 年成立,成员方包括阿根廷、澳大利亚、巴西、加拿大、中国、法国、德国、印度、印度尼西亚、意大利、日本、韩国、墨西哥、俄罗斯、沙特阿拉伯、南非、土耳其、英国、美国等。这些成员的 GDP、贸易和人口分别占全球 80%、75%和 60%。See G20, *About the G20*, G20(Aug. 18,2022),https://www.g20.org/about-the-g20.html.

③ See SEI et al., *The Production Gap:The Discrepancy between Countries' Planned Fossil Fuel Production and Global Production Levels Consistent with Limiting Warming to 1.5℃ or 2℃*, Production Gap(Dec. 17, 2020),https://productiongap.org/wp-content/uploads/2020/12/PGR2020_FullRprt_web.pdf.

④ See SEI et al., *Production Gap Report* 2021:*Governments' Planned Fossil Fuel Production Remains Dangerously out of Sync with Paris Agreement Limits*, UNEP(Oct. 10,2021),https://www.unep.org/resources/report/production-gap-report-2021.

⑤ See UNEP, *Emissions Gap Report* 2019, UNEP(Nov. 26, 2019),https://www.unep.org/resources/emissions-gap-report-2019.

事实上,从 NDC 的信息和核算透明度来看,缔约方的报告内容也有待补充。2018 年《巴黎协定》第一次第三期缔约方会议达成的第 4/CMA.1 号决定《指导意见》明确列举了 NDC 可能涵盖的七条信息:参考点的可量化信息、实施时限、范围和覆盖面、规划进程、核算人为温室气体排放和清除的假设与方法学、公平性及力度评估、对实现 UNFCCC 第 2 条之贡献。[①] 从第一轮提交的 NDC 来看,美国、欧盟、澳大利亚和墨西哥等在参考点的可量化信息、实施时限、范围和覆盖面、规划过程、核算人为温室气体排放和清除的假设与方法学上仅作了部分汇报,而印度则根本未涉及范围和覆盖面、核算人为温室气体排放和清除的假设与方法学,以及对实现 UNFCCC 第 2 条之贡献等。[②]

资金援助和技术支持作为检验与衡量发达国家是否遵约的重要指标,情形亦不容乐观。

一则,在当前五大气候资金来源中,仅全球环境基金存在四年一周期的增资机制,无法满足因"碳中和"而持续增资的需求。再加上,无论是监督方法还是评估标准,五项基金均倾向于发达国家,而较少倾听发展中国家意见。经济合作发展组织(Organization for Economic Co-operation and Development,OECD)的统计数据显示,2013 年至 2017 年,发达国家为发展中国家提供和动员的资金分别为 522 亿美元、618 亿美元、440 亿美元、586 亿美元和 712 亿美元。2018 年达到历史最高水平,为 789 亿美元,其中,官方资金为 622 亿美元,占比 78.8%。在这些资金中,70% 用于减缓气候变化、21% 用于适应气候变化、9% 两者兼具。[③] 尽管从整体上来看,资金转让力度呈现上升趋势,但离《哥本哈根协议》中"每年 1000 亿美元"的目标还有较大差距。是以,2021 年 7 月,联合国秘书长古特雷斯和 UNFCCC 执行秘书长埃斯皮诺萨均表示,发达国家未能遵守其作出的出资承诺。[④]

近年来,英、美、德、日、加等国开始扩大资金规模。比如,2019 年年底,英国宣布将气候援助资金增加 1 倍,即从 2016~2019 年的 58 亿英镑

[①] See CMA, *Decision 4/CMA.1: Further Guidance in Relation to the Mitigation Section of Decision 1/CP.21*, UNFCCC (Mar. 19, 2019), https://unfccc.int/sites/default/files/resource/cma2018_03a01E.pdf.

[②] 参见高翔、樊星:《〈巴黎协定〉国家自主贡献信息、核算规则及评估》,载《中国人口·资源与环境》2020 年第 5 期。

[③] See OECD, *Climate Finance for Developing Countries Rose to USD* 78.9 *Billion in* 2018, OECD (Nov. 6, 2020), https://www.oecd.org/newsroom/climate-finance-fordeveloping-countries-rose-to-usd-78-9-billion-in-2018oecd.htm.

[④] 参见张锐、张瑞华等:《碳中和背景下发达国家的气候援助:进展与问题》,载《全球能源互联网》2022 年第 1 期。

增至 2021～2026 年的 116 亿英镑;2021 年 4 月,美国在"2022 财年联邦外交和对外援助预算"中,专门拨款 25 亿美元用于全球气候治理——为 2021 财年预算的 4 倍,并在"领导人气候峰会"上承诺,至 2024 年,官方资金预算将达 57 亿美元;2021 年 6 月,在 G7 峰会上,日本宣布 2021～2025 年的气候资金贡献约 590 亿美元,加拿大也表示,未来 5 年将增资 1 倍,为 53 亿美元。不过,从行动上来看,这些表态仍然缺乏力度。首先,美国提出的 57 亿美元目标仅占 2020 年美国 GDP 的 0.03%,与美国联邦储备系统(Federal Reserve System)于 2020 年发行的 3 万亿美元量化宽松资金和 1750 亿美元的武器出口年收入相比,可谓是九牛一毛。[1] 其次,尽管德国提出增资目标,但由于没有拟定具体计划,因此,在德国政坛变动之际,它能否落实还很不确定。最后,在 G7 峰会上,七国领导人不仅将 2020 年的"1000 亿美元"目标延迟至 2025 年,而且既没有提出行动计划,也未认领各自的贡献份额。[2]

事实上,即使是当前的资金援助,仍然存在诸多缺陷。其一,气候援助的概念界定不明,发达国家企业夸大自身贡献。比如,日本将援助越南的桥梁和高速公路等项目、法国将捐赠菲律宾政府用于行政能力建设的 9300 万美元等均归为气候援助。[3]其二,多以贷款而非赠款形式提供。比如,法、德、西、加等国的贷款比例高达 90.3%、63.6%、63% 和 61.8%——反而使发展中国家承担更多减排成本。[4] 其三,减缓资金远高于适应资金。据统计,2017～2018 年,发达国家用于减缓气候变化的资金为 93%、适应气候变化的资金为 5%、两者兼具的为 2%。[5] 为了便于计算经济和环境效益,澳大利亚、加拿大在 2019 年资金援助中,更是仅将 1.2% 和 1.5% 的资金用于适应气候变化。[6]

---

[1] See A. Sheng, *Biden's Star Trek on Climate Change*, The Daily Star (Apr. 27, 2021), https://www.thedailystar.net/opinion/news/bidens-star-trek-climate-change-2084193.

[2] 参见张锐、张瑞华等:《碳中和背景下发达国家的气候援助:进展与问题》,载《全球能源互联网》2022 年第 1 期。

[3] See Care Climate Change, *Climate Adaptation Finance-Fact or Fiction?*, Care Climate Change (Jan. 21, 2021), https://careclimatechange.org/climate-adaptation-finance-fact-or-fiction/.

[4] See OXFAM, *Climate Finance Shadow Report 2020*, OXFAM (Oct. 20, 2020), https://www.oxfam.org/en/research/climate-finance-shadow-report-2020/.

[5] See Climate Policy Initiative, *Global Landscape of Climate Finance*, Climate Policy Initiative (Nov. 19, 2019), https://www.climatepolicyinitiative.org/wp-content/uploads/2019/11/2019-Global-Landscape-of-Climate-Finance.pdf.

[6] 参见张锐、张瑞华等:《碳中和背景下发达国家的气候援助:进展与问题》,载《全球能源互联网》2022 年第 1 期。

二则，作为公共产品，气候技术转让在发达国家内部尚未成为一项"意愿"，而是基于私权属性，以保护本国企业为由被限制出口。据统计，气候技术中心与网络自 2013 年成立以来已建立 1.6 万个数据源的技术信息平台，与超过 160 个国家指定实体建立工作联系，并在 100 多个发展中国家实施了约 150 个气候友好技术援助项目，吸收并撬动了 9.22 亿美元资金。① 但是，气候技术转让涉及全球贸易治理与全球气候治理的交叉。换言之，气候技术一方面在 UNFCCC 体系下存在公益性质；另一方面具有知识产权属性，受国际贸易法约束。因此，当前的气候技术转让力度仍然不够。

以"一带一路"沿线国家为例，相关数据显示，截至 2020 年 9 月，有 52 个沿线国家提交技术需求评估(technology need assessment)报告。其中，16 个亚洲国家、22 个非洲国家及 12 个大洋洲、拉丁美洲与加勒比地区国家分别提出了 199 项、134 项和 91 项适应技术需求，占所有技术需求项目总量的 42.3%、28.5% 和 19.4%。② 《2020 年技术执行委员会、气候技术中心与网络联合年度报告》也指出，2014 ~ 2020 年，气候技术中心与网络共收到 216 项技术援助请求，包括 15 项多国请求。其中，44 项仍在执行中、56 项处于回应计划设计阶段、26 项正在审查。从地域范围上来看，来自最不发达国家的占 58%、小岛屿发展中国家的占 26%。从内容上来看，52% 为减缓气候变化、26% 为适应气候变化、22% 为两者兼有。在减缓气候变化中，58% 涉及能源效率或可再生能源，而在适应气候变化中，农业、林业分别占比 21% 和 20%。③ 是以，UNFCCC 第二十六次缔约方会议通过的第 11/CP.26 号决定《第二次审查气候技术中心与网络》要求技术执行委员会和气候技术中心与网络促进国家指定实体之间合作，以提高技术机制的实效，并扩大向发展中国家技术支持，以增强它们的适应和减缓能力。④ 第 15/CMA.3 号决定《加强气候技术开发和转让》亦强调，气候技术中心与网络应继续支持发展中国家编制和更新技术需求评估与技术行动计划，并让私营部门参与工

---

① 参见仲平：《全球气候变化新形势与气候友好技术新潜能》，载《可持续发展经济导刊》2020 年第 10 期。

② 尤其是东南亚、南亚、西非等地受气候变化影响较大。参见高美勋、陈敏鹏、滕飞：《"一带一路"沿线国家适应气候变化的技术需求评估》，载《气候变化研究进展》2022 年第 6 期。

③ See UNFCCC Subsidiary Body for Implementation, *Joint Annual Report of the Technology Executive Committee and the Climate Technology Centre and Network for* 2020, UNFCCC (Jan. 29, 2021), https://unfccc.int/sites/default/files/resource/sb2020_04E.pdf.

④ See COP, *Decision*: 11/*CP.26 Second Review of the Climate Technology Centre and Network*, UNFCCC (Mar. 8, 2022), https://unfccc.int/sites/default/files/resource/cp2021_12_add1E.pdf.

作方案的制定和执行。①

究其原因,主要是发达国家利用自身强势地位,在气候技术转让中附加多项不公平条款,以提高技术出口门槛,而发展中国家因经济、信息、管理和经验等方面劣势,处于不利地位。具言之,在发达国家制定的游戏规则里,一方面,它们将严重污染环境的企业转移至亚非拉国家,以优化本国经济结构;另一方面,其跨国公司在东道国对技术进行严防死守,通过转移定价等手段获取高额利润。这固然是资本主义逐利本性的显露,但同时也表明,发达国家制造的气候技术转让障碍导致全球气候治理目标受挫。② 换言之,发达国家未能遵守 UNFCCC 体系下的技术转让承诺。

二、英国脱欧消解了欧盟的遵约合力

自 2013 年开始,英国脱欧事件愈演愈烈。2013 年 1 月,英国首相卡梅伦首次提及脱欧公投;2015 年 1 月,英国表示计划于 2017 年举行的公投将提前;2016 年 6 月,英国公投以 51.9% 的同意票赞成脱欧;2017 年 3 月,英国女王批准脱欧法案,正式启动脱欧程序;2018 年 7 月,英国发布脱欧白皮书;2018 年 11 月,除英国以外的欧盟 27 国领导人通过脱欧协议草案;2019 年 3 月,英国议会就脱欧协议进行再次投票,但未获通过;2019 年 4 月,英国前独立党宣布成立"脱欧党";2021 年 1 月 9 日和 22 日,英国下议院和上议院分别通过"脱欧法案";2020 年 1 月 24 日,欧洲理事会、欧盟委员会主席签署脱欧协议;2020 年 1 月 30 日,欧盟正式批准英国脱欧。

英国脱欧虽属于区域政治事件,但在全球治理领域带来的"震荡效应"非常明显,彰显了国际格局变动和治理规则碎片化之趋势。③ 与此同时,《巴黎协定》下的欧盟减排必将受之影响。2015 年 3 月,欧盟提交 INDC 文件,承诺 28 个成员国(包括英国)将于 2030 年实现温室气体排放比 1990 年的水平减少 40% 以上。根据该文件,至 2020 年,欧盟温室气体排放比 1990 年减少 20%——与 IPCC 要求的至 2050 年发达国家整体减排 80% ~ 95% 的目标一致。它指出,与 1990 年相比,欧盟已经减排 19%,但国内生产总值

---

① See CMA, *Decision 15/CMA. 3*: *Enhancing Climate Technology Development and Transfer to Support Implementation of the Paris Agreement*, UNFCCC(Mar. 8, 2022), https://unfccc. int/sites/default/files/resource/CMA2021_10_Add3_E. pdf.

② 参见马忠法:《环境保护、可持续发展与国际技术转让》,载《广西财经学院学报》2021 年第 3 期。

③ 参见任琳:《英国脱欧对全球治理及国际政治经济格局的影响》,载《国际经济评论》2016 年第 6 期。

却增加了 44%。① 在该时期,欧盟的态度非常积极,并敦促其他缔约方在 2015 年 3 月之前以清晰和透明的方式通报 INDC,同时承诺将在此基础上进一步提高减排力度。

英国脱欧之后,欧盟和英国分别提交更新后的 NDC。其中,2020 年 12 月,欧盟承诺 27 个成员国(不包括英国)将采取联合行动,至 2030 年实现 55% 以上净减排的约束性目标,以取代 2015 年的 INDC。该报告指出,至 2019 年年底,欧盟及其成员国已在 1990 年的水平上减排 26%,人均排放从 1990 年的 12 吨 CO_2 当量下降到 8.3 吨。欧盟认为,更新后的 NDC 更符合《1.5℃报告》的要求,且与 2050 年"气候中性"的欧盟目标一致。② 同时,它指出,至 2030 年,其将在"(EU)2018/410 号排放交易指令"所涵盖的行业中较 2005 年减排 43%。③ 而根据"(EU)2018/842 号指令",欧盟将减排指标分配至各成员国身上。比如,瑞典和卢森堡减排 40%、芬兰和丹麦减排 39%、德国减排 38%、法国减排 37%、荷兰和奥地利减排 36%、比利时减排 35%、意大利减排 33%,而保加利亚零减排等。④ 它强调,根据"(EU)2018/ 841 号指令",在土地利用温室气体排放和清除上,成员国将确保排放量不超过清除量,并以此核算。⑤ 是以,2021 年 6 月,欧盟通过第一部《欧洲气候法》,将 2050 年"气候中和"写入其中,并提高 2030 年减排目标,即净排放量至少减少 55%。

2020 年 12 月,英国以非欧盟成员国身份向 UNFCCC 秘书处提交第一次 NDC。它承诺,至 2030 年,全经济范围的温室气体排放将比 1990 年减少 68% 以上,并表示,未来十年英国将加快实现 2050 年净零排放的约束性承诺。按此路径,至 2030 年,英国将实现减排 53%——比之前欧盟提到的减排 40% 有了明显增加。它进一步指出,根据《1.5℃报告》,全球人为温室气体排放需在 2010 年的水平上减少约 45%,而英国的 NDC 将减少 58% 左

---

① See Latvian Presidency of the Council of the European Union, *Submission by Latvia and the European Commission on Behalf of the European Union and its Member States*, UNFCCC (Mar. 6, 2015), https://www4. unfccc. int/sites/ndcstaging/PublishedDocuments/Germany% 20First/ LV-03-06-EU%20INDC. pdf.

② See Germany Presidency of the Council of the European Union, *Submission by Germany and the European Commission on Behalf of the European Union and Its Member States*, UNFCCC (Dec. 17, 2020), https://www4. unfccc. int/sites/ndcstaging/PublishedDocuments/European% 20Union% 20First/EU_NDC_Submission_December% 202020. pdf.

③ See Directive (EU) 2018/410 the EU Emissions Trading System (2018).

④ See Regulation (EU) 2018/842 (2018).

⑤ See Regulation (EU) 2018/841 (2018).

右,使其人均排放从 1990 年的 14 吨 CO_2 当量下降到 4 吨。[1] 为了实现减排承诺,它列举了英格兰、苏格兰、威尔士和北爱尔兰的现行法令,及其对各自减排的促进作用。比如,《2019 气候变化减排目标的苏格兰法案》表示,至 2020 年、2030 年和 2040 年,苏格兰将在 1990 年的水平上减排 56%、75% 和 90%,并在 2045 年实现净零排放。[2]《2016 威尔士环境法案》也指出,至 2020 年、2030 年和 2040 年,威尔士将在 1990 年的水平上减排 27%、45% 和 67%,并至 2050 年减排 80% 以上。[3]

从上可知,欧盟和英国在实现《巴黎协定》目标上确立了减排雄心,且与 2015 年 INDC 相比,呈现出明显增强之势。然而,数据显示,欧盟要实现 2030 年目标,还需每年额外投资 2600 亿欧元。再加上,新能源给煤炭等传统行业带来冲击,将导致大量失业——据估计,仅德国汽车工业转向电动汽车,就有可能于十年内失去 40 多万个工作岗位。尽管欧盟曾推出价值 1.8 万亿欧元的"一揽子"复苏计划,但这批资金中的 30% 将用于支持受绿色转型影响较严重的国家,且其余资金的来源和分配亦面临着诸多问题。[4]

此外,英国脱欧将导致欧盟排放交易体系(european union emission trading scheme)受挫。据统计,在参与欧盟排放交易体系的 11,000 个装置中,约有 1000 个能源密集型工业和发电站位于英国,意味着欧盟通过排放交易机制来进行减排的目标将受到影响。而且,英国退出将使欧盟排放交易市场更为紧张——数据显示,取消英国的配额出口或将导致配额成本增加 8 欧元/吨 CO_2。[5] 是以,2021 年 7 月,欧盟发布《关于建立碳边境调节机制的立法提案》(Proposal for a Regulation of the European Parliament and of the Council Establishing a Carbon Border Adjustment Mechanism,以下简称《立法提案》),提出要建立碳边境调节机制(carbon border adjustment mechanism,CBAM),希望自 2026 年起对不符合 CO_2 排放规定的进口产品

---

[1] See United Kingdom, *United Kingdom of Great Britain and Northern Ireland's Nationally Determined Contribution*, UNFCCC(Dec. 17,2020),https://www4. unfccc. int/sites/ndcstaging/ PublishedDocuments/United% 20Kingdom% 20of% 20Great% 20Britain% 20and% 20Northern% 20Ireland% 20First/UK% 20Nationally% 20Determined% 20Contribution. pdf.

[2] See Climate Change(Emissions Reduction Targets)(Scotland)Act 2019(2019).

[3] See Environment(Wales)Act 2016(2016).

[4] 参见周武英:《欧盟实现"碳中和"的路与坎》,载《经济参考报》2021 年 1 月 27 日,第 2 版。

[5] See Energy Climate Intelligence Unit, *Brexit:Moving from the EU Emissions Trading Scheme(ETS) to the UK-only ETS*, ECIU(Aug. 18,2022),https://eciu. net/analysis/briefings/brexit/ brexit-moving-from-the-eu-emissions-trading-scheme-ets-to-the-uk-only-ets.

征收关税。2022 年 6 月，欧洲议会表决通过 CBAM 修正案。① 2022 年 12 月，欧洲议会和欧盟理事会就 CBAM 达成临时协议，设置了 2023 年 10 月 1 日至 2025 年 12 月 31 日的过渡期，决定自 2026 年 1 月 1 日起征税。CBAM 虽希望推动减排并防止碳泄漏，但同时潜藏高标准的贸易保护倾向。

可以说，在前期，欧盟一直扮演着全球气候治理的"领头羊"角色，而英国为其中坚力量。英国脱欧迫使双方在减排承诺上予以修改，并倒逼欧盟内部达到新的平衡。② 这对全球气候治理来说，无疑不利。从英国的行动来看，它不仅长期坚持自由能源市场和气候变化减排政策，而且在《气候变化法案》中明确规划了具体方案。③ 就该层面而言，尽管欧盟的 NDC 承诺依然积极，但英国脱欧或将在"静态"上降低其遵约力度，并在"动态"上影响其成员国的气候政策和立法，迫使《巴黎协定》下 NDC 承诺的履行缺乏强有力的集体行动和示范引领。事实上，从 2015 年巴黎气候变化大会的"雄心壮志联盟"（High Ambition Coalition）来看，英国的强大外交背景也已展露无遗。且不论是在推动《生物多样性公约》和《蒙特利尔议定书》的签署上，还是在引导 2015 年巴黎气候谈判上，其加入均凸显了欧盟的集团优势，并加速了欧盟环境标准与政策的一体化进程。故英国退出之后，欧盟不仅将失去部分气候外交资源，其履约一体化的能力亦被大大削弱。④

三、美国退出和重返《巴黎协定》映射出遵约效力的局限

根据第 20、28 条规定，《巴黎协定》应开放供 UNFCCC 缔约方签署、批准、接受或核准。但是，在主权延伸下，缔约方享有单方退出权，即自《巴黎协定》对该缔约方生效之日起三年后，它可随时向秘书处发出书面通知要求退出。⑤

① 与《立法提案》相比，CBAM 修正案将关税起征时间推迟至 2027 年，但在关税覆盖范围上，除了水泥、电力、化肥、钢铁和铝等五大行业，新增了有机化学品、塑料、氢和氨。参见冯帅：《"碳中和"立法：欧盟经验与中国借鉴——以"原则—规则"为主线》，载《环球法律评论》2022 年第 4 期。

② 在英国脱欧之前，尽管欧盟部分成员国（如波兰等）过度依赖化石能源，但由于英国的引领，欧盟在全球气候治理上仍发挥着集体性作用。英国脱欧后，这一平衡必将被打破。

③ 比如，与 1990 年相比，2020 年温室气体排放减少 34%，至 2050 年减少 80%。参见巢清尘：《英国应对气候变化施政经验——以政治共识推进政策落实》，载《中国气象报》2016 年 2 月 24 日，第 3 版。

④ 参见董亮：《欧盟在巴黎气候进程中的领导力：局限性与不确定性》，载《欧洲研究》2017 年第 3 期。

⑤ 《巴黎协定》第 20 条："本协定应开放供属于 UNFCCC 缔约方的各国和区域经济一体化组织签署并经其批准、接受或核准……"《巴黎协定》第 28 条："1. 自本协定对一缔约方生效之日起三年后，其可随时向保存人发出书面通知退出本协定。2. 任何此种退出应自保存人收到退出通知之日起一年期满时生效，或在退出通知中所述明的更后日期生效。3. 退出 UNFCCC 的任何缔约方，应被视为亦退出本协定。"

换言之,在《巴黎协定》下,缔约方选择是否遵约具有较大的任意性。这在美国退出和重返《巴黎协定》中可见一斑。

2017 年 6 月 1 日,美国特朗普政府宣布退出《巴黎协定》,拒绝向联合国"全球气候变化倡议"项目拨款,取消了 125 亿美元的气候变化研究基金,终止 INDC 承诺并停止向绿色气候基金注资。2017 年 8 月 4 日,特朗普政府向联合国正式递交《巴黎协定》的退出文书,声明拒绝承担国际气候责任的立场。不仅如此,它还对国内气候政策进行"大刀阔斧"的改革,以"灰色型"气候立法取代"绿色型"气候立法。① 事实上,这并非美国的唯一"退群"——2001 年,美国宣布退出《京都议定书》;2017 年宣布退出《跨太平洋伙伴关系协定》(Trans-Pacific Partnership Agreement)、《巴黎协定》、联合国教科文组织(United Nations Educational, Scientific and Cultural Organization)和《全球移民协议》(Global Compact on Migration);2018 年宣布退出《伊核协议》(The Iranian Nuclear Deal)和联合国人权理事会;2019 年退出《中导条约》(Intermediate-Range Nuclear Forces Treaty);2020 年退出《开放天空条约》(Treaty on Open Skies)和世界卫生组织(World Health Organization)等。

然而,在"退群"之后又重新"入群",在国际法上却不常见。根据《巴黎协定》第 28 条规定,美国宣布退出后,须在协定生效之日起三年后(2019 年 11 月 4 日)发出书面通知,再经一年(2020 年 11 月 4 日)方可产生效力。但是,2021 年 2 月 19 日,新一任总统拜登宣布重返《巴黎协定》。应当说,美国重新加入《巴黎协定》对于全球减排来说,无疑具有重要意义。根据 2021 年 4 月提交的 NDC 显示,美国承诺,2030 年将在 2005 年的基础上减排 50% ~ 52%,并在 2050 年之前实现全经济范围的净零排放,以助力于《巴黎协定》的 1.5℃目标。② 这比奥巴马政府的承诺还要高出很多——2016 年 9 月,奥巴马政府承诺,至 2025 年,美国温室气体排放将比 2005 年减少 26% ~ 28%,并尽最大努力减排 28%。③ 然而,拜登政府此举也招致不少反对之声。比如,美国西部能源联盟(Western Energy Alliance)在怀俄明州起诉拜

① 参见冯帅:《特朗普时期美国气候政策转变与中美气候外交出路》,载《东北亚论坛》2018 年第 5 期。

② See The United States, *The United States' Nationally Determined Contribution Reducing Greenhouse Gases in the United States: A 2030 Emissions Target*, UNFCCC (Apr. 22, 2021), https://www4. unfccc. int/sites/ndcstaging/PublishedDocuments/United% 20States% 20of% 20America% 20First/United% 20States% 20NDC% 20April% 2021% 202021% 20Final. pdf.

③ See The United States, *U. S. A. First INDC Submission*, UNFCCC (Sep. 3, 2016), https://www4. unfccc. int/sites/ndcstaging/PublishedDocuments/United% 20States% 20of% 20America% 20First/U. S. A. % 20First% 20NDC% 20Submission. pdf.

登政府的行政命令超越总统职权,违反了联邦法律。① 目前,共和党仍在试图要求美国再次退出《巴黎协定》,国会在对外行动拨款上亦附加部分条件,要求总统证明相关活动是用于支持美国利益。② 2021 年 3 月 8 日,美国 12 个州③的总检察长也起诉拜登政府,指责第 13990 号总统行政令违宪,破坏了"自由的基础保障"。④

可见,尽管拜登政府的气候政策较特朗普时期有了很大进步,但它一方面没有提及气候立法、排放贸易和低碳经济等议题;⑤另一方面受国内政治和经济影响颇深,故这一政策能够走多远,尚难以判断。换言之,美国重返《巴黎协定》是否意味着将助力于其遵守已作出的减排承诺,还有待观察。事实上,2021 年 1 月拜登政府发布《关于应对国内外气候危机的行政命令》(Executive Order on Tackling the Climate Crisis at Home and Abroad)并将气候变化定义为"气候危机"之后,"跨大西洋气候行动"成为美国气候战略的重要组成部分——在背景和过程上,均彰显出美国的利益趋向和政治走向,体现了其谋求全球领导力的核心意愿。⑥ 与此同时,它还通过组建小集团,建设"印太战略"气候联盟——与"跨大西洋气候行动"共同发力,推动以美国为首的"气候俱乐部"之成立,从而介入新的地缘政治博弈。在 2021 年 11 月格拉斯哥气候变化大会上,美国还宣布启动"先行者联盟"(First Mover Coalition),以垄断绿色技术创新优势。⑦ 尽管如此,国际社会仍然乐见美国重返《巴黎协定》,因为这意味着至少在控制全球温升上,中、美、欧三大经济体已达成初步共识。

然而,从退出和重返的过程来看,《巴黎协定》遵约机制均扮演着"旁观者"角色——既无法对特朗普政府的退出行为作出及时反应,也未对拜登政府的重返行为予以激励。事实上,正是由于美国对待《巴黎协定》的态度摇摆不定,使《巴黎协定》遵约机制的"任意性"凸显,在促进减排上缺乏权威性。进言之,在美国影响下,资金和技术机制能否落实还未可知,但它对"伞

---

① See E & E News Staff, *How Biden's Orders Hit EVs, Oil and Clean Energy*, E & E News (Jan. 28, 2021), https://www.eenews.net/stories/1063723769.

② 参见赵行姝:《拜登政府的气候新政及其影响》,载《当代世界》2021 年第 5 期。

③ 这 12 个州分别为:密苏里州、阿肯色州、亚利桑那州、印第安纳州、堪萨斯州、蒙大拿州、内布拉斯加州、俄亥俄州、俄克拉何马州、南卡罗来纳州、田纳西州和犹他州。

④ See the Constitution of the United States, Bill of Rights & All Amendments, U. S. A.

⑤ 参见陈迎、王谋、吉治璇:《拜登政府气候行政指令解析及应对策略探讨》,载《气候变化研究进展》2021 年第 3 期。

⑥ 参见赵斌、谢淑敏:《"跨大西洋气候行动":拜登执政以来美欧气候政治发展析论》,载《福建师范大学学报(哲学社会科学版)》2022 年第 4 期。

⑦ 参见唐新华:《美国气候战略及中美气候合作》,载《现代国际关系》2022 年第 1 期。

形集团"①的扩散效应却难以消减——在历史上,2001 年美国退出《京都议定书》后,部分"伞形集团"成员国便先后退出《京都议定书》第二承诺期。尽管这些国家根据国内政策和立法参与了减排,但依然导致《京都议定书》的目标大打折扣。在美国宣布退出《巴黎协定》之时,就有专家预测,其将导致 21 世纪末全球平均气温较预计情形增加 0.3℃。② 尽管美国已重返"气候圈",但它能否坚定这一立场,能否弥合这一升温幅度,尚不明朗。这在美国"西弗吉尼亚州诉环保署案"(West Virginia v. EPA)中可见一斑。2015 年 10 月,奥巴马政府时期的环境保护署(Environmental Protection Agency)根据《清洁空气法案》(Clean Air Act)制定了《清洁电力计划》(Clean Power Plan),旨在使电力行业的碳排放在 2030 年比 2005 年降低至少 30%。结果,27 个共和党州起诉,认为环境保护署超越国会授予权力。法院判定暂停执行《清洁电力计划》。案件未及宣判,特朗普政府上台。2018 年,特朗普政府取消该计划,原案被法院取消。环境保护署制定了监管范围较窄的《可负担清洁能源计划》(Affordable Clean Energy Plan),允许各州自行制定排放目标。结果,民主党州及可再生能源行业起诉环境保护署,认为特朗普政府不应废除《清洁电力计划》,也不应制定《可负担清洁能源计划》。2021 年 1 月,特朗普执政最后一天,地方法院支持原告,废除《可负担清洁能源计划》并取消废除《清洁电力计划》之禁令,同时将该案返回环境保护署。拜登政府上台后,环境保护署认为《清洁电力计划》已过时,要重新制定电力监管规则。共和党担心环境保护署会采用奥巴马时期的监管方式,超越《清洁空气法案》的授权,就将官司打到最高法院。2022 年 6 月 30 日,最高法院判决:限制环境保护署广泛监管电站温室气体排放之权力。③ 这意味着,拜登政府的气候进程受到严重阻滞——关系着美国能否遵约。尽管拜登政府于 2022 年 8 月签署了《通胀削减法案》(Inflation Reduction Act of 2022),希望未来十年投资近 3700 亿美元用于扩大可再生能源并大幅减少温室气体排放,但数据显示,该法案仅能使 2030 年美国碳排放量比 2005 年减少 41%,离"至少 50%"的承诺还有较大差距。从目的上来看,该法案更多的是回应国际社会对美国减排力度的质疑。然而,《通胀削减法案》具有十年的跨度,一方面政府更迭或将延缓气

---

① 伞形集团(Umbrella Group)是指在当前全球气候变暖议题上的一大国家利益集团,成员方包括美国、日本、加拿大、澳大利亚、新西兰、挪威、俄罗斯和乌克兰等。从地图上来看,其分布很像一把"伞",故以地球环境"保护伞"自居。

② See Alon Tal, *Will We Always Have Paris? Israel's Tepid Climate Change Strategy*, 10 Israel Journal of Foreign Affairs 405 (2016).

③ See Richard G. Smead, *West Virginia v. Environmental Protection Agency: The Case and What it Means*, 39 Climate and Energy 29 (2022).

候投资,另一方面通过支持"智慧气候型"农业而进行的土地清理和化肥使用或仍增加碳排放,且经其而形成的联邦规则若与"西弗吉尼亚州诉环保署案"之重大问题原则有所出入,则这一法案可发挥作用将更小。

四、缔约方的"碳中和"目标彰显出遵约前景的黯淡

由于《1.5℃报告》缘起于《巴黎协定》第 2 条,因此,它基于升温 1.5℃ 和2℃目标而设计的净零排放路径,成为缔约方的一项国际法义务。换言之,能否实现"碳中和"目标,成为判断缔约方是否遵约的重要指标。[1] 上文已述,截至2022 年 8 月,全球共17 个地区或国家制定了相关立法[2]、33 个国家发布了相关政策、18 个国家作出了"碳中和"承诺、60 个国家尚在讨论中,其他国家则根本未涉及"碳中和",具体情况如表 5-1 所示。

表 5-1 缔约方提出的"碳中和"承诺及目标

缔约方	承诺性质	"碳中和"目标时间/年
苏里南、不丹	—	已实现
德国、瑞典	完成立法	2045
欧盟、日本、法国、英国、韩国、加拿大、西班牙、爱尔兰、葡萄牙、丹麦、匈牙利、新西兰、卢森堡、斐济		2050
俄罗斯		2060
马尔代夫	政策文件	2030
芬兰		2035
冰岛、安提瓜和巴布达		2040
美国、意大利、澳大利亚、比利时、罗马尼亚、奥地利、智利、希腊、厄瓜多尔、巴拿马、克罗地亚、立陶宛、哥斯达黎加、斯洛文尼亚、乌拉圭、拉脱维亚、老挝、亚美尼亚、马耳他、利比里亚、伯利兹、圣基茨和尼维斯、马绍尔群岛、摩纳哥、新加坡		2050
土耳其		2053
中国、乌克兰、斯里兰卡		2060

---

[1] 参见冯帅:《遵约背景下中国"双碳"承诺的实现》,载《中国软科学》2022 年第 9 期。

[2] 比如,2019 年法国《能源和气候法》、2019 年德国《联邦气候保护法》、2021 年加拿大《净零排放问责法》、2021 年欧盟《欧洲气候法》、2021 年日本《全球变暖对策推进法》和2022 年韩国《碳中和与绿色发展基本法》等。参见冯帅:《"碳中和"立法:欧盟经验与中国借鉴——以"原则—规则"为主线》,载《环球法律评论》2022 年第 4 期。

续表

缔约方	承诺性质	"碳中和"目标时间/年
巴西、泰国、阿根廷、马来西亚、越南、哥伦比亚、南非、阿联酋、以色列、爱沙尼亚、马拉维、佛得角、安道尔	声明/承诺	2050
沙特阿拉伯、尼日利亚、哈萨克斯坦、巴林		2060
印度		2070
孟加拉国、毛里塔尼亚、几内亚比绍		2030
尼泊尔		2045
墨西哥、巴基斯坦、瑞士、秘鲁、埃塞俄比亚、缅甸、多米尼加、苏丹、斯洛伐克、保加利亚、坦桑尼亚、黎巴嫩、阿富汗、赞比亚、塞内加尔、布基纳法索、马里、莫桑比克、巴布亚新几内亚、几内亚、尼加拉瓜、塞浦路斯、特立尼达和多巴哥、海地、尼日尔、卢旺达、牙买加、乍得、毛里求斯、纳米比亚、多哥、索马里、塞拉利昂、巴哈马、布隆迪、冈比亚、莱索托、中非、东帝汶、塞舌尔、所罗门群岛、格林纳达、圣文森特和格林纳丁斯、萨摩亚、圣多美和普林西比、瓦努阿图、汤加、密克罗尼西亚、帕劳、基里巴斯、瑙鲁、图瓦卡、厄立特里亚、也门、纽埃	提议/讨论	2050
印度尼西亚		2060

资料来源:该表是笔者根据英国能源与气候情报中心(Energy and Climate Intelligence Unit, ECIU)的相关数据统计而成。See Energy and Climate Intelligence Unit, *Net Zero Tracker*: *Net Zero Emissions Race*, ECIU (Aug. 18,2022), https://eciu. net/netzerotracker.

为了检验缔约方能否实现《巴黎协定》目标,气候行动追踪小组(climate action tracker)开发了一项评级方案,对政策和行动、国内目标/国际支持目标、公平份额目标、气候融资等加以评估,以考察缔约方是否制定相关政策和采取行动、相关承诺是否雄心勃勃、是否认可大多数发展中国家需得到支持才能达到这一水平、缔约方是否承诺利用本国资源采取相关行动为全球作出贡献、是否为其他国家提供足够支持等。对此,它划分了"兼容"(1.5℃ paris agreement compatible)、"几乎充分"(almost sufficient)、"不充分"(insufficient)、"高度不充分"(highly insufficient)和"严重不充分"(critically insufficient)五个级别。"兼容"表明缔约方的政策和承诺与全球"碳中和"目标一致;"几乎充分"表明缔约方的政策和承诺尚不符合全球"碳中和"目标,但可能会有所改进;"不充分"表明缔约方的政策和承诺需大幅改进才能与全球"碳中和"目标一致;"高度不充分"表明缔约方的政策和承诺不符合全球"碳中和"目标,且相关承诺将导致排放量增加而非减少;"严重不充分"表明缔约方很少甚至没有采取相关行动,且与全球"碳中和"目标相悖。

截至 2022 年 8 月，气候行动追踪小组对 38 个地区或国家进行评估，基本情况如表 5 - 2 所示。

表 5 - 2 主要缔约方的遵约评级情况

序号	缔约方	政策和行动	国内目标/国际支持目标	公平份额目标	气候融资	净零目标	总体评价
1	英国	几乎充分	兼容	不充分	高度不充分	可接受	几乎充分
2	挪威	几乎充分	兼容	不充分	不充分	无目标	几乎充分
3	尼日利亚	兼容	几乎充分	兼容	不适用	资料不全	几乎充分
4	哥斯达黎加	兼容	几乎充分	兼容	不适用	可接受	几乎充分
5	埃塞俄比亚	兼容	高度不充分	兼容	不适用	评估中	几乎充分
6	摩洛哥	兼容	几乎充分	兼容	不适用	无目标	几乎充分
7	尼泊尔	兼容	严重不充分	兼容	不适用	评估中	几乎充分
8	肯尼亚	兼容	严重不充分	兼容	不适用	无目标	几乎充分
9	冈比亚	兼容	几乎充分	兼容	不适用	差	几乎充分
10	欧盟	几乎充分	几乎充分	不充分	不充分	可接受	不充分
11	德国	几乎充分	几乎充分	不充分	不充分	平均水平	不充分
12	美国	不充分	几乎充分	不充分	严重不充分	平均水平	不充分
13	瑞士	不充分	几乎充分	不充分	高度不充分	平均水平	不充分
14	日本	不充分	几乎充分	不充分	严重不充分	差	不充分
15	澳大利亚	不充分	几乎充分	不充分	严重不充分	差	不充分
16	智利	不充分	几乎充分	不充分	未评估	可接受	不充分
17	南非	几乎充分	几乎充分	不充分	未评估	资料不全	不充分
18	秘鲁	几乎充分	几乎充分	不充分	不适用	评估中	不充分
19	中国	不充分	不充分	高度不充分	未评估	差	高度不充分
20	加拿大	高度不充分	几乎充分	不充分	高度不充分	平均水平	高度不充分
21	哥伦比亚	不充分	高度不充分	不充分	不适用	资料不全	高度不充分
22	新西兰	高度不充分	不充分	严重不充分	高度不充分	差	高度不充分
23	韩国	高度不充分	不充分	高度不充分	不适用	平均水平	高度不充分
24	巴西	不充分	高度不充分	严重不充分	不适用	资料不全	高度不充分
25	墨西哥	高度不充分	不充分	严重不充分	未评估	未评估	高度不充分

序号	缔约方	政策和行动	国内目标/国际支持目标	公平份额目标	气候融资	净零目标	总体评价
26	印度	几乎充分	严重不充分	高度不充分	不适用	资料不全	高度不充分
27	阿根廷	高度不充分	不充分	高度不充分	未评估	资料不全	高度不充分
28	埃及	不充分	高度不充分	严重不充分	未评估	无目标	高度不充分
29	印度尼西亚	不充分	严重不充分	严重不充分	不适用	资料不全	高度不充分
30	哈萨克斯坦	高度不充分	几乎充分	不充分	未评估	评估中	高度不充分
31	沙特阿拉伯	不充分	高度不充分	严重不充分	未评估	资料不全	高度不充分
32	阿联酋	不充分	不充分	严重不充分	未评估	资料不全	高度不充分
33	俄罗斯	高度不充分	高度不充分	严重不充分	严重不充分	差	严重不充分
34	新加坡	高度不充分	严重不充分	严重不充分	未评估	评估中	严重不充分
35	泰国	严重不充分	严重不充分	严重不充分	不适用	未评估	严重不充分
36	伊朗	严重不充分	严重不充分	严重不充分	未评估	无目标	严重不充分
37	土耳其	严重不充分	严重不充分	严重不充分	资料不全	资料不全	严重不充分
38	越南	严重不充分	严重不充分	严重不充分	不适用	评估中	严重不充分

资料来源:该表是笔者根据气候行动追踪小组的相关信息统计而成。See Climate Action Tracker, *Rating System*, Climate Action Tracker (Aug. 18, 2022), https://climateactiontracker. org/countries/rating-system/.

从表5-2可以发现:在政策和行动上,仅尼日利亚、哥斯达黎加、埃塞俄比亚、摩洛哥、尼泊尔、肯尼亚和冈比亚7个国家为"兼容",欧盟、德国、英国、挪威、南非、秘鲁和印度7个地区或国家为"几乎充分";在国内目标/国际支持目标上,仅英国和挪威为"兼容",欧盟、美国、德国、加拿大、瑞士、日本、澳大利亚、智利、南非、秘鲁、尼日利亚、哥斯达黎加、摩洛哥、冈比亚和哈萨克斯坦15个地区或国家为"几乎充分";在公平份额目标上,仅尼日利亚、哥斯达黎加、埃塞俄比亚、摩洛哥、尼泊尔、肯尼亚和冈比亚7个国家为"兼容";在气候融资上,发达国家要么为"不充分",要么为"高度不充分"或"严重不充分";在净零排放目标上,仅欧盟、英国、哥斯达黎加和智利4个地区或国家为"可接受",美国、德国、瑞士、加拿大和韩国5个国家为"平均水平";在总体评价上,仅英国、挪威、尼日利亚、哥斯达黎加、埃塞俄比亚、摩洛哥、尼泊尔、肯尼亚和冈比亚9个国家为"几乎充分",其他国家或地区要么为"不充分",要么为"高度不充分"甚至为"严重不充分"。

是以,一方面,大多数缔约方未在立法中确立"碳中和"目标,另一方面,几乎所有国家或地区的行动都与全球"碳中和"目标存在较大差距——反映出缔约方在《巴黎协定》的实施和适用上未能充分遵守，难以兑现经《巴黎协定》所转化的"碳中和"承诺。

第二节 《巴黎协定》遵约机制不足的制度检视

遵约机制的设立初衷和价值基础是确保《巴黎协定》得以切实遵守，以实现第 2 条的目标。但是，由于 NDC 机制具有极强的自主性，使减排目标的确立缺乏顶层设计。再加上气候变化牵涉复杂的政治和经济议题，故缔约方的减排行动也难有所约束和监督。英国脱欧虽然促使双方提交更富雄心的 NDC 承诺，但它亦导致气候治理的多边主义受挫，重创了欧盟的遵约合力。美国退出和重返《巴黎协定》受国内因素影响较大，这一立场摇摆对于全球减排决心而言，无疑更具有"稀释"作用。缔约方作出的"碳中和"承诺虽与时俱进，但在兑现之路上仍不甚理想。这些现象折射出《巴黎协定》遵约机制在制度设计和表述上的缺陷与不足。就目前来看，其至少存在三大主要问题。

一、规则内容的"空心化"困境

前文已述，《巴黎协定》遵约机制由《巴黎协定》第 15 条和《巴黎遵约程序》所构成。从形式上来看，前者包含 3 个条款，意在授权缔约方会议制定相关实施细则——本身并未涵盖实体内容，仅对机制定位进行明确；而后者由 37 个条款组成，所涉事项仅有 5 条——机制设立宗旨和性质、体制安排、程序启动和进程、措施和产出、审议系统性问题。从内容上来看，受《巴黎协定》的"自下而上"性影响，该机制被赋予较大的自由裁量空间，尚未形成深入的、细化的标准体系。具言之，其规则缺位主要体现在两个方面：

其一，行为规则有所欠缺。《巴黎协定》遵约机制的程序启动包括缔约方的"自我"启动和秘书处的"组织"启动，而不涉及一缔约方对另一缔约方的"他方"启动。换言之，若一缔约方出现不遵约，除了自身之外，仅有秘书处可提交信息以启动该程序，其他缔约方则无相关权限。但是，在"蒙特利尔模式"和"京都模式"中，这几种方式同时存在——本意是通过缔约方的交流和互动，实现共同遵约，为此，它们将国际合作视为重要一环。而在缺乏"他方"启动的情况下，不遵约方的违约成本将大大降低，其他缔约方的信赖利益也将遭受损失，导致《巴黎协定》难以获取更多信任。事实上，行为规则还旨在减少缔约方的行为不确定性，而在启动程序尚不完备之情况下，尽管透明度机制试图起到一定补充，但仍难以兼顾合法性与合理性的价值追求。当然,《巴黎协定》遵约机制作此严格化选择,更多的是出于对主权的尊重,以避免对国家行为的过多干预,但它却无法照顾到国际社会整体利益。

其二,不遵约的反应规则有所限制。不遵约的反应规则重在对不遵约方采取正式、非正式的诱导和限制措施。其通常存在三条路径:一是预防不遵约;二是创造条件使遵约更为便利;三是处理不遵约。其中,第一条偏向于程序启动前的引导,而后两条以程序启动后且不遵约的情形已确定为主。前两条体现的是"促进性",而后者以"执行性"为基础。在《巴黎协定》遵约机制中,当不遵约的情形出现后,委员会可采取一系列措施,但从《巴黎遵约程序》第 30 条来看,这些措施均属于前两条路径——既未允许不遵约方对委员会的最终决定提出异议,也没有提及不遵约方未按上述决定执行的后果。换言之,它一方面高估了委员会的中立性及其决定的正当性,另一方面也对缔约方的行为给予过多信任。

在这两项规则中,行为规则是核心,不遵约的反应规则为保障。在二者缺位的情况下,遵约机制犹如一具空壳,既难以实现促进性目标,也无法对缔约方的行为产生任何拘束力。换言之,《巴黎协定》遵约机制陷入规则内容的"空心化"困境——不可能迫使任一缔约方采取、强化履约行动。造成这一现象的原因主要有二:

首先,在全球气候治理中,"三足鼎立"[1]所产生的价值分野,导致不同利益集团缺乏合作治理的基本前提和要素。尽管《巴黎协定》已转变发达国家与发展中国家的"南北对峙"局面,并将最不发达国家和小岛屿发展中国家独立出来,形成了更多利益团体,但《京都议定书》所确立的"伞形集团"、欧盟和发展中国家的基本格局仍将持续。在这一格局下,三方关系仍以开放性为主,但作为理性行为体,三者总是优先考虑满足自身需求。其中,"伞形集团"的工业化程度较高,排放量大,故希望采取"平等式"的减排路径;欧盟仍以"环保先锋"自居,一方面同情发展中国家,另一方面希望为全球减排树立良好榜样;发展中国家则在减排和发展中寻找新的平衡,要求考虑本国具体情况。[2] 在缺乏合意与约束机制的情况下,这些分歧不仅导致《巴黎协定》的构建之路未能一帆风顺,而且使遵约机制在设计中备受争议。

其次,即使在同一集团内部,也面临分崩离析的风险。在"伞形集团"中,2017 年美国宣布退出使其成为唯一一个拒绝加入《巴黎协定》的国家,导致冰岛和挪威等小岛屿成员国纷纷转投欧盟阵营。在欧盟内部,英国脱

---

[1] 该三方分别为以美国为代表的"伞形集团"、欧盟和发展中国家。

[2] 参见冯帅:《应对气候变化能力建设行动的国际进展与中国策略——以前〈巴黎协定〉时期为中心》,载《中国科技论坛》2017 年第 5 期。

欧导致以煤炭为主要能源的成员国（如波兰）开始拥有强势话语，并与气候治理的"积极派"分庭抗礼。再加上受东扩、欧债危机和难民涌入等因素影响，欧盟在"京都时代"所表现出的领导力持续式微，使得整体话语权降低，短期内难以继续发挥模范带头作用。① 在发展中国家阵营，由于其一直被裹挟进全球气候治理，且与发达国家长期存在生存空间和发展权之争，因此相对较为固定。② 但是，"雄心壮志联盟"的异军突起，将中、印等国排除在外，导致原本"固若金汤"的发展中国家集团也面临分裂。

事实上，在 2018 年卡托维兹气候变化大会上，《巴黎遵约程序》等实施细则的谈判也见证了一个更分裂的气候世界——波兰煤炭产业和工人要求"公平正义"，法国的"黄马甲运动"迫使总统作出让步；在 IPCC 发布《1.5℃报告》时，美国、俄罗斯和沙特等油气生产大国更是极力唱反调；在会议中，"伞形集团"成员国——加拿大和新西兰的立场逐渐与欧盟趋同，澳大利亚则全程保持低调；在发展中国家阵营，立场相近的发展中国家与拉美独立国家联盟（Independent Association of Latin America and the Caribbea）立场针锋相对③，巴西也态度消极并导致碳市场机制的磋商停滞，印度则对全球盘点中的有关问题持保留态度④。

受此影响，发达国家的资金援助和技术支持缺乏应有诚意，发展中国家的能力建设也难以协调和统一。概言之，在《巴黎协定》遵约机制中，利益博弈使诸多规则难以走深、走实，导致其深陷"空心化"僵局。

二、履约主体的"多元非协同"困境

在"巴黎模式"下，履约的基本主体为国家，但政府间国际组织、次国家行为体和非国家行为体也起到重要补充甚至共同引领作用。⑤ 这些行为体共同组成"多元主体"，共担全球气候治理之责。应当说，这一结构是协同治

---

① 参见董亮：《欧盟在巴黎气候进程中的领导力：局限性与不确定性》，载《欧洲研究》2017 年第3 期。

② 李昕蕾：《全球气候治理领导权格局的变迁与中国的战略选择》，载《山东大学学报（哲学社会科学版）》2017 年第 1 期。

③ 立场相近的发展中国家（LMDC）由 33 个发展中国家组成，结构较松散——主张保持发达国家与发展中国家的二元划分，强烈要求发达国家履行减排承诺，较少涉及发展中国家减排。拉美独立国家联盟由智利、哥伦比亚、哥斯达黎加、危地马拉、洪都拉斯、巴拿马、巴拉圭和秘鲁等 8 国组成，旨在形成协调一致和雄心勃勃的立场，以促进环境可持续发展为共同愿景。

④ 参见朱松丽：《从巴黎到卡托维兹：全球气候治理中的统一和分裂》，载《气候变化研究进展》2019 年第 2 期。

⑤ 参见冯帅：《次国家行为体在全球气候治理 3.0 时代的功能定位研究》，载《西南民族大学学报（人文社会科学版）》2019 年第 5 期。

理的内在含义,基本满足全球治理的层次性和复杂性需求,避免过于聚焦国家利益而导致履约不能。

关于协同治理的阐释,可回溯至20世纪80年代的后工业化进程。其时,对全球化和信息化的诉求衍生了以社会建设和良法善治为核心的公共话语体系。但是,由于不同国家或地区的经济发展水平存在差异,因此,这一理想化的构思与现实条件之间形成错配,由此诱发的结构性问题倒逼治理范式变革。① 协同治理孕育于此,将自然科学中的"协同"引入治理理论,以期在开放系统中寻求有效的治理结构,在此过程中,大量子系统之间既有竞争也有合作,并服从于一个最高的整体。从内容上来看,其主要包括四项内容:一是治理主体更加多元化;二是各子系统之间具有协同性;三是整体与子系统之间具有协同性;四是整体和子系统共同制定有关规则。② 其中,第一项侧重于"多元主体"的构建,而后三项致力于集体行动的科学有序——反映了各要素之间的合作状态。③

《巴黎协定》遵约机制虽试图构建多元化主体,但却无法体现其内在协同,主要表现有三点:

一是委员会设置失之偏颇,难以调动更广泛的国家积极性。在《巴黎遵约程序》中,委员会的12名成员分别来自联合国五个区域集团、最不发达国家和小岛屿发展中国家。这一安排本想体现公平地域代表性原则,但一方面无法将美国和以色列囊括进去,另一方面也难以避免主体的重复性——比如,土耳其既归属于亚洲集团,也被视为西欧和其他集团成员。④ 该理念固然体现了不同集团的利益诉求,但很显然,发展中国家的利益需求未被充分照顾,美国和以色列也难以有效参与。事实上,在"京都模式"下,促进事务组和强制执行事务组曾表示,应在发达国家和发展中国家缔约方各选出2名成员。从机构组成来看,"京都模式"或更为合理。

二是非国家主体地位缺乏合法性来源,难以发挥向心作用。在《巴黎协定》遵约机制中,整体即为全球共同利益,而子系统即是各集体相对一致的减排活动和履约行为。根据主体种类不同,这些子系统既包括国家组成的系统,也包括非国家组成的系统。其中,非国家的地位虽在《巴黎协定》中得到一定提升,但国家依然是最基本和最重要的主体,相关条文设计也主要针

① 参见张振波:《论协同治理的生成逻辑与建构路径》,载《中国行政管理》2015年第1期。
② 参见卢静:《北极治理困境与协同治理路径探析》,载《国际问题研究》2016年第5期。
③ 参见[德]赫尔曼·哈肯:《协同学——大自然构成的奥秘》,凌复华译,上海译文出版社2005年版,第9页。
④ 说明:基里巴斯虽不属于联合国五个区域集团,但为小岛屿发展中国家。

对国家而言。尽管在正文之前,《巴黎协定》表示需发挥除国家以外的其他主体之作用,但这一表述仍缺乏更具体的制度支持。由于《巴黎协定》在规则构建上定位于国家的权利义务关系,因此,《巴黎遵约程序》所主张的亦为国家是否遵约,而不涉及非国家是否从事相关行为。这在条约法上可寻求理论支撑——由于非国家主体并非《巴黎协定》的缔约方,故遵约机制无法对其加以监督。换言之,非国家主体缺乏遵约判定的义务承担之前提和基础。但是,这恰使非国家主体的地位陷入尴尬。一方面,它们被倡导更多地参与全球气候治理,且表现出较强意愿;但另一方面,《巴黎协定》遵约机制却未将之视为履约主体。

这在美国重返《巴黎协定》之前非国家主体的行为中可得到印证。在2017年美国宣布退出后,加州、纽约州和华盛顿州等结成"气候联盟"(Climate Alliance),并号召其他州共同参与,致力于维护美国对《巴黎协定》的承诺;美国60多个城市的市长也发表共同声明,称仍将接受、尊重和恪守《巴黎协定》;美国100多个国际知名企业(包括苹果、谷歌和微软)也发表联合声明,表示并不欢迎特朗普政府的退出决定。① 在2017年波恩气候变化大会上,由于官方代表团未设置"美国角",因此,美国的非国家主体在会场外搭建"气候行动中心",以表明履约立场。然而,不论是在对外行动上,还是在确定遵约与否上,这些主体的影响力都难以与国家相比。此外,在全球范围内,尽管非国家主体已通过"区域温室气体减排行动"(Regional Greenhouse Gas Initiative)、"西部地区气候行动倡议"(Western Climate Initiative)、"世界大都市气候先导集团"(C40 Cities Climate Leadership Group, C40)等形式参与全球气候治理②,但其既面临自身发展的窘境和国际社会认同的挑战,也在充分嵌入国际制度时表现出明显不足③。

----

① 参见冯帅:《特朗普时期美国气候政策转变与中美气候外交出路》,载《东北亚论坛》2018年第5期。

② "区域温室气体减排行动"是美国第一个强制性减少温室气体排放和支持绿色经济的区域性行动团体,由美国纽约州发起成立;"西部地区气候行动倡议"的成员包括美国加利福尼亚、华盛顿等7个州和加拿大魁北克、不列颠哥伦比亚等4个省,目的是通过设立总量控制和排放权交易项目来减少温室气体排放;C40成员包括中国、美国、加拿大、英国、法国、德国、日本、韩国、澳大利亚等国的城市,致力于通过《克林顿气候倡议》(Clinton Climate Initiative)来推动城市减排行动及可持续发展。See Dallas Burtraw, Danny Kahn & Karen Palmer, *CO₂ Allowance Allocation in the Regional Greenhouse Gas Initiative and the Effect on Electricity Investors*, 19 The Electricity Journal 79 (2006); Cynthia Rosenzweig & William Solecki, *Action Pathways for Transforming Cities*, 8 Nature Climate Change 756 (2018); C40 Cities, *Current Networks by Initiative*, C40 (Aug. 18, 2022), https://www.c40.org/networks.

③ 参见华炜:《全球气候公共治理双重困境、发展动向与中国应对建议》,载《环境保护》2018年第13期。

三是各主体治理范围和权限尚存混乱,无法实现有效互动。在《巴黎协定》中,各主体的治理方式崇尚灵活性和自主性,而这两种特性在一定程度上易沦为"分散型治理"。换言之,灵活性和自主性蕴含着主体治理意图的差异性——一方面涉及气候利益的层次性,另一方面彰显了主体参与过程的离散性。进言之,即使不同主体同时发力,但由于其内在关系有待厘清,故在治理过程中更易出现"各行其是"的风险,从而降低治理效果。事实上,这关乎制度的内生性和有效性问题。尽管遵约与制度有效性的关系仍存争议,但制度有效性的评估标准却可通过遵约行为这一可衡量的结果变量来实现。① 按此逻辑,由于国家与非国家的治理范围和权限未予明确,因此,这些不同类型的子系统如何协调各自行为,以达到有效互动,进而实现共同遵约? 这值得进一步探讨。

进言之,在履约主体陷入"多元非协同"的困境下,《巴黎协定》遵约机制必然也难以对其行动进行合理界定和有效指引。

三、机制运行的"选择性失语"困境

《巴黎协定》遵约机制经历了曲折、艰难的形成过程:2016 年 5 月,《巴黎协定》特设工作组(Ad hoc Working Group,以下简称工作组)在波恩举行首次会议,正式启动遵约机制的谈判;2017 年 5 月,工作组的第一次第三期会议在波恩召开,就机制的框架要素进行讨论②;2018 年 9 月,工作组的第一次第五期会议在美国加州旧金山举行,主要对委员会职能及其与透明度和全球盘点机制的关系予以讨论;2018 年 12 月,工作组的第一次第六期会议最终达成《巴黎遵约程序》。从这一过程来看,缔约方会议对《巴黎协定》遵约机制寄予厚望。因此,其在构建之时便寄希望于促进遵约或处理不遵约或二者兼有。故启动和运行是其生命线。

但是,从美国先前退出《巴黎协定》来看,遵约机制的监督者角色难以发挥,导致其陷入"选择性失语"境地。"选择性失语"在新闻学中比较常见,意指媒体在突发危机事件中放弃追踪和问责功能,使舆论监督形同虚设。③ 从构成上来看,"选择性失语"通常为一种主观概念,表示在遇到某些特殊情况时,通过对利益增值的考虑而选择沉默。在《巴黎协定》遵约机制中,这一"选择性失语"更多地源于遵约机制本身的客观性结构缺陷,表现为"不

---

① 参见王明国:《遵约与国际制度的有效性:情投意合还是一厢情愿》,载《当代亚太》2011 年第 2 期。

② 参见宋冬:《论〈巴黎协定〉遵约机制的构建》,外交学院 2018 年博士学位论文,第 89～90 页。

③ 参见代雅静:《媒体监督的"选择性失语"》,载《青年记者》2015 年第 13 期。

能",而非"不愿"。主要原因有两点:

其一,"巴黎模式"的功能定位彰显出其效力的薄弱。在"巴黎模式"中,遵约机制的功能定位是非对抗性和非惩罚性——既不能作为执法和争端解决机制,也不得实施处罚或制裁。换言之,《巴黎协定》遵约机制具有事前预防性,而无事后救济性。事前预防是遵约机制的重要属性。其之所以确立,主要是考虑到不遵约行为及其带来的连锁反应具有严重性和复杂性。就该层面而言,《巴黎协定》遵约机制已预料到不遵约行为的后果。但是,它却未对事后救济予以过多关注。在《巴黎遵约程序》中,委员会的职能集中于对有关问题之审议,在结果作出后,既不要求违约方对行为后果予以补救,也不关心受害方利益。比如,在美国"退而不出"的三年里①,《巴黎协定》遵约机制无权要求其继续履行减排承诺。事实上,即使在事前预防上,《巴黎协定》遵约机制也仅"点到为止"——在《巴黎遵约程序》第 22 条所涉四种情形中,关注的为缔约方是否提交报告,而非是否按照 NDC 承诺实质减排。这一事前预防能否起到预警作用,促使缔约方遵约,无法断定。故本书认为,《巴黎协定》遵约机制虽致力于通过事前预防来实现非对抗性和非惩罚性,但既无法敦促缔约方走向正确的遵约轨道,也难以形成合理的遵约路径,反而导致机制设置的混乱,使得《巴黎遵约程序》更似委员会工作指南,而非遵约机制的体系深化。

其二,不遵约的反应规则暴露出机制运行的中断。如前所述,凡与"处理不遵约"相关的措施均为《巴黎协定》遵约机制所禁止。然而,缔约方的不遵约情形可分为两种:一是主观故意违反《巴黎协定》;二是客观履行不能。其中,前者可区分为"恶意",而后者为"善意"。在第二种情况下,强调"处理不遵约"当然无任何实际意义——"促进遵约"就可逐渐引导和加强缔约方的履约行为。但在第一种情况下,若摒弃"处理不遵约"的功能发挥,则不遵约方的"错误"行为便很难得到纠正。尽管国际合作可在一定程度上弥合缔约方的利益分歧,但一方面,效果不甚明显,另一方面,也难以提高遵约水平。② 事实上,NDC 机制并未改变缔约方的减排义务属性。尽管在国际法上,这种义务本身不具有强制性,但《巴黎协定》作为一项具有法律约束力的条约,若不对义务履行予以充分考虑,则有违条约订立时的共同意思表示。具言之,在条约签订之始,缔约方对于各自的权利义务内容是明确的,

---

① 前文已述,根据《巴黎协定》第 28 条规定,美国于 2017 年 11 月提交退出文书,但需到 2020 年 11 月方可正式退出,这三年即为"退而不出"时期。

② 参见[美]奥兰·扬:《世界事务中的治理》,陈玉刚、薄燕译,上海人民出版社 2007 年版,第 87 页。

因此,在条约执行中,尽管缔约方可形成新的意思表示,但应征得其他缔约方同意,或至少应对其产生的损害进行赔偿。这既是公平正义的内在逻辑,更是遵约机制的权威性和有效性使然。

与此同时,作为实施细则,《巴黎遵约程序》虽试图确立遵约判定和机制运行的具体事项,但与之相关的 9 个条款均原则性极强——过于关注形式审查而不深入实体问题,在操作性上尤为欠缺。就该层面而言,《巴黎协定》遵约机制能否顺利实现机制建立目标,尚未可知。

第三节 《巴黎协定》遵约机制不足的理论反思

以上问题固然与制度的路径信赖有关——在发展中摆脱了单一的路径依赖而实现了路径创造的可能性,但是从逻辑和结构上来看,它更多地昭示了在对现有国际法原理进行阐释时出现的偏差。因此,要探究问题的根源,就需对其进行理论层面的深刻反思。

一、对国际法价值理性的偏离

价值理性与工具理性相对,源于马克斯·韦伯的"行为"分析。韦伯认为,行为体现了行动者的主观意义,且需服从于一定目的。在他看来,社会行为具有四种类型:一是以目的为指向的工具理性;二是以价值为导向的价值理性;三是遵从风俗和习惯的传统行为;四是"情绪化"行为。正是由于行为具有意向性,故韦伯的观点暗含着"理性人"假设。因此,在这四种行为中,工具理性和价值理性为其理论核心,而非理性的传统行为和"情绪化"行为居于次要。① 其中,工具理性是指通过某种期待的条件或手段,实现理性状态下所希望达到的成果或目的;而价值理性则指不论是否达到某种目的,行动者有意识地对某一特定行为所产生的固有价值之纯粹信仰。② 换言之,工具理性偏向于"成本—效益"下的手段和目的,而不看重行为本身的价值;而价值理性注重行为本身的价值,而不计较手段和目的。在此基础上,韦伯进一步提出形式合理性与实质合理性。他从合理性经济角度出发,指出:形式合理性表示经济活动参与者通过成本计算以追求收益最大化,而实质合理性是指社会价值规范在经济活动中所"允许"的程度。前

---

① 参见王锟:《工具理性和价值理性——理解韦伯的社会学思想》,载《甘肃社会科学》2005 年第 1 期。

② 参见[德]马克斯·韦伯:《经济与社会》(上卷),林荣远译,商务印书馆 1997 年版,第 56、106 页。

者是工具理性在经济行为中的体现,而后者取决于某种价值标准,偏向于价值理性。① 不过,价值理性通常用于对人的分析,而实质合理性则负责对形式合理性的经济制度予以价值判断,故价值理性与实质合理性并不完全相同。但是,从含义上来看,二者均趋向于内在一致性和系统性,并坚信自身行为是合理的。② 就该层面而言,价值理性与实质合理性通常也被称为规范理性。③

在国际法上,价值理性既体现为一般法律规范的公平正义,也涵盖独立的国际法治精神。国际法治意味着国际法规范的良好遵守和实施,是国际法价值的呈现。④ 国际法价值与国际法价值理性为相似的一组概念,前者是国际社会加诸国际法上具有抽象性的主观信念或倾向⑤,是国际法制定和实施的直接指导因素;而后者是在国际法价值确立过程中的理性选择,隐含着一个基本前提,即国家行为是理性的且以增进利益为目的。⑥ 在理性选择的指导下,国际法价值包括正义、公平、平等、善意与和谐等几个方面,这也是国际法为"法"而非单纯的"工具"之标志所在⑦,解决的是"做什么"而非"如何做"的问题。然而,作为将理性系统运用于社会秩序的一种语言,当代国际法建立在工具理性的基础之上,并与国家理性结合在一起,既无法反映人类社会发展规律,也难以摆脱权力政治的束缚。

在"京都模式"下,这种工具理性尤为明显。在《京都遵约程序》中,遵约机制扮演着工具或手段的角色,承载了经济理性和技术理性所构筑的权力结构。它将缔约方是否遵约作为机制构建和运行的唯一准则,并通过促进事务组和强制执行事务组的专家型精英来实现这一目标。⑧ 鉴于"京都模式"在减排上未能达到预期,故《巴黎协定》转向价值理性,在反思工具理

---

① 参见王锟:《工具理性和价值理性——理解韦伯的社会学思想》,载《甘肃社会科学》2005 年第 1 期。

② See Raymond Boudon, *The Present Relevance of Max Weber's Wertrationalität* (*Value Rationality*), in Peter Koslowski ed. , Methodology of the Social Sciences, Ethics and Economics in the Newer Historical School, Springer, 1997, p. 20 – 26.

③ 参见张德胜、金耀基等:《论中庸理性:工具理性、价值理性和沟通理性之外》,载《社会学研究》2001 年第 2 期。

④ 参见何志鹏:《国际法治何以必要——基于实践与理论的阐释》,载《当代法学》2014 年第 2 期。

⑤ 参见罗国强:《论新世纪国际法之本体》,复旦大学 2006 年博士学位论文,第 141 页。

⑥ 参见[美]杰克·戈德史密斯、[美]埃里克·波斯纳:《国际法的局限性》,龚宇译,法律出版社 2010 年版,第 2 页。

⑦ 参见罗国强:《论新世纪国际法之本体》,复旦大学 2006 年博士学位论文,第 142 页。

⑧ See Philip Alston, *The Myopia of the Handmaidens*: *International Lawyers and Globalization*, 3 European Journal of International Law 435 (1997).

性之时,主张基于国际法的核心价值追求而重构现有规则和制度。① 因此,在《巴黎协定》中,其以"良法善治"为理想的治理模型,不再通过强制性来迫使缔约方遵约。

国际法价值理性虽不计较行为的手段和目的,但却包含国际法价值的"合目的性",即法律规范的设立需体现国际法价值。但是,在《巴黎协定》遵约机制中,"合目的性"往往被解读为个体的目的(如最不发达国家和小岛屿发展中国家的利益,而非全球利益),脱离了《巴黎遵约程序》作为全球性规范而服务于全球秩序的价值。究其本质而言,这仍是工具理性思维的反映。② 国际法价值理性为了体现实质合理性,并非不照顾特殊群体利益,而是需建立在国际合作的基础之上。换言之,国际法价值理性与工具理性并不排斥,甚至在一定程度上存在互动——脱离工具理性的价值理性将走向虚无主义,而脱离价值理性的工具理性易滑向自由滥用主义。③ 在《巴黎协定》遵约机制中,最不发达国家和小岛屿发展中国家的能力和情况应被照顾,但其他发展中国家同样面临发展需求④,也应有所体现。

此外,从主体上来看,国家被置于全球气候治理中心,并成为遵约的唯一主体,考虑的是国家利益趋向,而其他主体被边缘化——使《巴黎协定》遵约机制在实施力度上较为软弱、在表现形态上较为分散且不具有针对性,从制度建构上偏离了《巴黎协定》试图从全球利益视角而促进遵约的努力。⑤

换言之,《巴黎协定》遵约机制所承载的意志并不符合国际社会的最普遍信念,其注重于"治理"的过程,而非"善治"(good governance)的结果,不符合国际法价值理性的"合目的性"。从严格意义上来讲,尽管"巴黎模式"的"规则导向"比近代国际法的"实力导向"更具法制性,但其仍是国家利益博弈的产物,不可避免地仅能满足部分国家的利益诉求,而难以实现国际社会整体目标。因此,"巴黎模式"要实现国际法的价值理性,还应从"规则导向"走向"价值导向"。进言之,在工具理性和价值理性

---

① 参见李春林:《构建人类命运共同体与发展权的功能定位》,载《武大国际法评论》2018 年第 5 期。

② 参见蔡高强、焦园博:《"人类命运共同体"语境下国际法价值理性的增进》,载《北京理工大学学报(社会科学版)》2019 年第 4 期。

③ 参见吴惠红:《合理发展与理性的重建》,知识产权出版社 2010 年版,第 135 页。

④ See Bård A. Andreassen & Stephen P. Marks eds., *Development as a Human Right: Legal, Political, and Economic Dimensions*, Harvard School of Public Health, 2007, p. 3.

⑤ 参见蔡高强、焦园博:《"人类命运共同体"语境下国际法价值理性的增进》,载《北京理工大学学报(社会科学版)》2019 年第 4 期。

中,《巴黎协定》遵约机制一方面应对其予以兼顾,另一方面也需持续增强价值理性的权重,并形成"真正的共同价值规范"①,以体现更广泛的主体需求。

二、对程序公正和实体公正的错位考量

在法学理论中,公正是一个历史性概念,并作为法的基本价值,对法律制度的构建和创新起着重要指导作用。作为主体之间关系的一种度量,公正旨在对法所调整和建构的社会关系予以评价②,并在维护社会秩序之时对权利进行再分配,以体现社会公平正义。故它具有静态和动态两层含义。③ 一般来说,公正可分为形式公正和实质公正。前者指无视具体情况而同等对待一切主体,强调内容合法性;而后者立足于具体情况,区别对待不同主体,以彰显法的效益目标。④ 二者在表现形式上有所差异,是分配正义与矫正正义的具体呈现。在实质公正的基础上,根据过程和结果的侧重点不同,又可分为程序公正和实体公正。其中,程序公正是指在立法、执法和司法过程中的正当性;而实体公正是结果而非过程的正当性。通常来说,程序公正具有中立性、平等性和充分性,表现为裁决主体不偏不倚、当事人之间法律地位平等及裁决理由全面和完整⑤;而实体公正具有相对性和不确定性,表现为个案公正及对权利义务的确认与调整。

在程序公正和实体公正的优先性上,尚无定论。学术界曾分别提出程序公正优先论、实体公正优先论和程序公正与实体公正并重论。首先,程序公正优先论。这可分为程序本位观和程序至上观两种派系。在程序本位观看来,程序公正可掩盖实体公正。由于实体公正无客观衡量标准,因此,法的公正只能通过程序公正来实现。⑥ 它进一步指出,程序公正具有易评价和可操作等特点,只要严格遵守了正当程序,结果就合乎正义。⑦ 程序至上观承认实体法与程序法并存,但主张优先保障程序公正的独立价值,在它看

---

① 李春林:《构建人类命运共同体与发展权的功能定位》,载《武大国际法评论》2018 年第 5 期。

② 参见杜承铭:《论公正的评价本质》,载《江汉论坛》1998 年第 11 期。

③ 参见杜承铭:《论法的公正与法的效益》,载《广东商学院学报》2001 年第 1 期。

④ 参见龙卫球:《民法总论》,中国法制出版社 2002 年版,第 61 页;赵万一:《民法的伦理分析》,法律出版社 2003 年版,第 84 页;易军:《民法基本原则的意义脉络》,载《法学研究》2018 年第 6 期。

⑤ 参见左卫民:《公正程序的法哲学探讨》,载《学习与探索》1993 年第 4 期。

⑥ 参见顾肃:《自由主义基本理念》,中央编译出版社 2003 年版,第 125 页。

⑦ 参见[日]谷口安平:《程序的正义与诉讼》,王亚新、刘荣军译,中国政法大学出版社 1996 年版,第 6 页。

来,只要程序适用公平,即使是严厉的实体法,也可忍受。① 其次,实体公正优先论。这一观点将程序法视为实体法的从属性、辅助性和修饰性表达,认为程序法的终极目标是最大限度地实现实体法。② 故它认为,程序法仅是服务于实体法的工具。最后,程序公正与实体公正并重论。该观点将实体公正与程序公正置于同等重要地位,不区分优先性,主张在二者冲突时视具体情况而定。③ 在这些观点中,不论是"重程序轻实体"还是"重实体轻程序",均可能导致实质公正理念难以彰显④,故本书更倾向于程序公正与实体公正并重。

在"京都模式"中,《京都遵约程序》更为关注行为结果,存在"突出实体、倚重结果"之倾向,因此,在规则设计上,它强调委员会对不遵约行为的处理,将权力因素融入机制运行,使程序理念的土壤无法滋生,导致程序公正的实现亦困难重重。《巴黎协定》遵约机制试图改变这一情况,因此,它将重心放在促进遵约的过程——一方面回应 CBDR-RC 原则所坚守的实质公正而非形式公正,另一方面希望借此强化程序规则的建构。换言之,《巴黎协定》遵约机制旨在侧重程序公正。然而,它却陷入逻辑难以自洽的境地。首先,尽管《巴黎协定》遵约机制的"透明度"体现了程序规则的价值导向,但在具体措施上却强调公平的结果⑤,即对缔约方的减排时间和目标进行全球盘点、对发展中国家(尤其是最不发达国家和小岛屿发展中国家)予以资金援助和技术支持。当然,这并非指《巴黎协定》遵约机制不能涉及实体规则,只是在程序公正和实体公正上还无法很好地兼容并蓄,反而导致机制在运行中面临诸多障碍。其次,《巴黎协定》遵约机制虽设置了实体规则,但未明确如何处理不遵约。从司法领域引入的实体公正要求结果的公平正义,以符合大多数主体利益为依归,意味着在实体规则下应设置处理有关事项的固定机制。若缔约方出现了不遵约的行为,则表明全球利益或其他缔约方利益遭受了损失。但是,作为试图纠正这一现象的具体方案,《巴黎协定》遵约机制却仅"建议"不遵约方继续履约。

---

① 参见宋冰编:《程序、正义与现代化——外国法学家在华演讲录》,中国政法大学出版社 1998 年版,第 375 页。

② See Gerald J. Postema, *Bentham and the Common Law Tradition*, Oxford University Press,2019, p.342.

③ 参见[德]克劳思·罗科信:《刑事诉讼法》,吴丽琪译,法律出版社 2003 年版,第 5 页;陈学权:《论刑事诉讼中实体公正与程序公正的并重》,载《法学评论》2013 年第 4 期。

④ 参见陈学权:《论刑事诉讼中实体公正与程序公正的并重》,载《法学评论》2013 年第 4 期。

⑤ 需要指出的是,实质公平注重的"结果"与价值理性注重的"目的"并非一回事,前者是静态的"状况",而后者为动态的"效果"。

换言之，在《巴黎协定》遵约机制中，程序公正和实体公正应当兼顾。其中，程序公正应确保委员会在审议过程中公开透明，既充分尊重所涉各方的NDC承诺，也切实保障缔约方在审议中的及时参与；而实体公正是在考虑不遵约方的能力和各自情况之基础上，通过对不遵约行为的处理，来产生积极的导向性作用。二者融合，既保证了国际法在内容上的确信，以满足遵约主体的合理期待，也倡导了实体法与程序法的功能互动，以重申全球气候治理的共同利益追求。在位序上，通过回顾"京都模式"的困境，本书认为，《巴黎协定》遵约机制应将二者并重，这意味着在重视发展中国家的角色定位之时，需以"良法善治"来推动《巴黎协定》温升控制目标的实现。

第六章 《巴黎协定》遵约机制的完善：理念转型与制度优化

从主要架构上来看，《巴黎协定》遵约机制从"京都模式"中衍生出了非对抗性、非惩罚性的价值定位；从实现路径上来看，《巴黎协定》遵约机制以"促进遵约"为实践基点。但是，在规则内容、履约主体和机制运行方面尚存的诸多不足，折射出其在理念和制度上的缺陷。鉴于机制的发展是"一个永不停歇的过程"①，因此，通过深挖价值动力来源，以完善《巴黎协定》遵约机制，既符合国际法的客观理论阐释，也与全球气候治理的正向发展和温室气体减排目标一致。

第一节 《巴黎协定》遵约机制的理念转型

国际法理念是国际社会结构的规律反映，表征着国际法的价值目标，凝聚着人类对国际法的终极寄托。其具有评价和调整功能，不仅是国际法的行动指南，更是国际社会稳健发展的法律保证。② 由于国际法是植根于人类理性中的信念，因此，在国际法律制度的演进中，理念发挥着内在引领作用。就该层面而言，《巴黎协定》遵约机制所存在的缺陷可归因于理念缺位，故对现有理念予以适当转型，应是《巴黎协定》遵约机制完善的基础和根本前提。

一、从非对称博弈中的竞合关系走向新型国际关系

国际关系是国家突破国界藩篱而长期互动的历史产物。受制于国际突发事件频发、不确定性剧增的现实，当前，国际关系正处于第二次世界大战以来最复杂、最深刻的变化之中。③ 从历史发展来看，国际关系主要存在四种模式：其一，权势均衡模式（17 世纪中期至 19 世纪后期）。1648 年，欧洲

---

① 陈建兵、高镜雅：《中国特色社会主义制度自我完善价值动力探析》，载《西安交通大学学报（社会科学版）》2021 年第 4 期。
② 参见古祖雪：《论国际法的理念》，载《法学评论》2005 年第 1 期。
③ 参见张萍：《2020 年国际关系研究发展报告》，载《中国社会科学报》2021 年 1 月 18 日，第 11 版。

"三十年战争"(The Thirty Years' War)的结束和《威斯特伐利亚合约》(The Peace Treaty of Westphalia)的签订,真正赋予国与国之间以国际关系。至1713年,《乌特勒支和约》(Treaty of Utrecht)首次将"权势均衡"写入条约,构建了以维也纳体系为代表的欧洲中心主义权力范式。其二,集团对抗模式(19世纪后期至第一次世界大战结束)。1871年,分散的德意志联邦向统一德国迈进,使英、法、俄等国受到威胁,并促使后者形成与之对抗的军事同盟,最终引发第一次世界大战。其三,两极争霸模式(第一次世界大战结束至20世纪90年代)。第一次世界大战结束后,意识形态被引入国际关系。反法西斯同盟在第二次世界大战中汲取第一次世界大战的历史教训,将战后国际秩序纳入重点考虑。与此同时,欧洲被边缘化,世界政治中心向东西偏移,形成"美苏争霸"格局。① 其四,多边竞合模式(20世纪90年代至今)。冷战结束后,国际政治权力结构出现松动,并逐渐向多极形态倾斜,主要表现为:世界权力流散、体系混沌凸显、竞争与合作并存等。

在多边竞合模式下,国与国之间呈现出"竞争+合作"关系。受亚当·斯密的市场经济理论影响,这一关系自出现伊始便强调"竞争"而忽视"合作"。因为在亚当·斯密看来,自由竞争下的市场机制是最佳的经济调节机制。② 换言之,"输—赢"是竞合关系的主线。基于此,在国际关系中,由于国际体系的无政府性及国家对安全和利益的理性追求,各国必然会为了自身权力和利益最大化而激烈竞争。这是现实主义的基本逻辑,也是第二次世界大战后西方国际关系的主导范式。③ 但是,从21世纪的国际关系来看,"合作"开始有新的解读。随着经济全球化的持续深入及非传统安全的日益凸显,国与国之间联系不断增强,国际合作开始成为竞合关系的常态,并认为,合作与竞争本就对立统一,是国际政治的主要内容。有学者形象地指出,"合作是把饼做大,竞争是把饼分掉"④。作为取代"冲突+对抗"的国际秩序,竞合关系虽在国际组织的蓬勃发展中促使合作理念焕发生机,但无处不在的政治、经济和文化竞争又迫使国际权力、制度和观念存在长期博弈。⑤

在《巴黎协定》遵约机制中,竞合关系同样存在。在当前体系下,减排责

---

① 参见支继超:《国际体系转型视阈下中美新型大国关系构建研究》,吉林大学2016年博士学位论文,第50~62页。

② 参见[英]亚当·斯密:《国民财富的性质和原因的研究》(下卷),郭大力、王亚南译,商务印书馆2014年版,第217、233~234页。

③ 参见储昭根:《竞合主义:国际关系理论的新探索》,载《太平洋学报》2015年第8期。

④ 储昭根:《竞合主义:国际关系理论的新探索》,载《太平洋学报》2015年第8期。

⑤ 参见储昭根:《竞合主义:重构无政府状态下的范式与安全》,载《浙江社会科学》2020年第11期。

任的承担将在一定程度上损害本国经济发展,故气候谈判的本质是如何在温室气体减排上进行责任分摊。二者的关联性催生了不同国家的气候角色和谈判立场。换言之,"成本—效益"下的气候谈判离不开国家利益驱动,导致《巴黎协定》遵约机制不得不屈从于这一认知。在《巴黎遵约程序》的构建中,缔约方对于遵约机制的性质并无异议,但在以下四处存在巨大分歧:一是审议范围。发达国家要求仅审议 NDC 的执行,试图规避资金和技术援助义务;而发展中国家主张对《巴黎协定》的所有条款予以审议。二是程序启动方式。发达国家认为,在缔约方的"自我"启动之外,还应包括"组织"启动;而发展中国家表示,遵约机制应以"自我"启动为主,反对任何对抗性程序。三是 CBDR-RC 原则的适用。发达国家反对将 CBDR-RC 原则引入遵约机制,要求《巴黎遵约程序》统一适用于所有国家;而发展中国家强调,CBDR-RC 原则不仅应在《巴黎协定》中延续,还应在遵约机制中有所体现。四是遵约机制与其他机制的关系。发达国家极力要求将遵约机制与资金、技术和能力建设等机制区分开来;而发展中国家希望建立起固定联系,以帮助其充分履约。① 可见,尽管《巴黎协定》遵约机制蕴含着合作遵约,但其间隐藏的非对称博弈依然存在——甚至是《巴黎遵约程序》的首要呈现,表明其对竞争的考量远胜于合作。但是,一方面,竞争在某种程度上意味着对抗,它能否确保《巴黎协定》遵约机制的顺利运行,不容乐观;另一方面,在气候谈判下,以国家为利益主体的竞合关系能否涵盖《巴黎协定》遵约机制下的集体利益,亦值得商榷。

概言之,在《巴黎协定》遵约机制中,竞合关系既偏向于竞争,又与全球公共产品的定位不符,因此,如何将合作更多地注入其中,构建新型国际关系,应是理念转型的核心。2014 年 11 月,习近平主席在中央外事工作会议上提出"我们要坚持合作共赢,推动建立以合作共赢为核心的新型国际关系,坚持互利共赢的开放战略,把合作共赢理念体现到政治、经济、安全、文化等对外合作的方方面面"。② 该理念以世界转型为重要背景,注意到大国兴衰的根本性变革,以及非西方国家的群体性崛起。它打破了竞合关系中的权力政治色彩,不再将竞争置于首位,而是以合作为目的,以共赢为目标。③ 在新型国际关系中,国与国之间不再是"零和博弈",而是互惠互利、相得益彰。具言之,与竞合关系相比,新型国际关系在如下三方面有所超越。一是主张世界和平与共同发展。在竞合关系中,合作虽已显现,但由于

---

① 参见宋冬:《论〈巴黎协定〉遵约机制的构建》,外交学院 2018 年博士学位论文,第 91～92 页。
② 习近平:《论坚持推动构建人类命运共同体》,中央文献出版社 2018 年版,第 200 页。
③ 参见刘建飞:《新型国际关系基本特征初探》,载《国际问题研究》2018 年第 2 期。

未能形成共同发展的结果,故无法持续,而新型国际关系在重视世界和平的基础上,既防止对抗也注重共同发展。二是厘清了人类利益与国家利益的内在逻辑。竞合关系难以摆脱国家之间的利益博弈,导致其在实践中无法形成持久的向心力,而新型国际关系认为国家利益可在人类利益的框架下实现,而人类利益也可随着国家利益的拓展而增长,二者相辅相成而非非此即彼。① 三是以人类命运共同体为目标模式。竞合关系之所以在竞争之路上愈走愈远,主要原因在于对国家差异性的考量过重,而新型国际关系强调人类整体性,既尊重国家差异,也将国家前途与命运紧紧联系在一起,即人类命运共同体,将共同价值和责任基础作为同舟共济和携手并进的主题。②

总的来说,在新型国际关系中,相互尊重、公平正义和合作共赢是主要内容,这与《巴黎协定》遵约机制作为促进缔约方遵约的手段之宗旨相符。

首先,相互尊重摒弃以强凌弱的"丛林法则"和霸权逻辑,强调求同存异,以不挑战其他国家的核心利益为底线,以尊重缔约方的能力差异和利益关切为基础。它包含"权力—权利"的互动,一方面避免权力在规则构建和机制运行上的过分张扬;另一方面要求对国家发展权予以充分考量,既表现出对其他国家身份的认同,也彰显了对缔约方发展道路的尊重。换言之,相互尊重旨在增强缔约方的政治互信,既是实现国际合作的基本前提,也是形成更合理的机制方案之现实保证。

其次,公平正义是人类社会发展的内在要求,旨在通过公平合理的分配,使社会成员得其应得。它彰显了规则体系在权利义务上的合理性,意味着机会均等和利益共融。二者与文明一起构成"道义"价值观③,主张在程序和实体方面超越纯粹物质主义,要求为发展水平不高的国家以平等发展权利,进而缩小缔约方之间差距。④ 在遵约机制的完善中,公平正义蕴含着明确性、规范性和统一性。明确性表明遵约主体及其义务履行存在清晰的法律依据;规范性要求对"权利—义务"、"权力—责任"和"利益—行为"等关系进行厘定;而统一性主张在兼顾 CBDR-RC 原则的基础上,对不遵约行为作出整体性的类似处理。⑤

---

① 参见胡键:《新型国际关系对传统国际关系的历史性超越》,载《欧洲研究》2018 年第 2 期。
② 参见刘建飞:《新型国际关系"新"在哪里》,载《学习时报》2018 年 4 月 16 日,第 1 版。
③ 参见阎学通:《公平正义的价值观与合作共赢的外交原则》,载《国际问题研究》2013 年第 1 期。
④ 参见宋效峰:《新型国际关系:内涵、路径与范式》,载《新疆社会科学(汉文版)》2019 年第 2 期。
⑤ 参见李林:《通过法治实现公平正义》,载《北京联合大学学报(人文社会科学版)》2014 年第 3 期。

最后,合作共赢是"横向结构"的行为方式,区别于"垂直结构"的控制。它从全局观个体,不否定个体特点和权益,反而让其得以充分尊重和发挥。① 这一整体论的思维方式将合作视为国际交往的规范,允许良性而非恶性竞争与合作的相容,更多地强调"正和博弈"和"共生共荣",倡导缔约方之间相互依存而非"以邻为壑"。在遵约机制中,合作共赢一方面强调缔约方的义务履行具有同向效力,倡导合作型减排,重申资金和技术援助的重要性;另一方面主张在机制启动和运行中以全局观和整体利益为出发点,在相互包容的前提下,透视遵约机制的应然逻辑及本质内涵——持续提升缔约方的行动力度,不断推进全球减排。

二、以共治求善治

自20世纪90年代治理理论被詹姆斯·罗西瑙提出后②,国际治理(international governance)一度成为国际关系的核心名词——被用来调整国与国之间的政治、经济和外交关系。随后,为了应对全球性问题,国际治理开始向全球治理(global governance)转型——治理主体更加多元化。在实践中,全球治理一直处于"试错"与"磨合"中,以有效解决全球公共产品问题。③ 可以说,全球治理是全球化浪潮下国际合作乃至全球合作的重要体现。

但是,权力分布的消长暴露出全球治理的滞后,主要体现在两个方面。一是公平性缺乏。一方面,全球治理的主体仍以国家为核心,其他主体被边缘化,导致非国家主体难以表达合理诉求;另一方面,基于西半球的全球治理既没有充分反映新兴国家需求,也未能完全照顾到弱势群体利益。在此背景下,全球治理虽呼唤主体多元化,但却无法关照全球化的利益受损者,使得全球化的负面效果不断蔓延。二是领导权不清晰。由于实力超群,美国被视为全球治理的领导者,但它将霸权行径传导至对外政策上,使得全球治理面临潜在的不稳定性。尽管拜登政府的上台在一定程度上遏制了单边主义的持续扩张,但特朗普政府的"美国优先"之影响犹在,导致本不稳定的全球治理出现混乱。④ 进言之,世界政府的缺失,使全球合作中规范引领者

---

① 参见倪培民:《作为哲学理念的"命运共同体"与"合作共赢"》,载《哲学分析》2017年第1期。
② See J. Rosenau, *Governance, Order and Change in World Politics*, in J. Rosenau & E. Czempiel eds., Governance without Government: Order and Change in World Politics, Cambridge University Press, 1992, p. 3 – 8.
③ 参见张宇燕、任琳:《全球治理:一个理论分析框架》,载《国际政治科学》2015年第3期。
④ 参见吴志成、董柞壮:《国际体系转型与全球治理变革》,载《南开学报(哲学社会科学版)》2018年第1期。

缺位，进而影响全球公共制度的构建及运行。这导致全球治理在避免"公地悲剧"和"集体行动的困境"时捉襟见肘，也即全球治理出现失灵，既不能有效管理国际事务，也无法应对全球性挑战，反而使全球性问题不断累积。[①]由此，全球治理转型成为国际关系和国际法的重要议题。目前，国内外学者已提出诸多颇有成效的见解[②]，但它们未能深入其内部结构和理论逻辑[③]。

　　面对这些问题，全球共治或可成为较可行之选。它主张在多边主义的基础上构建多方主义。相较于前者，后者将治理权威从国家转向"国家 + 全球市场 + 民间社会"，主张权利的切换与共享——既包括向区域和全球层面的"向上"转移，也包括向国内社会的"向下"转移，还包括向全球市场的"平行"转移。总体而言，全球共治突破了国家边界和唯一行为体这两个变量，具有五大特征：一是治理对象既包括全球性问题，也包括区域性、次区域性、国家和地方问题；二是治理主体既包括国家，也包括国际组织、城市和个人等，并承认国家和非国家共同发力而合作的可能性；三是既强调政府治理，也不排斥非政府治理；四是以国际制度的"建、改、转"为路径，试图建立合理的全球秩序；五是以多方主义为基础，通过融合不同主体的绝对收益和相对收益介入全球整合。[④] 换言之，全球共治是通过适应国际关系民主化趋势而构建的"多中心"治理模式，不同于以"国家中心"为代表的全球治理。它兼顾公平正义，平衡了各方利益，重视国家之外的治理主体之作用，强调"过程 + 结果"，并关注不同主体的利益诉求。相较于全球治理而言，全球共治将"集体行动的逻辑"转换为"弱冲突逻辑 + 强和谐逻辑"，以减少对抗。[⑤] 与此同时，它强调在合作中对国际规则进行"建制"，而非单纯依靠契约予以约束，并主张国际制度的包容性，以形成自觉遵约的良好氛围，同时倡导由双赢、多赢转向共赢。[⑥] 就该层面而言，全球共治一方面试图构建全球性的权威协调，另一方面主张国与国之间建立一种朋友关系。由于朋友

---

① 参见秦亚青：《全球治理失灵与秩序理念的重建》，载《世界经济与政治》2013 年第 4 期。

② 参见王黎、王梓元：《跨国视角下的世界秩序与国际社会》，天津人民出版社 2012 年版，第 168 ~ 169 页；庞中英：《重建世界秩序——关于全球治理的理论与实践》，中国经济出版社 2015 年版，第 20 页；石晨霞：《试析全球治理模式的转型——从国家中心主义治理到多元多层协同治理》，载《东北亚论坛》2016 年第 4 期。

③ 参见于潇、孙悦：《全球共同治理理论与中国实践》，载《吉林大学社会科学学报》2018 年第 6 期。

④ 参见俞正樑、陈玉刚：《全球共治理论初探》，载《世界经济与政治》2005 年第 2 期。

⑤ 参见高奇琦：《全球共治：中西方世界秩序观的差异及其调和》，载《世界经济与政治》2015 年第 4 期。

⑥ 参见于潇、孙悦：《全球共同治理理论与中国实践》，载《吉林大学社会科学学报》2018 年第 6 期。

关系存在亲疏远近,因此,其并不反对国际关系的差序格局,但却对利益关系进行了根本变革。在互动形式上,它以协商民主为重心——这是和谐秩序观的理念反映。①

从结构上来看,全球共治与《巴黎协定》遵约机制的应然走向吻合——重视不同主体的话语体系建构,并以有效解决全球性问题为宗旨,以保障人类共同发展为目标。其通过指明机制构建中的主体、客体和内容等事项,夯实了机制完善的理论基础。

在全球共治中,"全球善治"应为理想形态。一般来说,"善治"在国内法语境较为常见,是使社会公共利益最大化的管理过程,为"政府—社会"关系的最佳状态。而全球善治既表明了全球共治目标,也体现了共治中的善意。它与国家层面的善治在原则上基本保持一致,即合法性、透明性、责任性、有效性、公正性和稳定性等。由于善治是作为治理标准而被引入,因此,全球善治也可视为全球共治的价值要素②,彰显了国家和非国家的公共利益最大化。正如学者所言,它应为人类治理的理想和长远目标。③ 从价值导向上来看,全球善治既反对霸权秩序,也反对无序状态,一方面主张利益相关者分享治理权威,另一方面也指向全球法治观。④ 全球法治并非全球性法律,而是以全球正义为目标,以解决全球性问题为宗旨,以全球共治为手段,以全球利益为依归,以全球民主意志为体现。它既是全球性法治文明的呈现,也是全球性法律的动态演进。关于全球性法律的界定,学术界尚未统一,但通常认为可等同于法律全球化,且包括双边、区域和全球三个层次。⑤ 概言之,全球善治脱胎于国家善治,表征了一种最佳的全球秩序,既关注形式法治,也倡导实质法治;既重视程序公正,也主张实体公正。由于《巴黎协定》倡导的正是兼顾形式与实质、程序与实体的全球气候治理新秩序,故全球善治应可为其提供成长土壤。

在以全球共治和全球善治为"底床"而构建的《巴黎协定》遵约机制中,"风险—信任—民主"应为基本的制度模型。该模型涉及以下三项内容:

首先,全球性风险。根据安东尼·吉登斯的风险社会理论,由科技发展

---

① 参见高奇琦:《全球共治:中西方世界秩序观的差异及其调和》,载《世界经济与政治》2015 年第 4 期。

② See Marie-Claude Smouts, *The Proper Use of Governance in International Relations*, 50 International Social Science Journal 81 (1998).

③ 参见俞可平:《全球善治与中国的作用》,载《学习时报》2012 年 12 月 10 日,第 2 版。

④ 参见王奇才:《全球治理、善治与法治》,吉林大学 2009 年博士学位论文,第 39~43 页。

⑤ 参见姜丽萍:《全球法治何以成为可能》,载《石河子大学学报(哲学社会科学版)》2019 年第 6 期。

和/或人为因素导致的风险将在很长一段时期占据主导地位,包括气候变化。[1] 通常来说,全球性风险具有六大特征:一是具有宏观性、多样性、全球性和不可逆性;二是往往具有毁灭性且不可控;三是存在"人化"倾向,具有不确定性和跨时空性;四是具有高度复合性和系统性;五是具有平等性,以"均匀分布"的方式波及全球;六是与制度结构的不科学、不合理相互作用,具有扩散和放大效应。[2] 作为全球性风险之一,气候变化既可能引起传统的军事冲突,也可能诱发环境、生态和经济等领域的非传统安全问题。故对于当前的国际关系来说,气候风险是风险社会中不容忽视的重要议题。[3]

其次,国际信任。在气候风险的应对中,鉴于其全球属性,国际合作是必经之路,但国际合作本身因利益分歧亦存在不确定性,由此需构建信任关系。换言之,信任是国际合作的微观基础。它是主体根据历史和经验信息对其他主体之行为所产生的一种积极和互惠的心理预期。[4] 从类型上来看,国际信任涵盖情感信任、认知信任、成本信任、制度信任、互惠信任、公平信任、声誉信任和文化信任等内容。[5] 它们昭示着国际信任的动力来源,本质是建立在对他方行为的预测和评估之上。故国际信任隐含对他方"人格"和"能力"的双重考量。然而,由于国际信任的生成存在无政府状态、"搭便车"、信息不对称和交易滞后等主要障碍,因此,在构建时,其大致可通过"(善意+责任+秩序+透明+信誉)×互动"这一公式来补给。[6] 其中,善意表征了行为体对外政策的道德性[7];责任彰显行为体主动参与全球治理并承担与之对应的国际义务[8];秩序对应的是行为体对现有国际秩序的认同、加入、支持或改革;透明能使其他主体获得偏好和能力等方面的信息[9];信誉关注对行为体遵守承诺的记录查询,并在此基础上预测其未来行

---

① 参见[英]安东尼·吉登斯:《失控的世界》,周红云译,江西人民出版社 2001 年版,第 22 页。

② 参见范如国:《"全球风险社会"治理:复杂性范式与中国参与》,载《中国社会科学》2017 年第 2 期。

③ 参见苏向荣:《风险、信任与民主:全球气候治理的内在逻辑》,载《江海学刊》2016 年第 6 期。

④ See Aaron M. Hoffman, *A Conceptualization of Trust in International Relations*, 8 European Journal of International Relations 375 (2002).

⑤ 参见尹继武:《国际信任的起源:一项类型学的比较分析》,载《教学与研究》2016 年第 3 期。

⑥ 参见陈遥:《信任力与中国的和平发展》,载《世界经济与政治》2020 年第 10 期。

⑦ See Andrew H. Kydd, *Trust and Mistrust in International Relations*, Princeton University Press, 2005, p. 200 – 204.

⑧ See Bruce Jones, Carlos Pascual & Stephen John Stedman, *Power and Responsibility: Building International Order in an Era of Transnational Threats*, Brookings Institution Press, 2009, p. 73 – 74.

⑨ See Bernard I. Finel & Kristin M. Lord eds., *Power and Conflict in the Age of Transparency*, Palgrave Macmillan, 2000, p. 3.

为——蕴含激励和/或惩罚机制。① 在全球气候治理中,国际信任重在弥合不同集团的利益鸿沟,变"单向"信任为"双向"信任(互信),变"全球治理"为"全球共治"和"全球善治"。

最后,全球民主。全球民主是民主在全球层面的构建,主张从民主理念出发,在充分尊重治理主体地位、遵循民主程序的基础上,实行全球共治。② 它以全球民间社会为特定场域,扩大了民主实践的范围——一方面弥补了国际关系中的民主赤字,另一方面为不同主体参与全球共治提供了可能。③ 目前,由于国际信任尚处于形式层面,因此,全球民主可通过强调非国家主体的共同参与,来深化其实质内涵。当然,这一全球民主既非建立"世界公民"体系,也非打破现有国际政治系统,更不是要成立"世界政府",而是主张全球共治的民主化。它以国家和非国家为主题,与"国家中心"的多层次网络结构相适应,在不同国家、民族和公民之间实现平等,既赋予利益相关者以国际话语权,也注重治理权威的共享与合理化。在全球气候治理中,全球民主彰显的是全球共同利益而非国家个体利益。从内容上来看,它一方面坚持对话沟通和共商、共建、共享,另一方面坚持互利共赢,以建立伙伴关系为基点,打破行为体的"中心—外围"关系。④

在《巴黎协定》遵约机制的完善中,"风险—信任—民主"的这一框架具有三大侧重点:一是从气候风险入手,阐释减排目标设立和遵约机制构建的社会背景,揭示缔约方之间的复合相互依赖关系;二是以国际信任开启机制完善的结构逻辑分析,从缔约方之间的互信明确机制实施的应然状态,强调国际合作之于遵约的重要性;三是从民主角度切入,彰显国家与国家、国家与非国家、非国家与非国家的利益聚合,倡导不同主体在遵约上的共同作用发挥,一方面凸显机制完善的未来方向,另一方面重申遵约机制的设立宗旨和价值定位。就该层面而言,"风险—信任—民主"的框架模型应为当前《巴黎协定》遵约机制完善的最佳路径选择。

---

① See Henk Aarts, Bas Verplanken & Advan Knippenberg, *Predicting Behavior from Actions in the Past: Repeated, Decision Making or a Matter of Habit?*, 28 Journal of Applied Social Psychology 1355 (1998).

② See David W. Kennedy, *Challenging Expert Rule: The Politics of Global Governance*, 27 Sydney Law Review 5 (2005).

③ See Anna Leander, *Global Civil Society: An Answer to War*, 7 Journal of International Relations and Development 444 (2004).

④ 参见贾江华:《全球民主治理:困境与出路》,载《国外社会科学前沿》2019 年第 8 期。

第二节 《巴黎协定》遵约机制的制度优化

如果说理念转型是《巴黎协定》遵约机制完善的前提,解决的是方向性和价值问题,那么制度优化便是《巴黎协定》遵约机制完善的过程,解决的是具体路径和工作部署问题。目前,在制度优化上,可从以下四个方面展开。

一、明确缔约方的权利基础及其边界

不可否认,权利已成为最流行的法律话语。在《巴黎协定》中,始终存在生存权、发展权和国家主权的博弈与冲突。在国际环境法上,尽管本书不太认可马克斯·韦伯和哈贝马斯的"权利本位"观点[1],但主张,只有明确缔约方的权利基础及其边界,才能更好地完善《巴黎协定》遵约机制——只有将缔约方的权利进行分类,才能深入机制的内在结构。

在《巴黎协定》遵约机制中,权利基础应为环境人权。在人权发展史上,按代际划分,大致存在三代人权:第一代人权始于 18 世纪欧洲人权运动,主张公民权利和政治权利,属于"消极性权利";第二代人权形成于苏联社会主义建设时期,主张公民的经济、社会和文化权利,属于"积极性权利";第三代人权出现于第二次世界大战之后,主张公民的生存权、发展权、环境权和食物权等,属于"连带关系权利"。在此过程中,权利实现从"不平等"到"平等"、从"形式平等"到"实质平等"的切换。[2] 其中,第三代人权中的环境人权,并非环境权与人权的简单相加,而是包括"良好环境权"和"基于生存需要的环境资源开发利用权"。[3] 其本意为追求人与自然和谐共生的可持续发展[4],是"人与自然生命共同体"的固有含义。

在气候变化领域,环境人权具体表现为"公共利益不受侵害权"和"气候资源共享权"。其中,前者是指所有国家均享有气候资源带来的健康权和生存权,且可进一步细化为人身权和财产权,这些权利因关注国际社会共同利益而具有公共性;后者是指所有国家均有享受气候环境资源带来的收益

---

① 参见[德]马克斯·韦伯:《法律社会学》,康乐、简惠美译,台北,远流出版事业股份有限公司 2003 年版,第 22、332 页;[德]哈贝马斯:《在事实与规范之间——关于法律和民主法治国的商谈理论》,童世骏译,生活·读书·新知三联书店 2003 年版,第 103 页。

② 参见叶敏、袁旭阳:《"第三代人权"理论特质浅析》,载《中山大学学报(社会科学版)》1999 年第 4 期。

③ 参见周训芳:《环境权论》,法律出版社 2003 年版,第 184、231 页。

④ 参见郇庆治:《环境人权在中国的法制化及其政治障碍》,载《南京工业大学学报(社会科学版)》2014 年第 3 期。

权和发展权。鉴于气候资源的公共产品属性，以及权利义务的对等性，因此，这两项权利呈现出共同但有区别的特征——"公共利益不受侵害权"为第一级权利，属于所有缔约方共同享有的权利；"气候资源共享权"为第二级权利，需与历史排放责任相对应，属于部分缔约方的权利。故本书认为，环境人权可作为《巴黎协定》遵约机制的权利基础，以体现公平正义。

在论及环境人权时，不可避免的话题即环境主权。① 环境主权是国家主权在环境领域的延伸。国家主权理论产生于西方，认为主权是国家的灵魂，是国际关系的基石，并形成"主权至上"理念。② 20 世纪以来，尤其是1945 年《联合国宪章》为国家主权奠定法律基础以来，主权作为国家最神圣的属性及其权威性得到国际社会普遍承认，由此，它开始成为国际法上不可撼动的一项政治性权利。在此基础上，环境主权主张国家在其范围内享有环境问题的最高处理权和国际上的独立自主权。不过，尽管环境主权在一定程度上突破了国家的地理疆界，但"不损害他国环境"亦成为各国应遵循的基本准则，表明环境主权与环境人权互为边界。③

需要注意的是，尽管环境人权的保障以环境主权为界，但气候变化的全球性、超越意识形态性和严重性，也彰显出环境主权的自身局限。进言之，在《巴黎协定》遵约机制中，国家必然要加入各种正式、非正式的制度安排，因而需对环境主权进行部分让渡和限制，以实现国际合作。在这一过程中，求同存异为主要目标。当然，这一让渡和限制并不涉及领土主权和一国内政等重要事项，仅是在气候变化危机下作出的应然抉择。在《巴黎协定》遵约机制中，只有当环境主权受到一定限制，才能确保发达国家对发展中国家施以援助，也才能保证缔约方的责任和义务得到有效履行——这是多方主义和全球气候治理的必由之路。当然，在限制时，相关内容和程序也应在国际法框架下进行，不得造成对他国主权的不当干涉。④ 就该层面而言，环境人权与环境主权存在长期互动。

概言之，在《巴黎协定》遵约机制的完善中，各利益相关者因环境人权而共享气候资源，也因环境主权而对自身行为予以一定限制，避免对他方使用气候资源造成损害。其中，后者表现为减少排放，即《巴黎协定》中 NDC 承

① 环境主权究竟属于"权力"还是"权利"？笔者认为，虽然国家主权既包含"公法"性"权力"，也涵盖"私法"性"权利"，但作为可让渡和限制的环境主权，更多地属于"权利"，且是一种政治性权利。参见陈舟望：《现当代挑战主权思潮批判》，载《复旦学报（社会科学版）》1998 年第 1 期；张军旗：《主权让渡的法律涵义三辨》，载《现代法学》2005 年第 1 期。
② 参见肖佳灵：《国家主权论》，时事出版社 2003 年版，第 96 页。
③ 参见马骧聪主编：《国际环境法导论》，社会科学文献出版社 1994 年版，第 33 页。
④ 参见王逸舟：《生态环境政治与当代国际关系》，载《浙江社会科学》1998 年第 3 期。

诺的履行。需要指出的是,无论是环境人权还是环境主权,在学术界仍然存在争议。不过,总的来看,环境人权衍生于环境正义,为气候变化提供了新的解决路径,既借助于成熟的人权法体系及其道德约束力来促进缔约方遵约,又为缔约方的利益冲突与磨合寻求新的注解,以体现气候变化领域的善治追求。① 就该层面而言,将环境人权作为《巴黎协定》遵约机制的权利基础,应符合国际法的价值理性。事实上,在《巴黎协定》的"前言"部分,它也提及健康权等权利。② 故有学者主张将环境人权作为缔约方履约的强制性标准,并以此衡量缔约方是否遵约,防止片面追求减排而忽视人权。③ 但是,本书认为,这种涵盖发展权的环境人权如不进行有效限制,或将打开"潘多拉魔盒",导致西方自由主义下的"人权高于主权"论持续上演④,进而令发展中国家主权出现"无法预知终点的滑坡"⑤。

二、细化单方退出的实体要求和程序要求

由于条约本身及其外部的政治和经济环境处于发展之中,故条约退出的规定早已存在,即允许缔约方在特定环境或条件下退出某条约。以 1969 年《维也纳条约法公约》为界,条约退出大致经历了从"外生于其他条约"到"内生于本条约"的转变。具言之,在《维也纳条约法公约》生效前,条约退出一般是在新约中专门声明,而在《维也纳条约法公约》中,第 54、56 条明确阐释了退出的几种情形。⑥ 至此,条约退出作为缔约方的一项权利被确立下来。

可以说,条约退出权强调的是成员国的单方退出权,即缔约方退出条约

---

① 参见何晶晶:《气候变化的人权法维度》,载《人权》2015 年第 5 期。
② 《巴黎协定》的"前言":"……承认气候变化是人类共同关注问题,缔约方在采取行动处理气候变化时,应尊重、促进和考虑各自对人权、健康权、土著人民权利、当地社区权利、移徙者权利、儿童权利、残疾人权利、弱势人权利、发展权,以及性别平等、妇女赋权和代际公平等义务……"
③ 参见何晶晶:《〈巴黎协定〉的人权维度》,载《人权》2017 年第 6 期。
④ 参见艾四林、曲伟杰:《西方"人权高于主权"学说的局限及其问题》,载《马克思主义与现实》2020 年第 3 期。
⑤ 参见鄂晓梅:《气候变化对国家主权原则的影响——以单边 PPM 贸易措施为视角》,载《中外法学》2011 年第 6 期。
⑥ 《维也纳条约法公约》第 54 条:"依条约规定或经当事国同意而终止或退出条约:在下列情形下,得终止条约或一当事国退出条约:(a)依照条约规定;或(b)无论何时经全体当事国于咨商其他各缔约国后表示同意。"《维也纳条约法公约》第 56 条:"废止或退出并无关于终止、废止或退出规定之条约:1.条约如无关于其终止之规定,亦无废止或退出之规定,不得废止或退出,除非:(a)经确定当事国原意为容许有废止或退出可能;或(b)由条约性质可认为含有废止或退出权利。2.当事国应将其依第 1 项废止或退出条约之意思至迟于 12 个月以前通知之。"

时不需经其他缔约方支持或同意,只需通知即可。当然,这并非指条约退出可一意孤行,不用考虑其他缔约方利益,更不代表经其他缔约方同意的退出行为无效。事实上,其他缔约方同意正是条约退出的情形之一。需要指出的是,条约退出不等于条约终止,因为后者是条约本身权利义务的终结,而前者仅表明退出方相关权利义务的失去。从理论上来讲,条约退出权根源于国家主权。作为一项权利,条约退出应属于一种法律行为,因此,它必然需在国际法框架下进行,应满足一定的条件和程序,否则即违反国际法。

目前,单方退出权在国际法上普遍存在。比如,《维也纳条约法公约》第65条第2款将之作为缔约方的法定权利①,不过,它同时明确了单方退出程序,设置了退出等待期和提前通知期等时间限制,并要求缔约方附退约理由,且指明了退出后条约本身的效力,以防止单方退出权成为缔约方逃脱履约的工具。

《巴黎协定》亦规定了单方退出权。在第28条,它设定了两个程序:首先,在《巴黎协定》对缔约方生效之日起三年后,其可随时向秘书处发出书面通知申请退出;其次,自秘书处收到退出通知之日起一年期满或更晚日期后,退出申请即生效。《巴黎协定》作此设置,本意是希望通过降低缔约方的履约风险,减少《巴黎协定》的不确定性。不过,遗憾的是,《巴黎协定》并未对单方退出行为做任何实质性描述。由此,除了时间限制,《巴黎协定》无法对美国的先前退出做任何回应。这也是《巴黎遵约程序》中留白的一个问题。鉴于单方退出权并非鼓励缔约方退出条约,因此,该项权利应有更具体的实体性和程序性要求,以凸显条约必须信守原则作为国际法基石的根本性和引导性作用。

首先,实体要求。在实体要求上,可涵盖当事方同意、其他缔约方重大违约、条约履行不能、情势重大变更等几种情形。当事方同意主要是考虑到"国家同意是国际法具有约束效力的一个前提"②,可体现《巴黎协定》在制定和生效上的对称。这一"同意"既可是明示的(当事方的明确同意),也可是默示的(当事方在收到退出通知后不反对)。其他缔约方重大违约仅包括该违约对《巴黎协定》的整体义务造成重大影响,且该影响对遵约方造成实质损害。条约履行不能需结合国际法上的"善意"履行原则——只有当缔约

---

① 《维也纳条约法公约》第65条第2款:"二、在一非遇特别紧急情形不得短于自收到通知时起三个月届满后,倘无当事国表示反对,则发出通知之当事国得依第67条规定,实施其所提议的措施。"

② Louis Henkin, *International Law: Politics and Values*, Springer Dordrecht, 1995, p. 27; Mark W. Janis, *International Law*, 8th edition, Wolters Kluwer, 2021, p. 44.

方以符合《巴黎协定》及一般国际法的要求来行动但仍无法遵约时，才可适用。情势重大变更在国际法上存有争议——有学者担心，其或将导致单方退出权滥用，从而有损条约的权威性。① 但本书认为，条约适应变更的情势是由其作为国际法所决定，且这正是为了严格单方退出行为。在确定何为情势重大变更时，可采取"约定＋推定"形式，即既在《巴黎协定》实施细则中列出部分可能的情形，又将"影响《巴黎协定》义务履行的情况"作为兜底。

其次，程序要求。在程序要求上，可在现有程序性规定的基础上予以补充——除了已明确的退出等待期和提前通知期之外，还包括附退出理由及退出后条约效力的存续等。其中，退出理由应涵盖缔约方的退出意图、权利主张的性质、事实基础及其依据。由于单方退出行为或因情势变更而有所改动，因此，赋予缔约方在生效前以撤销权，可大大减少单方退出成本，降低因退出而造成的负面影响。退出后条约效力的存续主要是考虑该通知生效但退出方的条约义务未即时终结，具体包括：退出方存有未尽之义务和条约的约束行为具有持续性。在第一种情形下，由于《巴黎协定》主张发达国家继续履行 UNFCCC 下的资金和技术援助义务，因此，在退出《巴黎协定》后，它将如何采取相关行动？ 在第二种情形下，若缔约方在履行 NDC 承诺期间退出《巴黎协定》，则它是否需继续减排及如何减排？ 此外，为了充分考虑各方利益，《巴黎协定》遵约机制也可通过"异议期"的设置来赋予其他缔约方以异议权，允许它们参与程序审查，通过组建多边网络结构，增强单方退出机制的正当性与合理性。②

与此同时，尽管《巴黎协定》遵约机制具有非对抗性和非惩罚性，但在面临缔约方的"恶意"退出时，仍可援引国际责任机制——参考联合国国际法委员会的《国家责任条款草案》和《防止危险活动造成的跨界损害》，以严格化任意退出行为。③ 事实上，任意退出亦与国际法上的禁止反言原则相悖，既导致其他国家信赖利益受损，也侵蚀了条约的稳定性价值。这样考虑主要基于两点：一是当一缔约方退出后，为了达到《巴黎协定》的温升控制目

---

① See Sinclair Ian, *The Vienna Convention on the Law of Treaties*, 2nd edition, Manchester University Press, 1984, p. 192 – 196.

② 参见张九林：《现行国际条约中的单方退出机制研究》，载《云南师范大学学报（哲学社会科学版）》2020 年第 5 期。

③ See International Law Commission, *State Responsibility*, *International Liability for Injurious Consequences Arising out of Acts not Prohibited by International Law* (*Prevention of Transboundary Damage from Hazardous Activities*), International Law Commission (Aug. 3, 2001), https://legal.un.org/ilc/sessions/53/.

标,其他缔约方必将承担更多责任,以弥补减排空缺;①二是一缔约方的退出行为本身即可能给其他缔约方带来负面效应——前文提到的美国退出《京都议定书》和部分"伞形集团"成员国追随即是例证。而这些情况均指向缔约方能否遵约。进言之,厘清任意退出行为的法律责任有助于巩固缔约方的遵约意愿——一方面避免该方退出后的"搭便车",另一方面也提振全球减排信心。不过,由于单方退出权属于缔约方的"自决权",因此,在细化实体要求和程序要求时,亦应在国际法框架下进行,并充分考虑其对国际社会整体利益及其他缔约方遵约之影响。②

三、强化遵约机制的法律效力

自 1995 年 UNFCCC 第一次缔约方会议至今,国际社会已达成若干"决定"(decision),包括 1995 年《柏林授权》(Berlin Mandate)、2001 年《马拉喀什协定》(Marrakech Accord)、2009 年《哥本哈根协议》(Copenhagen Accord)、2010 年《坎昆协议》(Cancun Agreement)和 2013 年《华沙机制》(Warsaw Mechanism)等。这些决定大多经非正式协商而形成,无须送交缔约方的立法机关通过,故不发生实际上的"权利—义务"关系。故其通常被划入"软法"(soft law)范围——仅作为缔约方政治意愿的表达,不产生法律后果。③ 这与 UNFCCC、《京都议定书》和《巴黎协定》不同,后者具有国际法约束力。④

就理论层面而言,为了保障减排目标的实现,内含《巴黎协定》第 15 条的《巴黎协定》遵约机制也应具备这一约束力。但事实并非如此。如前所述,该机制主要是为了"促进遵约"而非"处理不遵约"。换言之,它在法律效力上并不具备执行性,反而显现出软弱性。尽管《巴黎协定》参与方数量众多体现了其广泛性和包容性,但与此同时,也带来诸多难以调和的矛盾。⑤ 因此,在缔约方的减排行动充分且力度较大时,《巴黎协定》遵约机制不能对其加以鼓励;而在缔约方违反相关条款或任意退出时,它也无法提供

---

① 参见杨宽:《条约单方退出的国际法律规制的完善——从美国退出〈巴黎协定〉谈起》,载《北京理工大学学报(社会科学版)》2019 年第 1 期。

② 参见卜璐:《论国际条约的单方退出》,载《环球法律评论》2018 年第 3 期。

③ See Oscar Schachter, *The Twilight Existence of Nonbinding International Agreement*, 71 American Journal of International Law 296 (1977).

④ 不过,需要明确的是,上述软法虽不具有法律约束力,但往往可产生实际社会效果。参见冯帅:《食品安全监管国际软法变革论——食品安全全球治理的视角》,载《北京理工大学学报(社会科学版)》2018 年第 6 期。

⑤ 参见衰倩:《多层级气候治理:现状与障碍》,载《经济社会体制比较》2018 年第 5 期。

实质救济。在此情形下，充分履约的国家可能因减排行动得不到表彰而减损积极性，而消极履约的国家或因无须承担任何法律后果而放任自身行为。就该层面而言，缺乏约束力的奖惩制度，将很难确保"自下而上"减排方案的顺利进行。尽管 NDC 机制为减排目标的修订预留了空间，但由于它本身过于保守，因此，即使缔约方完全按照 NDC 目标来履约，也只能将全球温升幅度控制在 3℃~3.2℃，离《巴黎协定》的 2℃和 1.5℃目标尚存较大差距。①

事实上，当前，学术界对《巴黎协定》遵约机制的法律效力也给予较多关注，且表现出明显担忧。比如，杰弗里·萨克斯认为，尽管制定了减排目标，但因缺乏具体细则，《巴黎协定》将无法取得长期成功；奥兰·扬也认为，就目前的制度设计来看，《巴黎协定》的温升控制目标将很难实现。在此基础上，"全球气候变暖研究之父"——詹姆斯·汉斯更是直接将《巴黎协定》及其条款斥为"无用"（useless）。② 由此，对《巴黎协定》遵约机制的法律效力进行补充，似已迫在眉睫。但是，这并不表明"促进遵约"的"巴黎模式"需回归到"促进遵约+处理不遵约"的"京都模式"。《巴黎协定》遵约机制虽由硬法和软法构成③，但在效力上偏向于"强"软法性，因此，如何对它予以适当强化，使之具有一定的执行力，应是《巴黎协定》遵约机制的未来完善方向之一。

当然，效力强化须兼顾《巴黎协定》遵约机制的"自上而下+自下而上"性——不能过于强调执行力而使之走向"京都模式"。事实上，硬法属性应为第二性，软法属性仍为第一性，否则极易偏离《巴黎协定》宗旨。换言之，该机制在法律效力上应位于"京都模式"和"巴黎模式"之间。当然，这就需在遵约、奖励和法律责任等方面寻找新的平衡，在照顾各方利益的基础上体现一定威慑。在制度设计上，可基于国际法的诚信原则，并结合《巴黎协定》的稳定性价值追求和《维也纳条约法公约》内容，强调缔约方遵约后的鼓励方案，同时明确不遵约的行为方式，并对之加以纠正。④ 具体来说，遵约机制的效力强化涉及两方面内容。一是正向激励。这主要是提升缔约方在遵约上的惠益吸引，允许其采取一切可行的减排措施。比如，借鉴"京都三机

① 参见王瑜贺、张海滨：《国外学术界对〈巴黎协定〉履约前景分析的述评》，载《国际论坛》2017年第 5 期。
② See Oran R. Young, *The Paris Agreement: Destined to Succeed or Doomed to Fail?*, 4 Politics and Governance 124 (2016)；王瑜贺、张海滨：《国外学术界对〈巴黎协定〉履约前景分析的述评》，载《国际论坛》2017 年第 5 期。
③ 《巴黎协定》第 15 条为国际硬法规范，而《巴黎遵约程序》属于国际软法。
④ "纠正"属于"弱"处理方式，是就部分限制措施而言——不同于强制性的"处罚"。否则，易与《巴黎协定》遵约机制的非惩罚性相悖。

制",以多边、区域和双边合作为基础,增加缔约方的减排选择——《巴黎协定》第 6 条第 3 款允许通过国际转让的减缓成果(internationally transferred mitigation outcomes)来实现 NDC 承诺,应该也是此种考量。① 事实上,这一以"俱乐部"形式构建起来的合作在缔约方对外行动上也可起到协调作用。② 不过,需要注意,这将涉及减排量的重复计算,故还应对这一方案予以细化。二是反向执行。《巴黎遵约程序》中的促进协助、提供建议和制订计划等措施无法让不遵约方付出"代价",难以对它及其他缔约方形成一定威慑。虽然"棘轮锁定"式的遵约在某种程度上乐见缔约方减排力度的增强,但其"倡议"性质仍无法为缔约方行动提供现实指引。故可考虑赋予委员会以一定的执行力。事实上,从《巴黎协定》第 15 条第 1 款来看,其亦允许遵约机制用于"促进执行",这表明,在协助和支持之外,委员会还可采取其他措施,至少让不遵约方感受到来自外界的压力——前文提及的发布预警通知便不失为一种方案。不过,这应以不增加违约成本为限,否则亦与《巴黎协定》遵约机制的精神相悖。在预警通知无法发挥作用时,可适当引入"宣布不遵约"。③ "宣布不遵约"的执行力并不强——"京都模式"将之与成员资格的取消与恢复挂钩,才使它被赋予强制性。故选用这一措施时还应慎重,不得与惩罚性措施相结合。

此外,在对法律效力予以适度强化之时,还应兼顾公正和效率。其中,公正为《巴黎协定》遵约机制的本质要求,而效率是经《巴黎协定》遵约机制而构建的气候变化国际法律秩序的应有之义——二者是实现《巴黎协定》下气候正义的根本保证。

四、加强遵约机制运行的国际合作

遵约机制的良好运行,无法单靠一个或几个国家来保障,而是需所有利益相关者共同努力——既包括国家,也包括非国家。不过,由于当前的国际体系仍以国家为中心,因此,本书拟从国家间互动来分析。一般来说,该互动应在如下三方面发力。

(一)疏导缔约方的利益分歧

尽管全球利益是气候治理的理想偏好,但在当前,国家利益仍在气候谈

---

① 《巴黎协定》第 6 条第 3 款:"使用国际转让的减缓成果来实现本协定下的国家自主贡献,应是自愿并得到参加缔约方允许的。"

② See William Nordhaus, *Climate Clubs: Overcoming Free-riding in International Climate Policy*, 105 American Economic Review 1339 (2015).

③ 参见魏庆坡:《美国宣布退出对〈巴黎协定〉遵约机制的启示及完善》,载《国际商务(对外经济贸易大学学报)》2020 年第 6 期。

判中占主要位置，且在很大程度上影响国际合作开展。因此，在《巴黎协定》遵约机制的完善中，要突破合作"瓶颈"，就需对现有利益分布类型化，并在此基础上弥合各自分歧，以形成更广泛共识。

虽然《巴黎协定》的达成初步彰显了大国合作已经开始，结束了2009年哥本哈根气候谈判的固有僵局，但这不意味着《巴黎协定》遵约机制已进入良性运行阶段。事实上，由于《巴黎协定》试图平衡各方利益，因此，其原则性规定反而导致遵约机制在完善上面临更多利益博弈难题。换言之，尽管《巴黎协定》遵约机制仍以国际合作为目标定位，但考虑到国家利益差异，并未在《巴黎遵约程序》中提及该词，给遵约留下较多遐想空间。然而，不论是信息收集，还是经验交流，国际合作显然更能推动遵约进程。就该层面而言，"利益—目标"框架或更能彰显其内在逻辑。该框架致力于打通国家利益和全球目标的内在结构，从主体尺度性和客体自身属性上区分利益和目标，并以施动者的行为为研究对象。进言之，利益和目标的一致性催生了国际合作，但该合作的达成仍依赖于施动者的理性选择。作为客观存在的框架结构，"利益—目标"将促使施动者按照国际惯例从事相关活动，进而决定是否遵约。[①] 值得肯定的是，它并不排斥非国家主体参与。

目前，在《巴黎协定》中，大致存在三对基本利益。一是发达国家与发展中国家的"南—北"利益。该利益贯穿于全球气候治理始终——自UNFCCC谈判伊始便存在。其焦点在于：是全面促进气候治理，还是优先保障经济发展？前者是发达国家较为关心的问题，而后者是发展中国家面临的现实难题。在此基础上，双方在减排、资金、技术和能力建设等方面产生分歧，并成为双方政治博弈的主线——发达国家希望维持既得利益，而发展中国家希望争取更多发展空间。二是发达国家与发达国家的"北—北"利益。前文已述，发达国家一方面集体对外，希望在全球气候治理中获得更多利益，另一方面也产生了诸多内部分歧——在"京都时期"，欧盟主导全球进程，而美国虽退出《京都议定书》但却致力于在"圈外"组建新的联盟，并与之分庭抗礼。在《巴黎协定》中，"领导赤字"进一步加剧了发达国家的分散状态，不同集团暗自发力，试图夺回领导权。三是发展中国家与发展中国家的"南—南"利益。一般来说，小岛屿发展中国家因经济实力较弱，无力适应气候变化带来的负面影响，担心海平面上升将危及国民生命，因此弃"发展"而保"生存"，在立场上与大多数发展中国家渐行渐远；"阿拉伯石油输出国

---

① 参见李金祥：《生成性的"利益—价值"范式和外交决策分析》，载《世界经济与政治论坛》2019年第4期。

组织"（Organization of Arab Petroleum Exporting Countries）担心减排或将导致石油生产成本上升和需求量下降，进而威胁经济命脉，故强硬地反对削减排放；"雨林国联盟"（Alliance of Rainforest Nations）建议将避免毁林作为履约方式，并设置补偿机制，以弥补其耕地缩小和粮食减产。①

对此，在"利益—目标"框架下，国际合作无疑是最好的解决办法。虽然达成完全一致的气候利益不太可能，但对其进行疏导却是可以实现。具体来说，可从四个方面来考量：其一，制定选择性激励措施，缓解缔约方利益分化，即完善碳交易市场的国际机制，使减排行动积极且效果良好的缔约方从中获利并进行嘉奖，而对减排能力不足的缔约方予以及时帮助，切实提高其能力建设。其二，设置"过渡期"，为发展中国家的义务承担提供缓冲。这主要借鉴《蒙特利尔议定书》——既可为能力较弱的国家提供休整时间，使其逐渐接受并主动参与减排，也可释放出各国共同参与的合作前景。其三，细化"动态复合减排标准"，深入考察缔约方的现实情况。尽管 NDC 机制将经济社会发展水平、资源禀赋和人口数量纳入"动态复合减排标准"，但为了使之更明确且能体现减排重要性，可进一步补充历史和现实排放、累计和人均排放等指标，通过全面、系统的排放梳理，减少来自发达国家的反对之声。② 其四，鼓励《巴黎协定》外的其他领域谈判，发挥涉气候治理议题的连接作用，进一步缩小缔约方利益分歧，以形成合力。比如，G8、G20、《蒙特利尔议定书》缔约方会议、主要经济体能源和气候变化论坛（Major Economies Forum on Energy and Climate）、基础四国气候变化部长级磋商会议（BASIC Ministerial Meeting on Climate Change）等便可与《巴黎协定》形成补充，通过技术支持和政治意愿，推进气候变化领域的国际合作。③ 当然，在此过程中，以双边和区域合作撬动多边合作的灵活方式或对推进气候变化领域的国际合作有所帮助。④

---

① 此外，"拉丁美洲加勒比海国家集团"（Latin American Caribbean States）、"环境公正集团"（Environmental Justice Group）等其他组织，利益关切点亦存在显著差别。参见潘家华：《国家利益的科学论争与国际政治妥协——联合国政府间气候变化专门委员会〈关于减缓气候变化社会经济分析评估报告〉述评》，载《世界经济与政治》2002 年第 2 期。
② 参见陈贻健：《国际气候法律新秩序的困境与出路：基于"德班—巴黎"进程的分析》，载《环球法律评论》2016 年第 2 期。
③ 参见高翔、王文涛、戴彦德：《气候公约外多边机制对气候公约的影响》，载《世界经济与政治》2012 年第 4 期。
④ 参见冯帅：《美国气候政策之调整：本质、影响与中国应对——以特朗普时期为中心》，载《中国科技论坛》2019 年第 2 期。

（二）加强 CBDR-RC 原则的规范解释

CBDR-RC 原则虽产生于 20 世纪 70 年代，并成为国际环境法的基石①，但很遗憾，由于未形成统一认识，它呈现出两条解释路径。一是强调共同责任。这是发达国家所主张的。他们认为，气候变化关乎全人类福祉和所有国家利益，因此，温室气体减排和气候治理应是缔约方的共同责任——基于生态系统完整性和统一性而提出的观点。二是强调区别责任。这是发展中国家所坚持的。他们认为，发达国家无论是在历史排放上还是在能力建设上都应担负更多责任，而发展中国家则无必要——基于气候变化的综合性和复杂性所衍生的观点。②

是以，CBDR-RC 原则的重心一度在"共同责任"和"区别责任"之间摇摆：在 UNFCCC 中，"共同责任"更加凸显；在《京都议定书》中，"区别责任"被置于首位；在《巴黎协定》中，"共同责任"的比重又得到增强。③ 事实上，气候谈判的诸多困境就此展开——不同国家围绕各自承担的责任而进行激烈博弈。在是否将 CBDR-RC 原则适用于遵约机制上，各方观点不一。发达国家认为，根据条约必须信守原则，各缔约方应"无差别"地受条约约束，既然遵约机制在构建时已考虑到不同国家的特殊情况，那么再在此事上纠缠就无必要；而发展中国家表示，既然遵约机制附属于相关条约，那么条约中的 CBDR-RC 原则自然应比照适用，且发达国家和发展中国家的可能不遵约需有所区分——前者源于意愿不足，而后者表现为能力有限。④ 换言之，在发达国家眼中，CBDR-RC 原则即使可适用于遵约机制，也应一视同仁地对待所有缔约方；而在发展中国家看来，CBDR-RC 原则不仅可适用于遵约机制，而且应参照条约中的资金和技术机制而区分不同缔约方的责任和义务。

故而，在国际法框架下，如何进一步明确其含义，化解 CBDR-RC 原则的释义困境，显得尤为必要。本书认为，CBDR-RC 是一个完整的国际法概念，若对它进行分割，恐有违善意解释之嫌。因此，笔者不拟对"共同责任"和"区别责任"作任何人为切割，仅对 CBDR-RC 原则进行整体性把握，重释其中的关键要素。首先，从文义解释上来看，CBDR-RC 原则是一项"同质责

① 参见[法]亚历山大·基斯：《国际环境法》，张若思编译，法律出版社 2000 年版，第 115 页。

② 参见王春婕：《论共同但有区别责任原则：基于立法与阐释双重视角》，载《山东社会科学》2013 年第 12 期。

③ 参见陈贻健：《国际气候法律新秩序的困境与出路：基于"德班—巴黎"进程的分析》，载《环球法律评论》2016 年第 2 期。

④ 参见王晓丽：《多边环境协定的遵守与实施机制研究》，武汉大学出版社 2013 年版，第 73～74 页。

任"原则。"同质责任"相较于"异质责任"而言。具言之,由于 CBDR-RC 原则是一项法律原则而非道义原则,因此,它对所有缔约方均适用,此为"同质"性;反之,若基于 CBDR-RC 原则,在要求发达国家承担减排责任之时,亦要求发展中国家参与减排,则由于后者并非 CBDR-RC 的应有之义,因此,前者可视为法律原则,而后者为道义原则,此为"异质"性。① 既然 CBDR-RC 已成为国际环境法的一项基本原则,那么它必然对所有缔约方统一适用。其次,从体系解释上来看,CBDR-RC 原则是一项"客观要件"原则。"客观要件"与"主观身份"相对。"主观身份"主张,CBDR-RC 原则的适用是基于发达国家和发展中国家的主体身份,具有静态性和主观性;而"客观要件"强调 CBDR-RC 原则适用的动态性、客观性和可重复性,要求明确主体身份的界定标准和历史排放等多重指标。② 最后,从目的解释上来看,CBDR-RC 原则是一项"分配正义 + 矫正正义"原则。"分配正义"要求在缔约方的减排配额上体现公平正义,属于气候责任的初级分配;而"矫正正义"主张缔约方对历史排放所致的后果承担责任,是一种"后顾式"公平正义,属于气候责任的再次分配。③ 分配正义和矫正正义暗含对发展中国家减排配额的补偿,是落实气候正义的需要,也是对所有缔约方的一种合理对待。④

由此,CBDR-RC 原则应适用于所有缔约方,且作为一项法律原则而非道义原则,需对不同缔约方的责任进行区分。由于遵约机制是《巴黎协定》下的体制设计,故该原则亦应整体适用。

目前来看,《巴黎遵约程序》虽然多次强调"国家能力和各自情况",看似遵循了 CBDR-RC 原则,但是,从欧盟意图可知,它仍主张委员会所采取措施应"平等"地适用各方。换言之,委员会在审议时可享有一定的自由裁量权,而区别对待仅是基于个案情况而非发达国家和发展中国家的责任差异。⑤由此,本书认为,可适时引入"共同且对称责任"(common and symmetrical

---

① 参见陈贻健:《国际气候变化法中的公平论争及其解决框架》,载《河南财经政法大学学报》2016 年第 6 期。
② 参见陈贻健:《国际气候变化法中的公平论争及其解决框架》,载《河南财经政法大学学报》2016 年第 6 期。
③ 参见姚莹:《德班平台气候谈判中我国面临的减排挑战》,载《法学》2014 年第 9 期。
④ 参见曹明德:《中国参与国际气候治理的法律立场和策略:以气候正义为视角》,载《中国法学》2016 年第 1 期。
⑤ 参见兰花:《欧盟关于〈巴黎协定〉遵约机制的提案分析》,载程卫东、李以所主编:《欧洲法律评论》第 3 卷,中国社会科学出版社 2018 年版。

responsibility)原则。① 在该原则下,缔约方的责任需与能力相对称。由于国家能力处于发展中,因此,其所承担的责任划分也是一个动态的过程。这包括两层含义:一是当一缔约方作为发展中国家时,所承担的责任自然无法与发达国家比肩;二是当该缔约方的经济发展至发达国家水平时,所承担的责任也应随之增加。按此逻辑,若发达国家受内外因素影响,经济倒退至发展中国家水平时,亦允许其所承担的责任予以适当降低。

(三)促进资金援助和技术支持

资金和技术关乎发展中国家的遵约能力,故它们是 CBDR-RC 原则的"两翼",也是缔约方合作的重要内容。如果说利益疏导和 CBDR-RC 原则的重释是从顶层设计上来规划,那么资金援助和技术支持则是从具体操作上来思考。气候资金和技术规则均产生于 UNFCCC,并已发展为全球气候治理的重要议题。

前文已述,气候资金主要包括全球环境基金、适应基金、绿色气候基金等。其中,全球环境基金是最早的国际环境资金机制,主要源于各国捐赠;适应基金的资金来源包括清洁发展机制产生经核证减排量的 2% 的收益、发达国家自愿捐资及少量投资性收入;绿色气候基金是《巴黎协定》时代气候资金的主要渠道,主要源自发达国家注入。在气候资金机制中,设有专门管理机构,包括基金理事会、董事会、秘书处和私营部门等。在以上资金中,绿色气候基金的影响最广。② 相关数据显示,2016 年,绿色气候基金的赠款达 4 亿美元左右,其中 2.1 亿美元用于适应领域。近几年,绿色气候基金更是通过催化作用而撬动 8.74 亿美元联合融资。③ 尽管如此,气候资金缺口仍在持续增大。根据 UNEP 统计结果显示,2030 年气候资金需求将达目前水平的 6~13 倍,至 2050 年,将扩大到 12~22 倍。④

鉴于当前的气候资金呈现出分散性和滞后性,因此,在加强资金援助的国际合作上,可从三方面来思考。其一,在出资上,明确公共和私人出资比例,确保气候资金来源,并加强各类基金的内在联系,打通它们与所支持国家的财政流向,以便于不同资金相互补充。这就要求对气候资金进行整合,建立项目共享数据库,以实现气候资金的全球共享与合作。同时,为了撬动

① See H. Deng & C. Chen, *Common and Symmetrical Responsibility in Climate Change: A Bridging Mechanism for Adaptation and Mitigation*, 99 Journal of East Asia & International Law 99 (2016).

② See Green Climate Fund, *Insight: Introduction to GCF*, Green Climate Fund (Aug. 18, 2022), https://www. greenclimate. fund /documents/20182 /194568 /GCF_ INSIGHT_2016 /dc2b945f-d96a-4f6d-9eeb-3960beee919a.

③ See UNEP, *The Adaptation Finance Gap Report* 2016, UNEP, Nairobi, 2016.

④ See UNEP, *The Adaptation Finance Gap Report* 2016, UNEP, Nairobi, 2016.

更多资金投入,可持续推进气候资金的工具创新,探索规模较大的项目融资。其二,在运营和使用上,提高资金的公平合理分配,提升其批准和使用效率,并区分不同规模的资金使用状况,确立资金拨付类型,同时保障发展中国家自主使用,以加强其遵约能力。其三,在监督上,梳理资金的信息汇集过程,完善资金使用的监督程序及问责机制,并建立"自下而上"的资金测算和使用效果评估机制,同时引入第三方核证机构,确保资金运营和使用之便捷、合理。① 当然,在此过程中,还应确保资金援助的透明度,基于 MRV 制度,要求发达国家以尽可能准确、客观的表达方式和话语路径来明确出资额度及使用方案。需要注意的是,通过深化 UNFCCC 秘书处与 OECD、世界银行和亚洲基础设施投资银行(Asian Infrastructure Investment Bank)等国际组织的合作,亦可在一定程度上促进遵约效果。②

气候技术是环境友好技术之一,主要源于 1992 年《21 世纪议程》第 34 条的有关规定。③ 通常来说,它可分为减缓气候变化和适应气候变化两种。前者主要指清洁能源技术,而后者包括防止生态系统遭受破坏的先进技术。在技术支持中,主要涉及技术手段的传播和使用,以及技术要素的流动和转移。前文已提到,在《巴黎协定》下,技术支持之所以陷入僵局,主要原因有三:一是气候技术可归属于知识产权,而知识产权具有极强的私法属性,与《巴黎协定》下技术支持的公法属性存在冲突;二是就目前来看,气候技术通常掌握在私人企业手中,因此,即使作为缔约方的发达国家作出承诺,也需它们同意方可——这在"私权至上"的西方社会尤为明显;三是如前所述,《巴黎协定》虽属于国际硬法,但整体效力却不强,因此,发达国家在转让时拥有相当大的自由裁量空间,使发展中国家难以获取核心技术。尽管《巴黎协定》也已意识到该问题,并试图将全球环境基金、绿色气候基金作为突破口,实现资金和技术机制的融合④,但一方面仍侧重于"鼓励",另一方面也

---

① 参见许寅硕、刘倩:《全球气候适应资金的现状与展望》,载《中央财经大学学报》2018 年第 8 期。

② 参见龚微:《论〈巴黎协定〉下气候资金提供的透明度》,载《法学评论》2017 年第 4 期。

③ 《21 世纪议程》第 34 条第 1 款、第 2 款、第 3 款指出:"无害环境技术是保护环境的技术,与其所取代的技术相比,污染较少、利用一切资源的方式较能持久、废料和产品回收利用较多、处置剩余废料的方式较能接受。就污染方面来说,无害环境技术是产生废料少或无废料、防止污染的'加工和生产技术'。处理所产生污染的'管道终端'技术亦包括在内。无害环境技术不仅指个别技术,而是包括实际知识、程序、产品和服务的整套系统、设备及组织和管理程序,即在讨论技术转让时,技术选择的人力资源开发和地方能力建设及有关性别,均涵盖在内。无害环境技术应与国家确定的社会经济、文化和环境优先事项相符。"

④ See CMA, *Decision 7/CMA. 2*:*Guidance to the Global Environment Facility*, UNFCCC (Mar. 16,2020), https://unfccc. int/sites/default/files/resource/cma2019_06a01E. pdf.

未产生明显效果。①

本书认为,在技术支持的国际合作上,可从三个方面来考虑:一是强化气候技术中心与网络和技术执行委员会的功能。2013 年 UNFCCC 第十九次缔约方会议通过的第 25/CP. 19 号决定表示,气候技术中心与网络应与技术执行委员会共同努力,一方面确保技术机制的一致性和协同性,另一方面加快技术开发和转让,以扩大技术支持的国际合作规模。② 目前,二者负责为发展中国家提供有效的技术解决方案,以提升适应气候变化能力,并通过搭建网络平台,成为技术转让枢纽。在此基础上,可将促进公共部门与私人企业合作作为二者的功能拓展,强调"公共"与"私人"的共性和联系,以消除国际合作壁垒。二是增强技术合作深度。在《巴黎协定》的基础上,通过全面分析技术合作性质及其面临的主要障碍,可针对性地实现并增强技术合作。鉴于《巴黎协定》有意将资金和技术机制挂钩,因此,还可探索便利支持技术合作的资金方案和典型模式,以推进合作范围与程度。三是建立知识共享和风险共担的长效机制。由于技术支持通常与知识产权相联系,因此,建立长效机制可将它独立于传统知识产权,使之跨越国际知识产权制度而得以合法转让。在此过程中,转让方和被转让方需建立彼此间信任——这正是知识共享和风险同担的必然追求。

强制许可制度能否适用于该问题?答案应是否定的。强制许可是指不经专利权人同意而由法律或政府强制授予他人使用相关产品。③ 专利制度本身蕴含两大价值:激励和获取。前者表征的是激励创新和创造,而后者以他人获取该产品为目的。强制许可制度确实可在短期内解决技术支持难题,降低独占许可下他人获得气候技术的成本,体现了"获取"价值,但它易引起发达国家及私营企业反弹,有损对技术创新的"激励"。尤为重要的是,强制许可制度具有非常强的刚性和外界迫使性,不仅与国际法定位不符,更与《巴黎协定》遵约机制的非对抗性相悖。就该层面而言,技术支持的国际合作虽需增强,但不能一蹴而就,更不能站在功利主义立场而忽视其他缔约方利益诉求——这不仅将走向另一极端,还易引发更严重的集团对峙。

① 参见蒋佳妮、赵元佑、王灿:《气候技术国际合作模式:现状及未来方向》,载《阅江学刊》2018年第 1 期。

② See COP, *Decision 25/CP. 19:Modalities and Procedures of the Climate Technology Centre and Network and its Advisory Board*, UNFCCC(Jan. 31,2014), https://unfccc. int/sites/default/files/resource/docs/2013/cop19/eng/10a03. pdf.

③ 参见张伟君:《专利强制许可制度的合理性分析》,载《科学管理研究》2009 年第 4 期。

第三节 《巴黎协定》遵约机制的要素完善

理念转型和制度优化最终均落脚于具体规则的设计上,因此,为了摆脱规则内容的"空心化"困境、履约主体的"多元非协同"困境和机制运行的"选择性失语"困境,《巴黎协定》遵约机制还需在规则上予以调整,使之兼具规范性、针对性和可操作性,以实现确定性与灵活性、公平性与效率性的统一。在《巴黎协定》遵约机制中,尽管《巴黎协定》第 15 条过于原则化,但它作为一项"授权性"条款,本来也无须担负更多使命,因此,本部分所指的"要素完善"是就《巴黎遵约程序》而言。就目前来看,《巴黎遵约程序》虽已基本成型,但在主体规则、行为规则和与行为规则有关的其他规则上还有待完善。其中,主体规则主要指国家能力的界定,行为规则包括机构职能、程序启动主体、遵约委员会审议范围和遵约措施的性质等。在回顾"蒙特利尔模式"和"京都模式"并参考 2001 年 UNEP《多边环境协定遵约准则》的基础上[1],本书拟逐项提出完善建议。

一、国家能力的界定(第 2 条)

尽管国家能力的界定众说纷纭[2],但一般来说,其表征主要集中在两个方面:一是内生发展能力,即通过制度设计来增进市场的能力;二是集中资源采取公共性和长远性活动,以实现国家发展目标的能力。[3] 故国家能力有国内和国际两个维度的解读——在国内层面,基于"国家—市场—社会"结构,表现为对宏观经济的管理能力、公共服务和风险管理能力;在国际层面,表现为对外交往中维护和实现本国利益及国际竞争与合作能力。[4] 在此基础上,UNFCCC 第五次缔约方会议达成的第 10/CP.5 号决定指出,发展中国家的能力建设需求包括:机构能力建设、清洁发展机制下的能力建

---

[1] See UNEP, *UNEP Guidelines on Compliance*, UNEP (Feb. 9, 2001), http://www. unep. org/delc/portals/119/UNEP-Guidelines_for_MEAS_Chinese_Edition. pdf.

[2] See T. Besley & T. Persson, *The Origins of State Capacity: Property Rights, Taxation, and Politics*, 99 American Economic Review 1218 (2009); D. Acemoglu, J. Moscona & J. A. Robinson, *State Capacity and American Technology: Evidence from the 19th Century*, 106 American Economic Review 61 (2016);王仲伟、胡伟:《国家能力体系的理论建构》,载《国家行政学院学报》2014 年第 1 期。

[3] 参见周庆智:《县政治理:权威、资源、秩序》,中国社会科学出版社 2014 年版,第 120 页。

[4] 参见王仲伟、胡伟:《国家能力体系的理论建构》,载《国家行政学院学报》2014 年第 1 期。

设、人力资源开发、技术转让、国家信息通报、适应、公众意识、协调与合作等。①

《巴黎协定》第 15 条和《巴黎遵约程序》均对最不发达国家和小岛屿发展中国家作了特殊对待，认为在遵约问题上，需照顾国家能力和特殊情况。而其他发展中国家并未被给予过多考虑。事实上，由于发展中国家易受气候变化的不利影响，因此，"蒙特利尔模式"和"京都模式"均采取"发展中国家，尤其是最不发达国家和小岛屿发展中国家"的表述，表明二者将发展中国家作为特殊群体，明确其特殊需求。《多边环境协定遵约准则》在第 34 条（b）款也表示，应建设和加强发展中国家，特别是最不发达国家和小岛屿发展中国家之能力②。这意味着作为国际环境法的遵约规则指引，它亦承认其他发展中国家的能力脆弱性。故建议将《巴黎遵约程序》第 2 条"委员会应特别关心缔约方的国家能力和各自情况"修改为"委员会应特别关心缔约方的国家能力和各自情况，尤其是发展中国家（包括并以最不发达国家和小岛屿发展中国家为主）的特殊情况"。为了与之对应，第 19、28 条中的"最不发达国家和小岛屿发展中国家的特殊情况"调整为"发展中国家（包括并以最不发达国家和小岛屿发展中国家为主）的特殊情况"。这样安排，既避免将其他发展中国家排除在外，也可兼顾《巴黎协定》对最不发达国家和小岛屿发展中国家的单独关照，一方面体现了 CBDR-RC 原则在遵约机制中的适用，另一方面也通过"以……为主"的表述消除发达国家疑虑。在此过程中，可借鉴《蒙特利尔议定书》第 5 条，为发展中国家的能力建设规划十年缓冲期，并通过"滚动"式支持解决多元主体协同不能的困境。

二、遵约机构的职能（第 4、19 条）

作为促进遵约的核心机构，遵约委员会承载着缔约方会议对《巴黎协定》有效实施的期盼。换言之，遵约委员会虽不是政府间国际组织，但通过制度化安排而发挥着监督作用，促使缔约方善意遵约。在《巴黎遵约程序》中，有两处涉及遵约委员会职能：一是第 4 条关于遵约委员会的工作原则；二是第 19 条关于遵约委员会的议事规则。

首先，关于遵约委员会的工作原则。《巴黎遵约程序》表示，遵约委员会

---

① See COP, *Decision 10/CP. 5: Capacity-building in Developing Countries (Non-Annex I Parties)*, UNFCCC (Feb. 2, 2000), https://newsroom. unfccc. int/sites/default/files/resource/docs/cop5/06a01. pdf.

② See UNEP, *UNEP Guidelines on Compliance*, UNEP (Feb. 9, 2001), http://www. unep. org/delc/portals/119/UNEP-Guidelines_for_MEAS_Chinese_Edition. pdf.

工作时应遵守《巴黎协定》的有关规定,禁止其作为执法和争端解决机制。诚然,"促进遵约"应是遵约委员会构建和运行的基本逻辑,但它排除遵约机制的执行性,与《巴黎协定》不符。在第 15 条,《巴黎协定》指出,该机制应具有"促进执行"和"促进遵约"双重属性。其中,"促进遵约"经由《巴黎遵约程序》第 3、4 条呈现,而"促进执行"则未显示。一般而言,"促进执行"虽重在"促进"但兼具"弱"执行性。换言之,它表示遵约委员会在"促进遵约"时对不遵约结果的执行,指向的是"推动遵约"。由于"京都模式"下的"强"执行性与《巴黎协定》精神相悖,故不拟考虑。但是,根据《多边环境协定遵约准则》第 14 条(d)款,遵约机制应内含"纠正不遵约",并可酌情采取有力措施。[1] 其中的"纠正"并非"惩罚",且在强度上弱于"处理",或能更好地体现机制的促进性价值。在此基础上,本书认为,可考虑将第 4 条中的"不得作为执法和争端解决机制,也不得实施处罚或制裁"修改为"除了促进遵约和纠正不遵约之外,不得作为执法和争端解决机制,也不得实施处罚或制裁",以此明确遵约委员会的功能定位。事实上,"促进执行"与"促进遵约"的内在结构应是一致的——推动《巴黎协定》的切实遵守。

其次,关于遵约委员会的审议规则。《巴黎遵约程序》强调,遵约委员会应在进程所有阶段与所涉各方接触和磋商,但是,它既未明确遵约委员会的审议期限,也没有允许非国家主体参与。前者意味着遵约委员会可无限延长最终成果的作出时间——这或将导致不遵约行为无法得到及时纠正;而后者仅允许国家主体发表意见,难以调动非国家主体积极性。事实上,在"京都模式"下,《京都遵约程序》要求遵约委员会的初步审议时间为三周内,并允许政府间国际组织和非政府间国际组织提交有关信息。在《多边环境协定遵约准则》中,它虽未设置审议期限,但极力主张非缔约方广泛参与——第 27 条指出,缔约方可与包括私营部门和非政府组织在内的利益相关者合作,以增强遵约能力。[2] 鉴于此,本书认为,可考虑在《京都遵约程序》第 19 条增加(f)款和(g)款,其中,前者为"遵约委员会的初步审议,应在收到与遵约有关的问题之日起三周内完成",后者为"包括政府间国际组织和非政府间国际组织在内的利益相关者可向委员会提交有关事实和技术信息"。这并非对遵约委员会的独立审议职能做任何改变,而是在兼顾公平效率的基础上,体现更多主体利益,实现国家与非国家协同。事实上,(g)款

---

[1] See UNEP, *UNEP Guidelines on Compliance*, UNEP (Feb. 9, 2001), http://www. unep. org/delc/portals/119/UNEP-Guidelines_for_MEAS_Chinese_Edition. pdf.

[2] See UNEP, *UNEP Guidelines on Compliance*, UNEP (Feb. 9, 2001), http://www. unep. org/delc/portals/119/UNEP-Guidelines_for_MEAS_Chinese_Edition. pdf.

通过"事实"和"技术信息"的限定,也排除了非国家主体对遵约判定可能产生的实质性影响。就该层面而言,第 19 款的完善主要是基于遵约判定的程序公正,以期为所涉各方提供程序性保障。

三、遵约程序启动的主体(第 22 条)

前已述及,《巴黎协定》遵约机制的启动方式有四种,但主体却仅两个:一是缔约方本身;二是秘书处。无论是基于缔约方本身的"自我"启动,还是秘书处提起的"组织"启动,都无法涵盖一缔约方对另一缔约方的"他方"启动。换言之,若一缔约方发现并有确凿证据表明另一缔约方存在不遵约情形,能否向遵约委员会或缔约方会议提交书面意见?根据现有机制设计,其无此权利——这显然无法实现"促进遵约"。故"他方"启动亦应为遵约机制的启动方式之一。那么,能否将它纳入"组织"启动而不对条文作任何修改,答案应是否定的。若"组织"启动可涵盖"他方"启动,则意味着秘书处在收到缔约方关于其他缔约方遵约问题的意见时,需核实真实性后方可启动程序,而这将增加秘书处的工作成本,也与"及时"促进遵约的导向不符。

尽管《多边环境协定遵约准则》第 14 条(d)款表示,在确定缔约方是否遵约上,应由缔约方会议或遵约机构所作出——并未深入机制启动和遵约判定的内部流程。[①] 但不论是"蒙特利尔模式"还是"京都模式",均提到"他方"启动。比如,在"蒙特利尔模式"下,《不遵守情事程序》第 1 条允许一缔约方对另一缔约方可能存在的遵约问题持保留态度,并允许其形成书面意见后提交秘书处。《多边协商程序》第 5 条(c)款亦主张,一缔约方或一些缔约方可提出与另一缔约方或另一些缔约方遵约有关的问题。在"京都模式"下,《京都遵约程序》第 6 条第 1 款(b)项也表示,委员会可审议一缔约方针对另一缔约方而提交的有佐证信息支持的遵约问题。考虑到"他方"启动的重要性,本书认为,宜借鉴现有处理方式,在《巴黎遵约程序》第 22 条(a)款增加第(五)项"一缔约方或一些缔约方提交的与另一缔约方或另一些缔约方有关的有佐证信息支持的遵约问题"。需要注意的是,在"组织"启动上,"蒙特利尔模式"下的《不遵守情事程序》、"京都模式"和《巴黎协定》遵约机制都将主体限定为秘书处,而《多边协商程序》第 5 条(d)款将主体界定为缔约方会议。对此,本书认为,两种皆可。不论是缔约方会议还是秘书处,作为条约机构,可根据职责分工和调整,适时启动相关程序。

---

① See UNEP, *UNEP Guidelines on Compliance*, UNEP（Feb. 9, 2001）, http://www. unep. org/ delc/portals/119/UNEP-Guidelines_for_MEAS_Chinese_Edition. pdf.

　　此外,既然非国家主体也应参与多方治理,那么,若其发现缔约方的遵约问题,能否启动该程序?本书认为,只有当非国家主体的法律地位在《巴黎遵约程序》中得到确认,它们作为程序启动主体才能凸显其意义,因此,目前尚不足以将之与秘书处和缔约方并立。但是,如果非国家主体有确凿的信息资料支撑,仍可通过所在国向秘书处提出,并由该缔约方对上述资料予以审查、核实。

四、遵约委员会的审议范围(第 22、23 条)

　　遵约委员会的审议范围关乎遵约内容,并决定着遵约与否的判定——意在指引缔约方的履约活动。在第 22 条,《巴黎遵约程序》列举了遵约委员会审议事项:遵约缔约方未提交或未通报、未持续通报《巴黎协定》第 4 条第 12 款、第 9 条第 5 款和第 7 款、第 13 条第 7 款和第 9 款中规定的信息,或者虽提交了第 13 条第 7 款和第 9 款中规定的信息但与第 13 条第 13 款存在重大矛盾。换言之,缔约方仅在形式层面对 NDC 进行通报,并按要求提交相关材料,而不涉及实质内容。这在第 23 条得到印证。该条表示,遵约委员会在审议上述信息时,不讨论 NDC 和信息内容——意味着在判定缔约方是否遵约时,取决于其是否达到形式要求。显然,这将产生两个问题:一是该形式要求与实现《巴黎协定》的温升控制目标并无太大关联。《巴黎协定》指向温室气体减排,因此,遵约机制应重在考虑如何实现减排、如何控制温升幅度。换言之,遵约委员会审议的事项应以实质性问题为主,或至少应包括实质性问题。二是《巴黎遵约程序》仅列出少数几项条款,是否意味着遵约不需考虑《巴黎协定》的其他规定?从应然的角度来看,作为配套机制,它需对《巴黎协定》的所有条款进行统筹安排,否则应定位于"具体条款"而非对《巴黎协定》的遵守。

　　"蒙特利尔模式"和"京都模式"对此颇为关注。在"蒙特利尔模式"下,《不遵守情事程序》第 7、8 条强调,遵约委员会审议事项应是缔约方或秘书处提交的任何呈文、资料和意见,并争取为有关事项求得友好解决。《多边协商程序》虽较为笼统,但仍在第 6 条表示,遵约委员会审议的是与遵约有关的问题。在"京都模式"下,《京都遵约程序》第 8 条指出,促进事务组和强制执行事务组需负责对专家审评报告和缔约方提交的信息予以审议,尤其是强制执行事务组,应在规定时间内作出该缔约方是否遵守《京都议定书》某一或某几项条款的调查结果。换言之,在审议问题上,尽管"蒙特利尔模式"未区分形式问题和实质问题,但从体系解释来看,应是二者兼有,而"京都模式"更直接以实质问题的审议为主;在审议内容上,"蒙特利尔模式"采用概括性描述,主张对缔约方是否遵守《蒙特利尔议定书》和UNFCCC进行审议,而"京都模式"提到,审议内容应为缔约方是否遵守《京都议定书》的某一项或某几项条款。《多边环境协定遵约准则》在第15条也表示,遵约委员会审议的应为缔约方在"各项"目标上的总体实效,意味着它亦要深入实质问题且需对应条约的"所有"条款。① 基于此,本书认为,可考虑在《巴黎遵约程序》第22条增加(c)款"如果一缔约方或一些缔约方违反了《巴黎协定》的其他条款规定,遵约委员会也可启动程序,并注意到发展中国家(包括并以最不发达国家和小岛屿发展中国家为主)的特殊情况";同时将第23条"上文第22条(a)款所述的有关问题审议将不会讨论第22条(a)款(一)至(四)所述的贡献、通报、信息和报告内容"修改为"上文第22条(a)款所述的有关问题审议将同时讨论第22条(a)款(一)至(四)所述的贡献、通报、信息和报告内容"。前者既表明了遵约机制在《巴黎协定》下的应然定位,也兼顾了CBDR-RC原则;后者一方面将实体问题与形式问题并重,凸显了《巴黎协定》目标实现的迫切性,另一方面亦对机制运行过程加以充实,兼采程序公正和实体公正。

五、遵约措施的性质(第30、31条)

遵约措施是遵约委员会最终结果作出后,缔约方可采取的行动。在《巴黎遵约程序》中,这些措施基本限于"对话"、"协助"和"鼓励",具有道德倡议而非法律执行性质。这固然与遵约机制的非对抗性和非惩罚性相呼应,但同时反映出遵约委员会的结论缺乏信服力。随之产生的问题有二:一是究竟何种措施属于非对抗性和非惩罚性? 二是由于遵约委员会具有"促进遵约"和"促进执行"双重属性,因此,是否需针对不同属性而划分不同种类措施? 关于第一个问题,目前尚无统一标准。既然《巴黎协定》未加以明确,那么,从理论上来讲,只要在非对抗性和非惩罚性的框架下,任何措施均可。故除了上述"软措施"之外,亦可引入部分"硬措施"。关于第二个问题,考虑到"促进遵约"和"促进执行"的主要区别在于二者是否具有"弱"执行性,因此,区分不同种类的遵约措施无实际意义,但适当增强遵约委员会结论的法律效力可推动遵约。

在"蒙特利尔模式"下,《不遵守情事程序》第9条要求遵约委员会向缔约方会议提出报告,包括认为适当的遵约建议。第12条进一步表示,不遵

---

① See UNEP, *UNEP Guidelines on Compliance*, UNEP(Feb. 9, 2001), http://www.unep.org/delc/portals/119/UNEP-Guidelines_for_MEAS_Chinese_Edition.pdf.

约方应通过秘书处向缔约方会议通报第 9 条的措施执行情况。《多边协商程序》第 12 条也规定,遵约委员会结论应包括为推进 UNFCCC 而合作的建议,以及缔约方为有效履约而采取的措施。在"京都模式"下,《京都遵约程序》在第 14、15 条区分了促进事务组和强制执行事务组的遵约结论。其中,第 14 条主张,促进事务组所作结论应包括缔约方的资金和技术援助措施;而第 15 条指出,不遵约方不仅需定期提交计划执行的进度报告,还将面临成员资格的取消,并在第二承诺期被扣减排放空间。可见,不论是"蒙特利尔模式"还是"京都模式",均主张"软措施 + 硬措施",只是相较于"蒙特利尔模式"而言,"京都模式"的"硬措施"具有强制性。事实上,在《多边环境协定遵约准则》中,第 14 条(d)款也认为,可酌情在国际法框架下采取协助性和更强有力的措施。① 是以,本书认为,可考虑将《巴黎遵约程序》第 30 条(e)款"发布与上文第 22 条(a)款所述的履行和遵守事项有关的事实性结论"修改为"发布与上文第 22 条(a)款所述的履行和遵守事项有关的事实性结论,包括是否遵约的结论",同时,将第 31 条"鼓励有关缔约方向遵约委员会提供资料,说明在实施上文第 30 条(d)款所述行动计划方面取得的进展"修改为"酌情要求有关缔约方向遵约委员会提供资料,说明在实施上文第 30 条(d)款所述行动计划方面取得的进展,并附原因分析"。这样设计,既可通过"宣布不遵约"而在一定程度上增强《巴黎协定》遵约机制的法律效力,也可通过"酌情要求"的表述将遵约措施性质限定为非对抗性和非惩罚性。换言之,遵约措施一方面应继续体现促进性;另一方面也需被赋予"弱"执行性,使之在回应《巴黎协定》第 15 条"促进执行"的基础上,更好地服务大局。

六、遵约机制与其他机制的关系(第 36 条)

遵约机制内生于《巴黎协定》之下,故它必然与《巴黎协定》的其他机制存在逻辑关联。《巴黎遵约程序》第 36 条仅明确遵约委员会应向《巴黎协定》/UNFCCC 缔约方会议报告,而未涉及遵约机制与透明度、全球盘点、资金、技术和能力建设等机制之互动。上文已述,遵约机制表征的为缔约方是否遵守《巴黎协定》的所有规定,因此,它一方面需表明其他机制的履约情况应作为遵约判定的基本内容之一,另一方面也应在遵约措施中强化这些机制的运用。换言之,其他机制既可作为遵约启动的审议事项,也能作为不遵

---

① See UNEP, *UNEP Guidelines on Compliance*, UNEP（Feb. 9, 2001）, http://www. unep. org/delc/portals/119/UNEP-Guidelines_for_MEAS_Chinese_Edition. pdf.

约方继续履约的措施方案。其中,前者可被涵盖于上文的审议范围,故下文仅对后者予以考察。

尽管"蒙特利尔模式"囿于篇幅限制而未提及这一问题,但"京都模式"却对此进行了深入思考。在第 14 条,《京都遵约程序》将资金和技术援助(包括技术转让和能力建设)作为不遵约方继续履约的内容之一。第 15 条第 4 款更是引入"京都三机制",通过中止不遵约方在联合履约、排放贸易和清洁发展机制下的某项资格来达到纠正目的。《多边环境协定遵约准则》在第 33 条也表示,应为发展中国家缔约方提供财政和技术援助,以促进多边环境协定的遵守。它进一步指出,资金来源既可是全球环境基金,也可是多边开发银行,而技术应符合有关国家需要、战略和优先项目。尽管"京都模式"下中止缔约方成员资格的方式明显违背《巴黎协定》遵约机制的非对抗性和非惩罚性,但是,将其他机制引入遵约措施,或能更好地促进遵约。故本书认为,可考虑在《巴黎遵约程序》第 36 条之外增加第 37 条"委员会应在进程所有阶段考虑到《巴黎协定》下资金、技术、能力建设、透明度和全球盘点等机制的要求,并特别注意发展中国家(包括并以最不发达国家和小岛屿发展中国家为主)的特殊情况"。如此,一方面兼顾了《巴黎协定》遵约机制在促进遵约和纠正不遵约上的功能导向;另一方面亦可厘清遵约机制与其他机制的内在逻辑——透明度和全球盘点作为遵约机制的信息来源,而遵约机制的审议结果可供其参考;资金、技术和能力建设作为遵约机制的考量因素,而遵约机制的构建和运行可为之提供制度支撑。

在形式上,由于《巴黎遵约程序》已获通过,因此,可在后续《巴黎协定》缔约方会议上以"修正案"方式加以完善。事实上,这些"决定"的"软法"属性也表明,其通过程序较灵活——相较于条约修订而言更具可操作性。总的来说,无论是理念转型,还是制度优化,抑或要素完善,均指向"良法善治"的价值追求,希望通过"合目的性"的法治框架,在非对抗性和非惩罚性范围内,实现遵约机制的更加合理化和公正化。

第七章 《巴黎协定》遵约机制的完善：中国立场及其主要贡献

中国参与国际体系是双向的社会化过程，尤其对外开放战略的提出，在一定程度上塑造了中国与国际体系的融合——推动了其正向身份认同。目前，中国与国际体系的互动存在两大特征：一是二者形成共有知识并成就共同身份；二是国情的考量使之具有"中国特性"。前者表征为中国与其他国际法主体认知差距的缩小，以及合作意愿的增强；后者注意到中国人口众多但发展不平衡的特殊国情，并在参与过程中采取整体主义和协调主义。① 研究表明，在参与的国际制度中，中国已基本实现正式遵约和实际遵约。② 比如，自20世纪70年代国际环境法产生以来，中国便一直积极遵守相关规定，并在《蒙特利尔议定书》、UNFCCC和《京都议定书》的实施上付出巨大努力，推动国际环境法治向前发展。③ 故有理由相信，在《巴黎协定》时代，中国仍将积极履约，并引导《巴黎协定》遵约机制的完善，以促进全球减排。不过，由于"中国特性"的存在，在作出贡献之时还应结合具体国情。

第一节 《巴黎协定》遵约机制完善下的中国：基本立场

中国是一个环境大国，人口和经济增长速度均居世界前列，目前的温室气体排放总量已超过美国成为全球第一。据测算，中国每年 CO_2 排放量约10,357万吨，超过排名第二的美国之5414万吨。④ 但是，国际能源署的数

---

① 参见朱立群：《中国与国际体系：双向社会化的实践逻辑》，载《外交评论（外交学院学报）》2012年第1期。

② See Ann Kent, *Beyond Compliance: China, International Organizations, and Global Security*, Stanford University Press, 2007, p. 221.

③ 参见王晓丽：《多边环境协定的遵守与实施机制研究》，武汉大学出版社2013年版，第165~174页。

④ 参见《中国每年二氧化碳排放量为10357万吨》，载碳排放交易网，http://www.tanpaifang.com/tanzuji/2019/0717/64703.html；《美国（每年二氧化碳排放量为5414万吨）》，载碳排放交易网，http://www.tanpaifang.com/tanzuji/2019/0717/64702.html。

据显示,2018 年,中国人均 CO_2 排放仅为 6.8 吨,而美国为 15 吨。[1] 故近年来,中国的减排成效开始为其他国家所注意。尤其在全球气候治理的"领导赤字"时期,部分国家开始推选我国为新的领导者。一方面,这固然彰显出我国的治理影响力;但另一方面,需警惕随之而来的减排压力和舆论枷锁。诚然,积极承担国际义务符合中国根本利益和长远利益,但中国仍是发展中国家,本就面临艰巨的发展任务,责任承担应在力所能及的范围之内。[2] 进言之,在《巴黎协定》遵约机制的完善中,中国可发挥建设性作用,但属于引领者而非领导者。

一、身份定位:发展中国家

在 1971 年联合国大会的第 2768 号决议案中,"最不发达国家"的概念被采用。根据联合国发展政策委员会的标准,区分最不发达国家有三项指标:人均收入、人力资产和经济脆弱性。截至 2019 年,经联合国批准的最不发达国家共 47 个。然而,关于发达国家与发展中国家的界定并未指明。

不过,1978 年,世界银行依据人均国民生产总值(Gross National Product,GNP) 对"发展中国家"、"工业化国家"和"中央计划经济体"等进行了区分,明确了"发展中国家"的概念。在 1989 年《世界发展报告》(World Development Report) 中,仍采用低收入经济体、中低收入经济体、中高收入经济体和高收入经济体的划分,直到 2015 年,《世界发展指标》(World Development Indicators) 的年度报告均使用"发展中国家"一词,且频次超过 100 次。在 2016 年报告中,世界银行更将前三类经济体统称为"发展中国家",将高收入经济体称为"发达国家"。[3] 在此之后,它在《世界发展指标》中逐渐抛弃使用"发展中国家"一词,但在《世界发展报告》中,相关概念仍被大量使用,且频繁出现在其他官方文件中。目前,"发达国家"与"发展中国家"的划分已被越来越多国家和国际组织所承认。

根据 2018 年 7 月确立的分类标准,人均 GNP 在 12,055 美元及以下的为"发展中国家",上的为"发达国家"。[4] 在学术界,发达国家与发展中国家

---

[1] See International Energy Agency, *Explore Energy Data by Category, Indicator, Country or Region*, International Energy Agency (Aug. 18, 2022), https://www. iea. org/data-and-statistics/data-browser? country = UK&fuel = CO_2 % 20emissions&indicator = CO_2 PerCap.

[2] 参见庄贵阳、薄凡、张靖:《中国在全球气候治理中的角色定位与战略选择》,载《世界经济与政治》2018 年第 4 期。

[3] See World Bank, *World Development Indicators* 2016, WB, Washington DC, 2016.

[4] 参见张桐:《西方治理话语中的"发展中国家"概念:基于世界银行的考察》,载《公共管理评论》2020 年第 1 期。

的区分指标有三:人均收入、产业发展和人类发展。在人均收入上,发达国家人均 GDP、人均 GNP 很高,城乡收入和地区间收入差距很小,而发展中国家水平较低;在产业发展上,发达国家第一产业占比很低,第二产业占比较低且以先进制造业为主,第三产业占比较高且以生产性服务业为主,而发展中国家有所差距;在人类发展上,发达国家人均实际购买力、受教育年限和预期寿命较高,而发展中国家较低。① 因此,人均 GDP、人均 GNP 经常被用作判断发达国家和发展中国家的基础指标。根据 2018 年全球人均 GDP 排名,位于发达国家尾部的成员——斯洛伐克、希腊、葡萄牙、捷克和斯洛文尼亚的人均 GDP 约 20,347 美元。故发达国家的"门槛线"应为人均 GDP 至少 2 万美元。

然而,国家统计局数据显示,2018 年,中国 GDP 突破 90 万亿元,人均 GDP 为 9509.8753 美元;2019 年,GDP 接近 100 万亿元,人均 GDP 为 10,276 美元②——虽首次实现五位数跨越,但仅为发达国家"门槛线"的一半左右,与 G7 之平均水平(48,150 美元)相比,更是相差甚远。2020 年、2021 年,中国 GDP 分别为 1,015,986 亿元和 1,143,670 亿元,③人均 GDP 为 10,408.7 美元、12,556.3 美元。在世界银行的统计数据中,2017 年中国人均 GNP 为 8670 美元;2018 年为 9540 美元;2019 年为 10,310 美元;2020 年为 10,530 美元;2021 年为 11,890 美元。而美国人均 GNP 分别为 59,250 美元、63,490 美元、65,970 美元、64,140 美元和 70,430 美元,英国为 41,880 美元、42,410 美元、43,460 美元、39,970 美元和 45,380 美元。④ 尽管从横向上来看,中国人均 GDP、人均 GNP 有所增长,但离发达国家的基本线仍有较大差距,在经济上远落后于美、英等国家。从数据上来看,目前中国人均 GDP、人均 GNP 相当于 20 世纪 70 年代的美国水平和 20 世纪 80 年代的英国水平。

可见,中国还未达到发达国家的"及格线",仍为发展中国家。但近年来,西方社会从经济成就、高新技术和援助等角度质疑我国发展中国家身份,认为中国已是经济超级大国,且产品从价值链低端走向了高端。⑤ 本书

① 参见邱毅、郑晶玮:《对我国发展中国家地位的思考与建议》,载《国际贸易》2020 年第 1 期。
② 参见新华社:《新的里程碑! 我国人均 GDP 突破 1 万美元》,载中国政府网,http://www.gov.cn/xinwen/2020-01/17/content_5470242.htm。
③ 参见国家统计局:《中华人民共和国 2021 年国民经济和社会发展统计公报》,载中国政府网,https://www.gov.cn/xinwen/2022-02/28/content_5676015.htm。
④ See World Bank, *GDP* (*Current U. S. $*), WB (Aug. 18, 2022), https://data.worldbank.org/indicator/NY.GDP.MKTP.CD? view = chart。
⑤ 参见金玲、苏晓晖:《西方对中国发展中国家地位的认知》,载《国际问题研究》2010 年第 3 期。

认为,尽管中国的经济增长有目共睹,属于"新兴经济体",但这与发展中国家身份不矛盾,因为,新兴经济体强调发展活力和市场潜力,属于"过程性"概念,而发展中国家的评价以经济和社会发展水平为主,是"结果性"或"状态性"概念。因此,中国的发展中国家身份不容置疑,其最多属于发展中国家的"大国"而非"强国"。进言之,中国在全球气候治理中的使命应与其身份定位相适应。

二、角色定位:价值引领者而非行动领导者

中国在全球气候治理中的角色深化并不意味着已具备领导力,更不表示应成为领导者。

首先,领导者与领导力是两个概念。关于领导力的定义,学者们意见不一。比如,奥兰·杨认为,领导力是为解决或规避集体行动中的问题而做的努力;安德达尔则认为,领导力是在一组不对称关系中,某一带有特定目的的行为体指导他人从事某种行为的影响力。[1] 故而,领导力可理解为影响集体合作的能力。就该层面而言,领导力在一定程度上决定着制度谈判的成败[2]。因此,在"领导赤字"下,领导力确实可发挥协调作用,并能提升国家声誉及其国际地位。这也是美、欧争夺全球气候治理领导权的内在驱动。不过,领导者虽具备领导力,但具备领导力却不必然会成为领导者。因为,领导者在某种程度上是领导力和能力之组合。其中,能力指向减排力度。前期,美、欧之所以成为全球气候治理领导者,并非完全得益于其经济实力,而是在很大程度上受惠于其减排行动力度。故美国在退出《京都议定书》和《巴黎协定》后,便一直无缘该领导地位,而欧盟在减排目标的实现尚不确定之情况下,亦不再被寄予厚望。基于以上分析,中国虽具备"领导力",但属于发展中国家,还不足以成为全球气候治理的"领导者"。

其次,领导者是与结构成本相关的概念。领导者内含领导权和主导权,且经常与"霸权稳定论"相联系。[3] 正如学者所指出的,国际事务中领导权的过度延伸或将走向世界霸权,从而使民主性遭受破坏、歪曲和异化。[4] 本书认为,该论断于一定程度上揭示了领导权的构造,不过,它过于侧重领导

---

① See Tora Skodvin & Steinar Andresen, *Leadership Revisited*, 6 Global Environmental Politics 13 (2006).

② See Oran R. Young, *Creating Regimes: Arctic Accords and International Governance*, Cornell University Press, 1998, p. 21.

③ 参见[美]查尔斯·P. 金德尔伯格:《1929—1939年世界经济大萧条》,宋承先、洪文达译,上海译文出版社1986年版,第368~369页。

④ 参见张文木:《中国需要经营和治理世界的经验》,载《世界经济与政治》2010年第7期。

权和霸权之间的纽带,而忽视了组织、管理等中性技能的发挥。尽管如此,领导者的维持仍需满足三个要素:一是意愿,即同意发挥协调和塑造作用,并承担相应成本;二是实力,即能够承担组织成本;三是行动,即有实际行动策略。① 其中的"组织成本",也可称为"结构成本",是指在其他国家从集体行动中获得更多收益之情况下,既有领导权对比关系将不发生变化,可维持全球气候治理的正常运转。故而,领导权本质上是一种提供国际公益的能力。② 从内容上来看,这种组织成本包括三个方面:其一,基础成本,即吸引、组织和协调追求者所作出的让步和物质利益刺激;其二,分化竞争者联盟的成本,即对竞争者联盟的包容度及对其改革意愿的回应;其三,抵制变革的正当性成本,即领导者基于路径依赖而对竞争者联盟提出的制度变革予以的反抗——该反抗在多数情况下存在正当性危机。③ 这表明,在无政府的世界体系中,全球气候治理的领导者并非总是获益——一方面需提供充足的全球公共产品,另一方面应在组织和协调上付出相应成本,以作为掌握领导权的对价。这不仅与中国的身份相悖,更与其国情不符。不过,中国短期内虽不会成为"领导者",但却可作为"引领者"。

一则,引领者与领导者是截然不同的两个概念。根据上文界定,领导者与责任和能力挂钩,偏向于实际行动的"表率"。因此,领导可分为结构型领导、方向型领导、理念型领导和工具型领导。其中,结构型领导是通过经济和政治影响力来推动谈判并形成相关国际制度;方向型领导是通过行动示范来实现领导功能;理念型领导是通过理念更新来带头促成问题的解决;工具型领导是以外交手段来建立联盟,从而在谈判和制度构建上形成合力。④ 就该层面而言,领导权更多地要求在全球气候治理中采取实际的、与其角色相对应的具体行动。引领者则不同——不以行动为标尺,而是偏向于价值引导。这与理念型领导存在一定交叉,不过,理念型领导也重视行动开展。换言之,引领者应对全球气候治理进行合理的价值判断,并可基于这一判断而采取相关行动,但该行动并非强制性的——未采取行动并不必然导致引领者角色的丧失。引领者侧重于导向性,旨在引导其他主体朝着某一方向运动和发展,是一个纯定性问题。概言之,中国的引领将以价值为导向,以

① 参见陈琪、管传靖:《国际制度设计的领导权分析》,载《世界经济与政治》2015年第8期。
② See H. Z. Margetts et al. , *Leadership without Leaders*?, *Starters and Followers in Online Collective Action*, 63 Political Studies 278 (2005).
③ 参见管传靖、陈琪:《领导权的适应性逻辑与国际经济制度变革》,载《世界经济与政治》2017年第3期。
④ See J. Gupta & M. J. Grubb, *Climate Change and European Leadership*: *A Sustainable Role for Europe*?, Springer, 2000.

纯粹的意愿为驱动,而较少涉及甚至不涉及权力和利益问题,它虽以行动为载体,但不做强制要求。

二则,引领者可在制度和精神层面自愿供给全球公共产品。在制度层面,可通过双边和区域谈判,循序渐进,寻找最基础的共识,通过全球气候治理的"最大公约数"来寻求各方认可的制度模型,并在议程设置和议题塑造上作出相应贡献。在精神层面,可在坚守底线之时,提出相关理念,在坚持合作共赢的基础上,主张摒弃"零和博弈"思维,并规划未来治理蓝图。换言之,中国不仅可提供气候治理经验,还将为全球气候治理的国际合作积极搭建平台,通过传播新的观念,扮演"知识型引导者"角色,以促进国家间共同知识的转变,在理念上形成新的治理体系,并借助于缔约方会议的主导作用,推动《巴黎协定》遵约机制的更加均衡与合理。就该层面而言,"引领者"在某种程度上也可以理解为"深度参与者"。

总的来说,从我国发展中国家的身份来看,中国作为全球气候治理的价值引领者应是当前较准确和现实的定位———一方面,在经济增长上的实力和减排雄心使之难以继续徘徊在"一般参与者"之列;另一方面,与其他发达国家在能力上的差距又注定尚无法成为具体行动的"领导者"。

第二节 《巴黎协定》遵约机制完善下的中国：国际深度参与

在《巴黎协定》遵约机制的完善下,作为价值引领的发展中国家,中国一方面需在全球范围内寻求最广泛的规则认同,通过"制度输出",适时推出"中国方案";另一方面也应积极优化国内法制环境,切实履行 NDC 承诺。其中,前者以国际合作、维护发展中国家集体利益为目的,而后者以推动不同主体参与、协同治理为导向。

具言之,作为发展中国家,中国深度参与《巴黎协定》遵约机制的完善,意味着需构建与自身实力相匹配的气候话语权,进而通过中国话语体系,塑造相应遵约议题,使之更符合全球期待。其中,在气候话语权的构建上,应从理念和道义两方面发力,包括适时推出"气候变化命运共同体"、加强国家层面网格化援助和逐渐引导非国家主体参与;在遵约议题的塑造上,应从制度方面进行考量,以推出遵约机制的"中国方案"为依归。

一、适时推出"气候变化命运共同体"

共商、共建、共享的"三共"原则是中国在"一带一路"倡议下提出的,其基本含义有三：一是各国相互尊重主权，通过协商谈判形成相关国际法规则，以沟通化解分歧、以磋商解决冲突。换言之，国家不分强弱大小，一律平等——体现的是包容共存之国际法思想。二是各国积极主动开展合作来共同构建国际法规则，使之符合当代世界的客观面貌。换言之，不论是发达国家还是发展中国家均应携手并进，打破"中心—外围"或"中心—边缘"的结构固化模式。三是各国在全球治理中互利共赢，共享规则建设成果。[①] 换言之，在达成的方案中应体现所有国家利益需求，使治理福祉惠及全球，具有普惠性。总的来说，"三共"原则主张各国平等参与、贡献和受益，蕴含多元共生的哲学治理观。在实践上，"三共"原则一度推动中美两国气候合作——2014 年《中美气候变化联合声明》和 2015 年《中美元首气候变化联合声明》开篇即道出两国合作的共同利益——通过"双边关系的新支柱""两国伙伴关系的长久遗产"等表述来强调合作之重要性[②]，凸显了发达国家和发展中国家的包容协商、规则构建及惠益分享[③]。

在"三共"原则的基础上，中国继而提出"人类命运共同体"。2012 年，党的十八大提出要倡导人类命运共同体意识；2013 年，习近平主席在俄罗斯演讲时提出了人类命运共同体的理念。[④] 在 2017 年联合国日内瓦总部演讲时，习近平主席强调，人类命运共同体的构建应秉持五项原则：一是坚持对话协商；二是坚持共建共享；三是坚持合作共赢；四是坚持交流互鉴；五是坚持绿色低碳。[⑤] 围绕该原则，中国已于 2015 年第二届世界互联网大会上提出"网络空间命运共同体"、2017 年党的十九大提出"人与自然生命共同体"、2019 年中国人民解放军海军成立 70 周年活动上提出"海洋命运共同体"、2020 年世界卫生大会上提出"人类卫生健康共同体"。[⑥] 应当说，这些理念既承载了中国对人类命运的系统思考，也是对全球化深入发展的现实

---

① 参见龚柏华：《"三共"原则是构建人类命运共同体的国际法基石》，载《东方法学》2018 年第 1 期。

② 参见《中美气候变化联合声明》，载《人民日报》2014 年 11 月 13 日，第 2 版；《中美元首气候变化联合声明》，载《人民日报》2015 年 9 月 26 日，第 3 版。

③ 参见康晓：《逆全球化下的全球治理：中国与全球气候治理转型》，社会科学文献出版社 2020 年版，第 183~199 页。

④ 参见《中华人民共和国简史》编写组编著：《中华人民共和国简史》，人民出版社、当代中国出版社 2021 年版，第 390 页。

⑤ 参见习近平：《共同构建人类命运共同体——在联合国日内瓦总部的演讲》，载《人民日报》2017 年 1 月 20 日，第 2 版。

⑥ 参见习近平：《团结合作战胜疫情　共同构建人类卫生健康共同体》，载《人民日报》2020 年 5 月 19 日，第 2 版。

回应,提倡的是全人类价值,尊重了多边主义下的规则秩序。① 尽管它们更多的是在各自领域发挥作用,但对于全球气候治理而言,仍具有重要意义。事实上,在2021年4月领导人气候峰会上,习近平主席亦强调,构建"人与自然生命共同体"要做到"六项坚持",包括坚持人与自然和谐共生、坚持绿色发展、坚持系统治理、坚持以人为本、坚持多边主义、坚持共同但有区别的责任原则。②

本书认为,从绿色低碳角度和气候变化的系统性来看,可考虑在现有基础上适时推出"气候变化命运共同体"。事实上,在2015年气候变化巴黎大会上,习近平主席就曾提到,应该摒弃"零和博弈"的狭隘思维,创造一个"各尽所能、合作共赢""奉行法治、公平正义""包容互鉴、共同发展"的未来。③ 这一主张与"三共"原则具有内在契合性。"气候变化命运共同体"旨在体现气候治理的主体多元性、方式包容性、过程高效性和结果普惠性,希望通过"三共"原则的引导来增强缔约方的互信基础,以满足不同主体在相关议题上的合理诉求。事实上,这亦有望摆脱当前西方自由主义单一价值观主导的治理困局。具言之,其既让更多发展中国家加入治理目标的商议,也允许它们更多地参与治理规则的建构,更倡导所有缔约方对治理成果的共同使用。在内容上,可参考"人与自然生命共同体",并凸显气候治理的特殊性,包括绿色发展、国际合作、全球共治、多方主义、CBDR-RC原则等,将资金、技术和能力建设作为支撑,寻求全球气候治理的"最大公约数",以增信释疑。应当说,这也是"人类命运共同体"理念在气候变化领域的延伸,既符合新型国际关系走向,也与全球善治的根本追求一致,于《巴黎协定》遵约机制的完善而言,无疑是重要的理念向导和价值指引。

二、加强国家间网格化气候援助

气候援助,是指发达国家根据UNFCCC、《京都议定书》和《巴黎协定》对发展中国家进行资金和技术支持。尽管从身份定位来看,中国仍属于发展中国家,居"受援国"一方——接受发达国家援助;但在治理实践中,它亦扮演着"施援国"角色——对其他发展中国家予以援助。在该纵横交错的网格化结构下,体现的是中国与发达国家的"南北"合作及其与其他发展中国

① 参见丛占修:《人类命运共同体:历史、现实与意蕴》,载《理论与改革》2016年第3期。
② 参见习近平:《共同构建人与自然生命共同体——在"领导人气候峰会"上的讲话》,载中国政府网2023年4月27日,https://www.gov.cn/gongbao/content/2021/content_5605101.htm。
③ 参见习近平:《携手构建合作共赢、公平合理的气候变化治理机制》,载《人民日报》2015年12月1日,第2版。

家的"南南"合作。从发展历程上来看,二者分别始于美国杜鲁门总统提出的"第四点计划"和 1955 年万隆会议。①

(一)以"南北"合作推动资金和技术向"南"蔓延

作为全球气候治理的三大利益相关者,中、美、欧发挥着关键作用。因此,在中国参与的"南北"合作中,应主要指其与美、欧的双边合作。

首先,重启中美气候合作。在特朗普政府时期,美国一度将气候治理议题束之高阁,导致中美气候合作的利益互动模式失灵——双方既缺乏政治互信,也有损往期合作成果。② 但是,自拜登总统上台以来,中美气候合作重现曙光——2021 年 4 月,美国总统气候特使约翰·克里访华时签署《中美应对气候危机联合声明》,指出,两国应携手合作,以应对气候危机。应当说,该声明既是美国修补中美关系的重要体现,也是两国探索互利共赢合作模式的新尝试。由于两国碳排放总量占全球 40%,因此,双方合作关系的确立对于全球气候治理而言,无疑具有重大现实意义。前文已述,拜登政府将气候治理视为国家发展的优先事项,且不论其国内政党的分歧依然存在,单就美国对气候问题的重视程度来说,气候合作或将成为中美关系调整与缓和的契机,这便涉及气候合作的落地。对此,本书认为,中国可从四个方面来思考:一是基于两国气候利益,发挥元首外交、峰会外交的战略导向作用;二是回应美国知识产权战略计划,加强科技人文交流与合作,重视低碳技术的共生共赢;三是重申绿色经济,巩固并深化中美清洁能源合作,避免两国在能源产业上的恶性竞争;四是立足于《巴黎协定》,强调发展中国家能力需求,以共同承诺促进全球行动。③

其次,深化中欧气候合作。应对气候变化一直是中欧合作的重要组成部分。尤其在《巴黎协定》的达成中,中欧部长级会议对于 CBDR-RC 原则的共识形成起到关键性作用。在特朗普政府宣布退出《巴黎协定》后,中、欧亦通过联合发布会议新闻公报,为全球气候治理注入新的政治动力。在2020 年 7 月第四届气候行动部长级对话上,作为共同主席国,中、欧进而指出,各方应在《巴黎协定》的基础上,通过包容性、复原力和可持续的方式开展绿色复苏。然而,2021 年 5 月,中欧投资协定谈判文本被迫搁浅,这意味着双方在某些议题上仍未达成一致。尽管如此,目前二者正就《中欧合作

---

① 参见崔文星:《2030 年可持续发展议程与中国的南南合作》,载《国际展望》2016 年第 1 期。
② 参见冯帅:《特朗普时期美国气候政策转变与中美气候外交出路》,载《东北亚论坛》2018 年第 5 期。
③ 参见于宏源:《〈气候危机联合声明〉为中美重回气候合作高地铺路》,载《能源》2021 年第 5 期。

2025 战略规划》进行磋商,试图将中国"十四五"规划与欧盟"绿色新政"予以对接。因此,有理由相信,中欧合作有望打造更全面的"绿色伙伴关系"。本书认为,在深化双方气候合作上,可从以下三个方面加以考虑:一是以气候行动部长级对话为基础,建立多主体、多层次、多形式的合作框架,以增进双方理解和信任,始终营造同舟共济的合作氛围,为《巴黎协定》实施注入强劲动力。二是合作制定可持续金融国际标准,引导绿色金融潮流,一方面为发展中国家提供更多气候资金,另一方面激励各方强化 NDC 承诺。① 事实上,研究表明,中、欧在清洁发展机制项目、碳交易市场和新能源方面具有较大合作空间。② 三是以"碳中和"为背景,加强中欧低碳技术合作,使之成为双方气候合作的新亮点、新引擎。③

尽管中美合作、中欧合作并非"南北"气候合作的全部内容,但作为最受瞩目的三方治理主体,中、美、欧的政策动态和合作模式必将在一定程度上引领其他国家的"南北"合作。在中美、中欧气候合作分别发展成熟时,可通过构建三方"利益共同体"来持续消除主要行为体的利益分歧,一方面合理引导资金和技术流向;另一方面助力于发达国家援助义务的履行——这对于《巴黎协定》遵约机制的完善来说,具有促进作用。

(二)以"南南"合作提升发展中国家的遵约能力

由于发达国家的援助共识往往难以转化为实际有效的行动,因此,为了回应其他发展中国家的援助呼声,中国可通过"南南"合作,助力于提升同一阵营的整体遵约能力。事实上,作为负责任的发展中国家,中国始终是"南南"合作的倡导者和践行者。2007 年,在"G8 + 5"峰会④上指出,将继续巩固与其他发展中国家的气候合作,并向非洲和小岛屿发展中国家提供帮助,以提升其气候治理能力;2008 年,在《应对气候变化的政策与行动》中强调,将在力所能及的范围内帮助非洲和小岛屿发展中国家提高建设能力;2012年,宣布出资 2 亿元人民币,用于开展三年"南南"气候合作;2014 年,表示将大力推动"南南"气候合作,并提供 600 万美元支持联合国秘书长在"南

① 参见傅聪:《后疫情时代中欧绿色伙伴关系》,载《中国社会科学报》2020 年 11 月 12 日,第 5 版。

② 参见曹慧:《全球气候治理中的中国与欧盟:理念、行动、分歧与合作》,载《欧洲研究》2015 年第 5 期。

③ 参见李丽平、李媛媛、姜欢欢:《绿色合作将成中欧全面战略伙伴关系新亮点新引擎》,载《中国环境报》2020 年 9 月 25 日,第 3 版。

④ G8 是指八大工业化国家,即美国、英国、德国、法国、日本、意大利、加拿大和俄罗斯。其中,俄罗斯于 1997 年最后加入。为了扩大影响力,2007 年 G8 峰会加上中国、印度、巴西、南非和墨西哥五个发展中国家。

南"合作上的努力;2015 年 9 月,在《中美元首气候变化联合声明》中承诺,将出资 200 亿元人民币建立"中国气候变化南南合作基金",以支持其他发展中国家应对气候变化①;2015 年 12 月,明确该基金的资助范围,并开启"十百千"的"南南"合作专项项目——10 个低碳示范区、100 个应对气候变化项目和 1000 个应对气候变化培训名额。相关数据显示,2011 年至今,中国已支出 10 亿元人民币用于"南南"气候合作。截至 2021 年年底,中国与 36 个发展中国家签署了 41 份"南南"气候合作谅解备忘录②,并成功举办了 45 期培训班,为 120 多个发展中国家培训了 2000 余名官员和技术人员③。

在《巴黎协定》时代,为了弥补"南北"合作下的"供需"结构失衡④,中国定将在"南南"合作中扮演更重要角色⑤。但在此过程中,其也面临一些挑战。首先,在世界经济整体不景气的情况下,其他发展中国家受援助期望更迫切,形成了潜在外部压力;其次,援助对象多为最不发达国家和小岛屿发展中国家,后者经济发展水平落后且政治不稳定,给合作带来不可预知的风险。基于此,在未来"南南"气候合作中,可从三个方面来考虑。一是促进"南南"气候合作与绿色"一带一路"的协同,通过与沿线国家的双边、多边机制,构建新的"南南"合作伙伴关系;二是在 2018 年《对外援助管理办法(征求意见稿)》的基础上尽快出台正式文件,防控"南南"气候合作中的项目风险,并有效规范"中国气候变化南南合作基金"的资助领域、范围和方式;三是将资金和技术相结合,发挥气候援助资金的引导作用,鼓励更多社会资本投入,并探索技术援助项目的开发与合作,以形成资金、技术、人力资源三位一体的"南南"援助体系。⑥ 当然,这或涉及"南南"气候合作的管理。关于该管理的性质,有学者认为是"结果导向型",需开展事前调研、事中监督和事后评估。⑦ 但本书认为,由于中国并无气候援助义务,而这一监督性

---

① 参见《中美元首气候变化联合声明》,载《人民日报》2015 年 9 月 26 日,第 3 版。
② 参见《应对气候变化南南合作有实效》,载《人民日报》2022 年 1 月 7 日,第 16 版。
③ 参见李彦:《中国应对气候变化南南合作历程和成效》,载《世界环境》2020 年第 6 期;奚旺、莫菲菲:《"十四五"应对气候变化南南合作形势分析与对策建议》,载《环境保护》2020 年第 16 期。
④ 根据 WB 估算,至 2030 年,发展中国家需要减排资金约每年 4000 亿美元,适应资金约每年 750 亿美元。See World Bank, *World Development Indicators* 2010: *Development and Climate Change*, WB (Sep. 15, 2009), https://datatopics.worldbank.org/world-development-indicators/.
⑤ 参见冯存万:《南南合作框架下的中国气候援助》,载《国际展望》2015 年第 1 期。
⑥ 参见奚旺、莫菲菲:《"十四五"应对气候变化南南合作形势分析与对策建议》,载《环境保护》2020 年第 16 期。
⑦ 参见高翔:《中国应对气候变化南南合作进展与展望》,载《上海交通大学学报(哲学社会科学版)》2016 年第 1 期。

质的管理体系将潜在地放大责任,故不合时宜。但是,建立相应机制确实可保障援助行动的落实,不过,其应是"过程导向型"的,而不宜过于刚性。

应当说,"南南"气候合作是发展中国家自力更生的必然要求①,通过内部拉力,一方面可以巩固发展中国家内部互信,另一方面可以提升其 NDC 承诺的履行能力,为《巴黎协定》遵约机制的完善贡献了集体利益基础。

从本质上来看,中国加入的"南南""南北"合作也可称为"三方合作"。其具有充分调动多方资源、互补效应强等优势,出资形式也可逐渐拓展至联合供资、平行供资和单边供资——根据参与主体和具体领域不同而针对性地进行项目设计,通过"多圈层结构"来保障缔约方遵约。② 进言之,这一三方合作既符合发展中国家集体期待,也关乎《巴黎协定》实施效果的优劣,更牵涉着《巴黎协定》遵约机制的理念转型和制度优化。

三、引导非国家主体参与路径

以国家为缔约方的气候协定,往往因国内立场及其政治经济影响而面临诸多挑战,而城市作为重要的政治、经济和文化聚合体,已成为多层治理中的重要节点。得益于全球化的持续深入,它们逐渐被赋予全球性的活动能力,并催生了城市气候联盟这一跨国网络范式。比如,1990 年成立的国际地方政府环境行动理事会(International Council for Local Environmental Initiatives)③、2005 年成立的 C40、2008 年启动的"市长盟约"倡议(Covenant of Mayors)④等。与此同时,联合国也开始重视城市治理角色的发挥。在 2014 年联合国气候峰会上,时任秘书长潘基文发起成立"全球市长联盟"(Global Covenant of Mayors)。目前,该联盟已发展为全球最大的城市气候网络,140 多个国家的 10,000 多个城市和地方政府作出承诺:至 2030 年将每年减少 23 亿吨 CO_2 当量——相当于中国、美国、法国、墨西哥、俄罗斯和阿根廷每年客运道路排放量之和。⑤ 这些联盟不仅为全球气候治理提供了

---

① 参见赵斌、唐佳:《绿色"一带一路"与气候变化南南合作——以议题联系为视角》,载《教学与研究》2020 年第 11 期。

② 参见左佳鹭、张磊、陈敏鹏:《全球应对气候变化的合作新模式——探析"气候变化三方合作"》,载《气候变化研究进展》2021 年第 1 期。

③ 国际地方政府环境行动理事会主张在地方、国家、区域和全球层面建立联系,并与当地政府合作,以预测和应对复杂的气候挑战,同时将国际政策应用于可持续城市发展战略。

④ "市长盟约"倡议承诺采取实际行动支持欧盟到 2030 年的 40% 之减排目标,并承诺每两年报告一次实施进度。

⑤ See Global Covenant of Mayors, *Who We Are?*, *The Largest Global Alliance for City Climate Leadership*, Global Covenant of Mayors(Aug. 18,2022),https://www. globalcovenantofmayors. org/who-we-are/.

新的互动模式,构建了"思维全球化＋行动地方化"的内在逻辑,而且发挥着推动技术创新和规范扩散的重要作用———一方面通过内部整合和外部联系将具有信息流和技术流优势的城市连接在一起,另一方面通过推进新规范的认同和扩散来确保其顺利实施。① 更为重要的是,它们所具有的"横向延展性"使之在合作时更灵活,可通过"杠杆"性作用来扩大全球气候治理的国际影响力。② 概言之,在全球治理推动下,城市逐渐从国际舞台的"边缘"走向全球交往的"中心",凭借地方政府间的跨国联系而具有跨越多层气候治理之能力,是"松散但有效的实践共同体"。③

除了城市气候联盟这一最重要的非国家主体,跨国企业、民间团体等组成的国际非政府组织(International Non-Governmental Organizations)亦开始兴起,并通过构建伙伴关系网来参与全球气候治理。比如,2007 年成立的"气候正义,就在就要!"(Climate Justice Now)与"气候行动网络"(Climate Action Network)等。前者致力于通过工人阶层、基层组织和民间组织的合作来实现气候正义,而后者将 200 多个非政府组织(Non-Governmental Organizations)联结起来以促进信息交流。除此之外,"气候治理实验网络"(Climate Governance Experiment Network)、"跨国低碳政策网络"(Transnational Low Carbon Policy Network)等也开始涌现。④ 这些非国家主体甚至提出"次国家自主贡献"(sub-nationally determined contribution)、"组织自主贡献"(organizationally determined contribution)等概念,通过"公私"合作、"公共—社会"合作和"社会—私人"合作来推进包容性伙伴关系之形成。⑤ 通常来说,国际非政府组织参与可分为"上游参与"和"下游参与"两种。前者在政策制定和治理磋商等方面发挥重要影响,而后者在政策执行的协调和管理上提出具体方案。⑥

中国在加入城市气候联盟上较为积极。比如,C40 成员就包括北京、上海、深圳、武汉和广州等 13 座城市,长春、贵阳、深圳、成都和石家庄等也加

---

① 参见李昕蕾、任向荣:《全球气候治理中的跨国城市气候网络——以 C40 为例》,载《社会科学》2011 年第 6 期。

② See Michele M. Betsill & Harriet Bulkeley, *Transnational Networks and Global Environmental Governance：The Cities for Climate Protection Program*, 48 International Studies Quarterly 471 (2004).

③ 参见于宏源:《城市在全球气候治理中的作用》,载《国际观察》2017 年第 1 期。

④ See Matthew J. Hoffmann, *Climate Governance at the Crossroads：Experimenting with a Global Response after Kyoto*, Oxford University Press, 2011, p. 50 – 51.

⑤ See Magali A. Delmas & Oran R. Young, *Governance for the Environment：New Perspective*, Cambridge University Press, 2009, p. 9.

⑥ 参见李昕蕾、王彬彬:《国际非政府组织与全球气候治理》,载《国际展望》2018 年第 5 期。

入国际地方政府环境行动理事会。不过,在国际非政府组织中,中国互动较少——仅有香港特别行政区和台湾地区等地加入"气候行动网络"。相对于国际非政府组织而言,城市气候联盟的发展较为成熟,积累了较丰富经验。因此,未来可考虑通过城市气候联盟来引导非国家主体参与路径:一是重视与非国家主体互动协作,引导其提供完整、准确的气候变化信息,为《巴黎协定》遵约机制的完善奠定科学基础;二是结合非国家主体的功能定位,引导其开展气候宣传,并加大项目援助力度,通过"项目外包"将之引入"南南"气候合作——以非官方途径增强发展中国家治理能力,进而充实《巴黎协定》遵约机制与其他机制的内在联系;三是推动国内城市和社会组织的国际化、专业化发展,支持其参加各类国际会议和全球公益活动,通过构建新的气候联盟或伙伴关系,引导它们与国家主体合作,以助力于弥合《巴黎协定》遵约机制下的利益分歧。①

四、提升国际气候话语权

如前所述,《巴黎协定》遵约机制的完善涉及理念转型、制度优化和要素完善,涵盖遵约的实体和程序内容。首先,在实体内容上,需构建"自我"启动、"他方"启动和"组织"启动三种程序启动方式,将"国家能力和各自情况"的对象从"最不发达国家和小岛屿发展中国家"扩展至所有发展中国家,并明确遵约委员会审议范围包括《巴黎协定》下的全部规则,同时将促进性、纠正性(或"弱"执行性)融入遵约措施,通过兼顾一定程度的威慑性和惠益吸引性,使之更好地实现《巴黎协定》温升控制目标。此外,在"棘轮锁定"机制下,规范 NDC 目标的"不可降级性",以确保《巴黎协定》的一致性。② 其次,在程序内容上,需明确遵约委员会审议时间和期限,并建立遵约机制与资金、技术、能力建设、全球盘点和透明度等机制的内在联系,使之兼具实体公正和程序公正。然而,方案虽已提出,但只有将它推向全球,才能发挥实际效用。换言之,这一"中国方案"将如何实现? 本书认为,国际话语权可为之提供指引。

国际话语权并非狭义的"说话的权利",而是一国通过自身话语体系来影响其他国家行动或认知的能力。③ 换言之,国际话语权具有两层含义:一

---

① 参见董史烈:《国际援助中的环境非政府组织:运行机制与经验启示》,载《国外社会科学》2021 年第 1 期。

② 参见魏庆坡:《美国宣布退出对〈巴黎协定〉遵约机制的启示及完善》,载《国际商务(对外经济贸易大学学报)》2020 年第 6 期。

③ 参见吴志成、李冰:《全球治理话语权提升的中国视角》,载《世界经济与政治》2018 年第 9 期。

是国家表达声音和观点的权利(right),包括表决权和投票权;二是国家"说话"的权力(power),主要指话语、理念的影响力和感召力——通常属于"软"权力(soft power)。20世纪中期以来,中国一直积极参与全球治理,以多维推进和整体设计促使国际话语权经历由弱到强的转变,不仅在处理国际事务时阐明了中国立场,讲述了中国故事,而且积极参与了国际规则的"建、改、转"——注重制度性话语权的创建。[1]

不过,中国的国际话语权也面临诸多挑战,主要表现有四:一是发达国家长期拥有强势话语,通过排挤和打击,制约中国话语权提升;二是西方媒体恶意歪曲事实,通过污蔑掩盖真相,损及中国利益及对外形象;三是周边国家的猜疑和不信任依旧存在,对中国倡导的新秩序缺乏信心,降低了话语效果;四是中国学术话语体系缺位,难以有效应对上述挑战。在此背景下,《巴黎协定》遵约机制的完善方案要"走出去",困难重重。

本书认为,通过整体提升中国国际话语权构建,或可确保"中国方案"的输出。就目前来看,可从三个方面进行思考。其一,明确话语定位,提升话语质量,并总结、凝练价值理念,精准塑造我国文明大国和负责任大国的形象,以"人类命运共同体理念"为突破口,将中国话语转化为世界话语。其二,打造政治坚定、业务精湛的新闻舆论工作队伍,在改进传播手段的基础上,完善对外宣传制度,充分利用有限的话语平台,综合提升国际交流与互动效果。其三,发挥"集群效应",加强"南南""南北"合作,开展"特色外交",并寻求联合"发声",通过中国倡议的提出,努力提升国际规则的议程设置能力,体现发展中国家的集体诉求并表达对现有国际秩序改革的迫切愿望。事实上,在国际话语权得以提升之时,中国对全球气候治理的影响力亦将增强,不仅可引领国际合作进程,也能在遵约议题上贡献中国智慧和方案,使《巴黎协定》遵约机制更加符合各方期待。

第三节 《巴黎协定》遵约机制完善下的中国: 国内积极行动

在当前体系下,国家始终是遵约的核心主体,因此,国内层面的积极行动对于《巴黎协定》遵约机制来说,既是一种实践回应和方案验证——关乎缔约方的遵约与否,也是一份责任担当和发展趋势,以缓和"遵约议价"下的

---

[1] 参见孙吉胜:《中国国际话语权的塑造与提升路径——以党的十八大以来的中国外交实践为例》,载《世界经济与政治》2019年第3期。

利益摩擦。① 就中国而言,相关数据显示,截至 2019 年底,碳排放强度较 2005 年下降 48.1%,提前实现了 2020 年碳排放强度下降 40%~50% 的目标。② 为了发挥价值引领作用,中国可以此为起点,在能力范围内采取更积极行动,一方面加强气候治理的能力建设,充分履行 NDC 承诺;另一方面通过国际法的规则内化,完善"国家—发展"型的减排制度供给。

一、持续跟进 NDC 承诺

根据《巴黎协定》的 1.5℃目标,全球需在 2050 年前后实现净零排放。故《1.5℃报告》表示,要实现 2050 年净零排放,就需转变现有排放路径和系统,为此,它通过四种模型展示可能的解决方案。③ 2021 年 5 月,国际能源署发布了《2050 年净零排放:全球能源行业路线图》,强调了 2050 年净零排放目标,并首次提出到 2050 年,如何在确保能源供应和经济强劲增长之时,过渡至净零能源系统。④ 其中的"净零排放"即"碳中和",是指人为 CO_2 排放与特定时期内人为 CO_2 清除在全球范围内达至总量平衡。⑤ 从上述报告来看,将 2050 年作为"碳中和"的时间节点,符合《巴黎协定》目标导向。前文已述,目前,苏里南和不丹已实现"碳中和",芬兰、奥地利、冰岛、瑞典等 100 多个国家或地区预计 2035 年、2040 年、2045 年、2050 年实现"碳中和"。⑥

与此相比,中国的承诺显得更务实。2020 年 9 月,习近平主席在第七十五届联合国大会一般性辩论上提出,中国将提高国家自主贡献力度,采取更加有力的政策和措施,CO_2 排放力争于 2030 年前达到峰值,努力争取 2060 年前实现碳中和。⑦ 2020 年 10 月,在党的第十九届五中全会上,《中共中央

① 参见吴士存、胡楠:《美国航行自由行动体系与遵约议价模式研究——兼论对南海形势的影响》,载《东北亚论坛》2017 年第 4 期。

② 参见季思:《为推进全球气候治理贡献中国力量》,载《当代世界》2021 年第 5 期。

③ See IPCC, *Special Report: Global Warming of* 1.5℃, IPCC (Oct. 8,2018), https://www.ipcc. ch/sr15/.

④ See International Energy Agency, *Net Zero by 2050: A Roadmap for the Global Energy Sector*, International Energy Agency (May 18, 2021), https://iea. blob. core. windows. net/assets/ 20959e2e-7ab8 - 4f2a-b1c6 - 4e63387f03a1/NetZeroby2050 - ARoadmapfortheGlobalEnergySector_ CORR. pdf.

⑤ See IPCC, *Special Report: Global Warming of* 1.5℃, IPCC (Oct. 8,2018), https://www.ipcc. ch/sr15/.

⑥ See Energy and Climate Intelligence Unit, *Net Zero Tracker: Net Zero Emissions Race*, ECIU (Aug. 18,2022), https://eciu. net/netzerotracker.

⑦ 参见中共中央党史和文献研究院编:《十九大以来重要文献选编》(中),中央文献出版社 2021 年版,第 712 页。

关于制定国民经济和社会发展第十四个五年规划和二〇三五年远景目标的建议》提出,应"降低碳排放强度,支持有条件的地方率先达到碳排放峰值,制定二〇三〇年前碳排放达峰行动方案"①。2020 年 12 月,在气候雄心峰会上,习近平主席强调,中国为达成应对气候变化《巴黎协定》作出重要贡献,也是落实《巴黎协定》的积极践行者。至 2030 年,中国单位 GDP 的 CO_2 排放将比 2005 年下降 65% 以上,非化石能源占一次能源消费比重将达 25% 左右。② 2021 年 4 月,在领导人气候峰会上,习近平主席再次重申这一立场。③

综上所述,中国计划 2030 年前实现"碳达峰"、2060 年前实现"碳中和"的"双碳"目标,从时间节点来看,实现"碳中和"目标的时间较为靠后,但从过程来看,从"碳达峰"到"碳中和"的时间远少于发达国家。比如,英国 79 年、瑞典 75 年、芬兰 32 年等。而中国从"碳达峰"到"碳中和"仅有 30 年。换言之,截至 2019 年年底,已有 46 个国家或地区出现"碳达峰",其拥有更多时间来实现"碳中和"。④

尽管如此,正如习近平主席在讲话中提到,中国仍将积极履行这一承诺。⑤ 从 UNFCCC 秘书处的官网来看,中国于 2021 年 10 月 28 日提交了《中国落实国家自主贡献成效和新目标新举措》。在 NDC 中,中国表示:CO_2排放力争于 2030 年前达到峰值,努力争取 2060 年前实现"碳中和";到 2030 年,单位 GDP 的 CO_2 排放将比 2005 年下降 65% 以上,非化石能源占一次能源消费比重将达 25% 左右,森林蓄积量将比 2005 年增加 60 亿立方米,风电、太阳能发电总装机容量将达 12 亿千瓦以上。⑥ 尽管中国明确了这一目标实现的内外挑战———一则,单边主义、保护主义和"逆全球化"抬头,发展中国家的外部发展环境更加复杂,在落实承诺上存在较大不确定性;二则,作为全球最大的发展中国家,中国肩负经济发展、民生改善和环境治理

① 参见《中共中央关于制定国民经济和社会发展第十四个五年规划和二〇三五年远景目标的建议》,载中国政府网,http://www.gov.cn/zhengce/2020-11/03/content_5556991.htm。
② 参见《习近平在气候雄心峰会上发表重要讲话》,载中国政府网,https://www.gov.cn/xinwen/2020-12/13/content_5569136.htm。
③ 参见习近平:《共同构建人与自然生命共同体———在"领导人气候峰会"上的讲话》,载中国政府网,https://www.gov.cn/xinwen/2021-04/22/content_5601526.htm。
④ 参见陈迎、巢清尘等编:《碳达峰、碳中和100问》,人民日报出版社2021年版,第89~90页。
⑤ 参见习近平:《继往开来,开启全球应对气候变化新征程———在气候雄心峰会上的讲话》,载《中华人民共和国国务院公报》2020年第35期。
⑥ 参见《中国落实国家自主贡献成效和新目标新举措》,载 UNFCCC 网 2021 年 10 月 28 日,https://unfccc.int/zh/NDCREG? field_party_region_target_id = All&field_document_ca_target_id = 143&field_vd_status_target_id = 5933&start_date_datepicker = &end_date_datepicker = 。

等艰巨任务,工业化和城镇化持续推进,对承诺履行提出了更高要求。但是,鉴于 2021 年 11 月《格拉斯哥气候协议》(Glasgow Climate Pact)强烈要求在 21 世纪中叶前后实现净零排放,并呼吁各国于 2022 年之前重新评估减排承诺——比预期的提前三年,因此,本书认为,中国宜以国内"双碳"目标为契机,根据《巴黎协定》及后续缔约方的"决议"适时更新 NDC 承诺,并在目标参考点的可量化信息、时间框架、范围和覆盖面、核算人为温室气体排放和清除的假设与方法学、公平和力度等方面为信息通报做好准备,同时尽早开展 NDC 关于 2035 年目标之相关研究,通过完善透明度体系建设,助推双年透明度报告和履约进展。① 不过,由于中国实现"碳中和"的减排强度要高于发达国家,这与其作为发展中国家的身份定位不符,因此,可考虑在新承诺中进一步传达目标实现的难度,一方面避免经济发展空间被压缩,另一方面谨防在减排时被划入"施援国"一方。如此,既承认了缔约方在实现《巴黎协定》目标上的共同责任,也彰显出国家能力差异下的责任区别性。这对于遵约机制的完善来说,无疑是助推剂。

二、实现《巴黎协定》的国内化进程

一般来说,国际法的国内化包括两种:一是国际法的执行;二是国际法的适用。其中,执行也可称为履行、遵守或实施,是指一国通过立法、司法等方式履行其缔结或参加的已生效条约;适用则是指有关机关依据国际法规则来解决当事人之间纠纷。尽管二者通常被视为同一概念②但严格来说,"适用"的范围更广,其所指条约不论缔结或参加与否,均可纳入。就该层面而言,国际法的执行为一项国家义务,而实施则不是。因此,本书认为,《巴黎协定》的"国内化"涉及的应为国际法的执行。在理论上,国际法的"国内化"通常存在两条路径:一是转化;二是并入。其中,"转化"表明,一国缔结或参加的条约须经国内立法机关制定相应法律后方可实施。制定后的法既可能是创设的新法,也可能是修补的旧法。故国家执行的为转化后的国际法,即形式上的国内法。这在英国、意大利和北欧比较常见。③ "并入"则是在宪法、法律上概括性地规定已缔结或参加条约的国内法效力——与"转化"之区别在于是"单独"还是"笼统"地确立该效力。如需单独确立,则为

① 参见樊星、高翔:《国家自主贡献更新进展、特征及其对全球气候治理的影响》,载《气候变化研究进展》2022 年第 2 期。
② 参见李浩培:《条约法概论》,法律出版社 1987 年版,第 313 页。
③ 参见王勇:《条约在中国适用之基本理论问题研究》,华东政法学院 2006 年博士学位论文,第 60~65 页。

"转化",如可笼统确立,则为"并入"。在中国,《立法法》并未将国际法作为国内法的组成部分,因此,国际法在中国的执行属于"转化"还是"并入",学术界存在争议。主流观点认为,应以"并入"为主,以"转化"为例外。①

故《巴黎协定》的国内化在本质上即《巴黎协定》在中国的"转化"或"并入"。作为缔约方,中国一直积极遵守《巴黎协定》的有关规定。但是,为了保证共同体的维系,并考虑到制度形式对于规范主体的行动具有重要促进作用②,因此,构建一套关联机制,实现《巴黎协定》的国内化进程,将主体行动引向均衡结构,以彰显社会稳定预期,或可助力于《巴黎协定》遵约机制的完善。一则,《巴黎协定》在中国的"转化"或"并入"本身即缔约方的遵约实践,彰显了中国对全球气候治理的深度参与,既表现出对《巴黎协定》的大力支持,也能对其他国家行为起到良好示范。二则,《巴黎协定》的国内化进程反映了规则内容之"落地",而遵约机制所要解决的便是如何从文本条约转向缔约方的现实行动,故它亦为《巴黎协定》遵约机制的完善提供了一种新思路——充分尊重各国不同履约方式。

就目前来看,这一关联机制可从直接、间接两方面来考虑。首先,直接关联机制。即在国内法文件中明示适用《巴黎协定》的有关规定,并以《巴黎协定》减排目标的实现作为行动指南。其蕴含"点—点"连接制度,即《巴黎协定》与特定国内法之间建立起"1—1"关系。在该机制下,《巴黎协定》的遵守依赖于国内法实施,并成为国内法的"准"法律渊源。③ 其次,间接关联机制。这并非指向《巴黎协定》的直接执行,而是涉及条约解释或结构扩张。在现行法体系下,中国并未规定条约解释④,但是,作为《巴黎协定》遵约机制的运行枢纽,对相关规则予以解释是其得到善意履行的前提。故通过"国际—国家—人类"的解释维度来建立国际法与国内法之联系,或将有

---

① 参见车丕照:《论条约在我国的适用》,载《法学杂志》2005 年第 3 期;张晓东:《也论国际条约在我国的适用》,载《法学评论》2001 年第 6 期;徐锦堂:《关于国际条约国内适用的几个问题》,载《国际法研究》2014 年第 3 期。

② 参见[美]杰克·奈特:《制度与社会冲突》,周伟林译,上海人民出版社 2009 年版,第 219 页。

③ 在国内,法律渊源是指由国家或社会形成的,能被法官适用并对法官审判有拘束力或影响力的不同效力等级的法律规范之表现形式——通常包括宪法、法律、行政法规、地方性法规、自治条例和单行条例等。参见李龙、刘诚:《论法律渊源——以法学方法和法律方法为视角》,载《法律科学(西北政法学院学报)》2005 年第 2 期;彭中礼:《法律渊源词义考》,载《法学研究》2012 年第 6 期。

④ 参见张乃根:《探析条约解释的若干问题:国际法与国内法的视角》,载《国际法研究》2016 年第 5 期。

所裨益。① 结构扩张体现的是"点—点"之外的散状结构,即在由不同"点"组成的网络中,国内法与《巴黎协定》均为其中之一,此时,二者并非一一对应。换言之,《巴黎协定》仅为某项国内法指向的一部文件,类似于上文中的"并入"逻辑。在此情形下,可构建"面—面""点—面"连接制度,确立"n—n""1—n"基本结构——在形成独特的整体效应时②,巩固《巴黎协定》与国内法的稳定关联。

三、形成"国家—发展"型减排制度供给

2021 年 2 月 1 日,《碳排放权交易管理办法(试行)》(以下简称《管理办法》)施行,旨在推动温室气体减排并规范全国碳交易活动。在《管理办法》中,生态环境部将按有关规定建设全国统一碳交易市场。应当说,《管理办法》有效回应了《巴黎协定》第 6 条的"市场方法",通过市场机制来控制碳排放③,并将 NDC 的国际承诺转化为国内减排行动——这是《巴黎协定》国内化进程的重要抓手。事实上,在全国统一碳交易市场建立前,中国已进行近 8 年的探索——2013 年,在北京、上海、天津、重庆、广东、深圳和湖北等七个省市开展碳交易试点;2014 年,国家发改委发布《碳排放权交易管理暂行办法》(现已废止),明确各省、自治区和直辖市免费分配的排放配额;2017 年,国家发改委印发《全国碳排放权交易市场建设方案(发电行业)》,率先在发电行业启动碳排放交易体系。从这一历程来看,中国虽注意到市场在碳定价上的决定作用,但仍强调国家在其间的协调性。换言之,在"国家—市场"结构下,中国的碳交易市场机制以国家为引导,以发展为目的,形成了"总量控制 + 自愿减排"的碳交易模式。这一设计可归因于中国的发展中国家身份,即在深度参与全球气候治理时,不能以牺牲发展为代价——这是对外政策的基石。④

目前,中国的减排制度零散分布于《环境保护法》(2014 年修订)、《大气污染防治法》(2018 年修正)、《节约能源法》(2018 年修正)、《可再生能源

---

① 参见杜焕芳、李贤森:《人类命运共同体思想引领下的国际法解释:态度、立场与维度》,载《法制与社会发展》2019 年第 2 期。

② 参见时晓虹、耿刚德、李怀:《"路径依赖"理论新解》,载《经济学家》2014 年第 6 期。

③ 这在 2021 年格拉斯哥气候变化大会上达成的第 3/CMA.3 号决定《〈巴黎协定〉第六条第四款之规则、模式和程序》中得到印证。See CMA, *Decision 3/CMA.3: Rules, Modalities and Procedures for the Mechanism Established by Article 6, Paragraph 4, of the Paris Agreement*, UNFCCC (Mar. 8, 2022), https://unfccc.int/documents/460950.

④ 参见康晓:《逆全球化下的全球治理:中国与全球气候治理转型》,社会科学文献出版社 2020 年版,第 121~123 页。

法》(2009 年修正)、《循环经济促进法》(2018 年修正)等立法文件中。此外,还有一些位阶较低的行政法规和政府规章等。数量繁、种类多和法律效力参差不齐,使之难有针对性。不过,2014 年 7 月和 2020 年 4 月,中国曾先后形成《气候变化应对法(草案)》和《能源法(征求意见稿)》,并在减排上被寄予厚望,前者被认为是中国气候治理法制化的关键一环①,而后者被认为有望实现能源领域碳排放的全面规制②。截至目前,二者仍在讨论中。此外,学术界主张启动碳捕获与封存(carbon and capture storage)立法研究工作,通过人工碳汇助力于温室气体减排。③ 这些立法在制定时,一方面将市场化和非市场化机制加以融合,另一方面发挥减排的同向作用,可通过碳交易来助力于中国履约。④

不过,在减排之路上,除了形式上的专门立法,制度构造亦是关键。本书认为,借助于全国碳交易市场机制的"国家—发展"模型,未来制度构造也应体现这一属性。首先,"国家"要素。这主要涉及国内、国际两个层面。在国内层面,中国地区发展差异较大,"自由市场"下的碳交易市场机制难以体现公平和效率,而"总量控制"下的政府规划可通过国家扶持而实现整体化发展;在国际层面,作为"南北"合作下的"受援国",中国应对承接的资金和技术予以统筹安排,一方面通过资金和技术输入来优化所涉行业的扶持力度,另一方面促进微观层面遵约方式的逐步调整——在"南南"合作下,为了对其他发展中国家施以援助,非国家层面的对接既不利于对资金和技术及其法律属性的科学解释,也难以将二者作为国际合作的窗口。⑤ 其次,"发展"要素。在减排中,发展一直是主旋律。尽管绿色发展的提出,在一定程度上缓和了气候治理与经济发展的拉锯战,但二者的潜在张力仍为各国所认知。比如,美国先后退出《京都议定书》和《巴黎协定》,即是考虑到减排对经济发展所造成的负面影响。然而目前,相较于发达国家的"奢侈性碳排放"而言,发展中国家仍处于"生存性碳排放"阶段,亟须通过经济增长来提升自身能力。换言之,发达国家在完成工业化中,已排放大量温室气体,而发展中国家后步入这一阶段,应留有一定排放空间。事实上,这亦是 CBDR-

---

① 参见周琛:《低碳技术的法律规制——以〈气候变化应对法〉〈建议稿〉相关条款为分析背景》,载《法学评论》2016 年第 5 期。
② 参见刘颖:《中国碳减排法律制度的完善研究》,载《环境保护》2019 年第 1 期。
③ 参见冯帅:《碳捕获与封存的国际法规制研究》,法律出版社 2018 年版,第 224～243 页;黄亮:《碳捕获与封存(CCS)技术的法律制度构建探析》,载《政法学刊》2014 年第 4 期;吴益民:《论碳捕获与封存及其国际法律问题》,载《上海大学学报(社会科学版)》2012 年第 5 期。
④ 关于立法路径和具体制度内容,将在下文"双碳"立法部分重点阐述。
⑤ 参见肖峰:《国际气候资金法律制度研究》,重庆大学 2014 年博士学位论文,第 141～143 页。

RC 原则的应有之义。就该层面而言,在《巴黎协定》遵约机制的完善下,"国家—发展"型减排制度既符合"国家能力和各自情况"之界定,也体现了缔约方的遵约能动性和灵活性。

四、科学完善"双碳"法制布局

前文已述,"双碳"行动是中国减排和遵约的重要内容。但现有相关法律囿于各自立法目的,缺乏统筹。不过,就目前来看,加强国家立法的时机已趋成熟。首先,在 2021 年《关于完整准确全面贯彻新发展理念做好碳达峰碳中和工作的意见》的基础上,《关于推进中央企业高质量发展做好碳达峰碳中和工作的指导意见》等政策文件先后发布,规划了产业降碳路线图;其次,2021 年 9 月《天津市碳达峰碳中和促进条例》出台,开启了以(地方性)立法推进"双碳"行动之先河。

(一)立法进路:"30~60"两步走

"碳达峰"和"碳中和"关系密切——"碳达峰"越早、峰值越低,则"碳中和"越为顺畅;反之,则压力和挑战越大。就该层面而言,"碳达峰"为"碳中和"的必经之路。

首先,针对 2030 年前"碳达峰",结合《1.5℃报告》,在能源、土地、城市和基础设施及工业系统方面,修订现有相关立法,明确"双碳"目标。一则,在能源系统,对《节约能源法》《可再生能源法》《电力法》《煤炭法》等加以修订。不过,考虑到我国富煤贫油少气的资源禀赋,该阶段或仍以化石能源为主,故为了实现"碳达峰",将提速发展新能源作为法律修订重心,逐渐加大新能源消费比例,在确保能源安全之时,有序推进能源转型。鉴于"能源法"正在制定,因此,在《能源法(征求意见稿)》中,可基于"优化能源结构、提高能源效率",增补"双碳"目的。二则,在土地系统,明确《土地管理法》之于气候治理的重要性——在"耕地保护"部分,凸显土地固碳功能;同时,在《湿地保护法》中,将"应对气候变化"纳入立法目的,将湿地碳汇能力作为分级管理标准,使其承载"双碳"的功能期待。① 此外,在《森林法》和《草原法》下,将林业碳汇作为核心诉求,以提高生态系统碳汇能力。三则,在城市和基础设施系统,基于《绿色建筑行动方案》②,适时出台"绿色建筑法",将建设节能、高效的资源型城市作为立法追求,通过提升绿色建筑质量,节省

---

① 参见王江、李佳欣:《湿地保护立法的目的构设与制度优化——以碳达峰、碳中和为引领》,载《中国土地科学》2021 年第 9 期。
② 参见 2013 年《国务院办公厅关于转发发展改革委、住房城乡建设部绿色建筑行动方案的通知》(国办发〔2013〕1 号)。

建筑运行消耗;同时,提升《关于全面深入推进绿色交通发展的意见》①的法律位阶,优化城市交通结构,使基础设施建设符合"双碳"要求。此外,在《中国证监会关于支持绿色债券发展的指导意见》及《中国银行业绿色银行评价实施方案(试行)》的基础上②,适时出台相关立法,引导商业银行绿色转型,并推动绿色金融业务高质量发展——本质是通过立法来确立市场化减排的约束性指标。四则,在工业系统,参照《科学技术进步法》,将"支撑碳达峰碳中和目标"引入《清洁生产促进法》和《安全生产法》,以揭示工业与"双碳"之内在联系;同时,凸显《大气污染防治法》和《水污染防治法》中风险预防原则的适用,将防止工业导致的生态环境质量降低作为立法导向,如在《大气污染防治法》第 2 条,在协同治理的基础上,将温室气体控制作为大气污染防治的重要内容,并在第 43 条将工业污染防治对象拓展至温室气体排放。

其次,面向 2060 年前"碳中和",就排放形势严峻、减排压力陡增,适时出台"气候变化应对法"和"碳中和促进法"。考虑到"气候变化应对法"的制定进程已启动,且其出台有助于凝聚"碳中和"共识,因此,以该法为核心,可对主体权利、义务加以明确,将"碳中和"还原至气候治理领域,疏通二者与能源、土地、城市和基础设施及工业系统之间的联系。为了保证行动有效性及针对性,可基于"气候变化应对法",适时出台"碳中和促进法",通过立法统筹与衔接,理顺经济发展与碳减排的基本逻辑。具体来说,"气候变化应对法"以"碳中和"为价值导向,以人与自然生命共同体和协同治理为立法理念,在经济发展与气候治理之间确立可持续发展、科学应对、系统治理、公众参与、平衡协调和国际合作等基本原则,建立碳交易。国土空间规划、资金、技术和能力建设等核心规则;"碳中和促进法"则更具针对性,以生态优先、绿色低碳为根本,通过总量控制、降碳增汇、科技创新、评价考核、离任审计、奖惩结合等主要制度,正确处理集体利益与个体利益、整体利益与局部利益之间关系,并明确政府、市场和社会的各自角色,在充分考虑不同行业之特殊性的基础上,通过严格制度保障,压实主体责任,倒逼难以减排的产业深度转型。

(二)法制布局:公法制度与私法制度交汇

"双碳"立法并非一部孤立文件,而是涉及现有法律调整,且在适当时机

---

① 参见 2017 年《交通运输部关于全面深入推进绿色交通发展的意见》(交政研发〔2017〕186 号)。

② 参见 2017 年《中国证监会关于支持绿色债券发展的指导意见》(中国证券监督管理委员会公告〔2017〕6 号)、2017 年《中国银行业协会关于印发〈中国银行业绿色银行评价实施方案(试行)〉的通知》(银协发〔2017〕171 号)。

通过统筹不同法律关系,形成完整的法律体系。换言之,其既有公法面向,也有私法考量。前者重在调整"国家—社会"和"政府—市场"关系,以"权力—权力""权力—权利"为核心①,包括《大气污染防治法》《森林法》等;后者意在调整"市场—社会"关系,以"权利—权利"为内容②,如《民法典》。不过,将公法、私法截然分开来理解,或有损"双碳"行动开展。换言之,公法中存在私法制度,而私法中亦涵盖公法机制。比如,《大气污染防治法》在政府及生态环境主管部门和企业之间划定活动范围,但第 125 条却表示,排放大气污染物造成损害的,应依法承担侵权责任;《民法典》通过平等主体的权利、义务设定,明晰各自活动边界,但第 1234、1235 条又引入"国家规定的机关"等主体,将公法属性融入其中。

故而,"双碳"立法存在公法与私法交汇:一方面,政府与市场、社会之间不再遵循"单向管制"型逻辑;另一方面,随着利益关系愈加复杂,政府的适当干预更能凝聚合力。③ 因此,以公法"制度"、私法"制度"取代公法、私法的二元化分,或更具现实意义。具言之,在公法制度上,主要包括战略规划制度、评价考核制度、报告核查制度、统计核算和信用管理制度、现场检查制度等。其中,战略规划制度在排放总量控制和碳交易市场配额分配中加以体现;评价考核制度以政府对主体减排效果的奖惩措施为主;报告核查制度通过监管来掌握主体减排进展,继而敦促其调整减排方案及力度;统计核算和信用管理制度赋予专门机构以协调功能,通过专业知识评估主体减排行为,进而区分不同信用等级;现场检查制度允许相关部门实地勘察主体减排状况——常见于工业部门的低碳化改造。此外,现有立法中的节能制度、可再生能源制度、碳汇制度、大气污染和水污染防治制度、国土空间规划制度、低碳标准制度、国际合作制度等亦以公法属性为主。在私法制度上,主要包括审慎注意制度、财产权制度、侵权制度、碳抵押和碳质押制度等。其中,审慎注意制度表明,主体减排时以利益平衡为出发点;财产权制度赋予碳排放权以数据财产属性,涉及配额交易及信息获取④;侵权制度基于"致害"与"损害"逻辑,明确主体责任范围,避免因超标排放或在配额交易中侵害其他主体利益;碳抵押和碳质押制度基于碳排放权财产属性,允许市场主体在申

---

① 参见罗豪才、宋功德:《和谐社会的公法建构》,载《中国法学》2004 年第 6 期。
② 参见汪习根:《公法法治论——公、私法定位的反思》,载《中国法学》2002 年第 5 期。
③ 参见秦天宝:《整体系统观下实现碳达峰碳中和目标的法治保障》,载《法律科学(西北政法大学学报)》2022 年第 2 期。
④ 参见王国飞、金明浩:《控排企业碳排放权:属性新释与保障制度构建》,载《理论月刊》2021 年第 12 期。

请贷款时以碳配额进行抵押或质押。此外,绿色金融市场下的绿色投资制度、碳期货制度、碳远期制度等亦具有私法属性。①

五、构建环境综合行政执法体制

传统环境执法重行政干预,以"一元监管"和"分而治之"为特色——在"命令—控制"型策略下,对环境行为予以规整。不过,近年来,以层级控制为价值的官僚制逐渐下沉②,再加上净零排放的牵涉范围广,因此,基于减排的环境执法应以构建综合行政执法体制、创新执法方式为追求——前者要求对组织机构进行整合,后者呼吁执法权的再分配。

首先,构建环境综合行政执法体制。由于碳减排与环境保护、资源利用、国土空间规划、低碳技术、绿色投融资等议题存在深度交叉,因此,需构建生态环境、自然资源、城乡建设、科技和金融监管等部门组成的综合行政执法体制,并明确各自职权范围,在责任承担、信息共享、行动协调等方面加以统筹。具体来说,在排放规划、碳核算、碳监测等方面,制定精细化的权责清单,形成统一执法体系,以消除部门运行的模糊空间。这就要求建立以生态环境主管部门牵头,其他部门有效参与的协调机制。比如,在碳核算时,以数字化推进信息共享,并采用统一核算方法与报告标准,通过整合各部门数据,避免碳排放量的重复计算。这将涉及执法标准和执法措施等问题——一方面应兼顾各领域各行业差异,另一方面采取合理性、正当性标准,避免"运动式"减碳。故而,为了加强针对性,可在各部门设置独立的环境执法机构,并通过完善执法授权机制,赋予其主体资格,确保环境综合行政执法取得预期效果。与此同时,在能力建设上,优化执法工具和技术支撑。当然,这对执法人员素质提出了更高要求,故在适当扩充执法队伍时,以专业化、技术化为导向,加强业务培训,注重对执法人员环境法治理念的养成及法律思维的塑造,以满足执法现实需求。总的来说,这一综合行政执法以程序和效率为旨趣——在畅通的体制结构下,确保环境执法的规范性及有效性。

其次,引入"政府—市场—社会"协商式执法。执法虽以严格为生命力,但基于减排的环境执法牵涉广泛主体利益,故同时肩负服务、指导和激励等

---

① 关于立法宗旨、立法目的及由六大法律制度(能源制度、固碳制度、碳定价制度、公众参与制度、国际合作制度和责任制度)构建的"制度丛"(regime complex)等方面之分析,参见冯帅:《论"碳中和"立法的体系化建构》,载《政治与法律》2022 年第 2 期。

② 参见杜辉:《环境公共治理与环境法的更新》,中国社会科学出版社 2018 年版,第 63 页。

促进功能——通过行政机关宣传、教化,营造低碳社会氛围。① 进言之,除了程序和效率,它亦存在民主、平等的行政法治观。其中,民主要求以人为本、执政为民,引导公众激发减排动力;平等为民主的本源,意在推动公众在经济和社会全环节、各领域积极参与。故而,环境执法不宜采取威慑式,而应引入"政府—市场—社会"协商式,即在确保政府主导的基础上,充分发挥市场主体作用,并切实保障社会参与——本质为执法的三元主体结构。②在此过程中,政府重在确保行政相对人合法权利的行使,建立互动执法体系,一方面允许企业在减排上事前协商和事后替代履行,另一方面赋予公众以直接参与权。比如,在碳配额发放和清缴上,企业可根据自身情况,提出调整方案,甚至与行政机关签订环境行政合同——在法律框架下,就减排强度、技术开发和使用、碳管理能力等予以协商;在环境行政决定作出后,若企业短期内难以承负罚款等责任,可与行政机关就履行方式和期限进行协商,如通过"补充项目"来替代履行,即支持行政机关核准的其他减排项目用以抵消部分罚款。其间,公众可通过评审、评议,对行政处罚决定形成初步意见——该评议机制已在国内出现③,将其引入,具备可行性。总的来说,这一协商式、合作型执法,以主体互动为特色,将更有利于提高环境执法公信力。④

六、适度发挥气候司法能动性

一般来说,司法具有谦抑性,以防止司法权过度扩张。不过,气候司法在我国尚未成熟⑤,因此,为了加大减排力度并遵守《巴黎协定》,司法可适度发挥能动性,在不僭越立法权和行政权的法定范围及限度的基础上,建构司法协同。

首先,适度发挥气候司法能动性。尽管理论界对于司法能动仍然存有不同看法,但气候变化专门性立法的缺失,使司法机关不能机械地援引现有法律法规,而是在服务于国家根本任务和发展目标的前提下,结合现行方

---

① 参见秦天宝:《整体系统观下实现碳达峰碳中和目标的法治保障》,载《法律科学(西北政法大学学报)》2022年第2期。
② 参见杨解君、方路锦:《面向碳中和的行政法治保障》,载《南京工业大学学报(社会科学版)》2021年第5期。
③ 参见李晓新、王永杰:《行政处罚公议机制的理论基础与制度完善——以合肥市行政处罚群众公议制度为样本》,载《国家行政学院学报》2011年第3期。
④ 参见丁霖:《论生态环境治理体系现代化与环境行政互动式执法》,载《政治与法律》2020年第5期。
⑤ 目前,2020年浙江省德清县人民检察院、德清明禾保温材料有限公司侵权责任纠纷案为目前唯一的一起气候诉讼案件。

针、政策,确保司法有序,进而实现环境公平与正义。① 通常来说,这一能动性主要体现在司法权对行政权的监督上,且主要从两个维度展开:一是行政诉讼维度——将部分抽象行政行为、行政协议和非法定类型的行政行为作为法院监督对象;二是侦查起诉和行政公益诉讼维度——将行政人员滥用职权、贪污受贿等犯罪行为,以及行政机关违法行使职权或不作为纳入检察院监督范围。② 故气候司法能动性的发挥,即是建立面向气候变化的行政诉讼、行政公益诉讼制度,允许公民和检察机关对行政机关作为或不作为导致的碳排放问题提起诉讼。考虑到气候案件具有较强专业性,因此,可赋予气候变化研究机构以公益诉讼主体资格。③ 在此基础上,积极拓展司法领域。以碳交易为例,当前,碳交易以行政指导为主,在供求关系和资源稀缺性等方面未能发挥市场调节作用。故而,在涉及中国核证自愿减排量时,司法机关可通过明确碳交易的碳汇标准来加以回应,为气候治理开辟碳汇源泉。此外,在建筑业、制造业和交通运输业等领域的节能减排上,司法机关亦可通过确认和调整,来弥补它们未被充分核查、认证与量化之缺憾,使其主动参与气候行动。④ 概言之,气候司法可以其独立性能来优化行政治理的"痼疾",进而平衡经济发展与低碳转型的迫切需要。⑤

其次,建构整体观下的司法协同。司法机关作为中立主体,意在定分止争,存在维权护益功能,即对主体权利予以救济。但在净零排放之路上,存在标准趋严等政策风险、科技不确定性等技术风险及资产搁浅等市场风险,因此,为了对公益、私益提供充分救济,需实现气候司法协同。一是统筹推进碳减排与生态环境保护,推动减污降碳协同增效。比如,针对大气污染案件,允许企业以技术改造资金折抵生态损害赔偿金——引导其对生产工艺、技术和设备进行绿色化改造,进而减少碳排放。⑥ 二是加强司法内部协作,及其与立法、执法的协调联动。为了防止司法"碎片化"导致的行动分裂,可在最高人民法院指导下,实行气候变化案件的集中管辖(归口至环境资源审

---

① 参见周珂:《适度能动司法推进双碳达标——基于实然与应然研究》,载《政法论丛》2021 年第 4 期。
② 参见蒋惠岭:《司法能为约束公权力做些什么》,载《人民论坛》2016 年第 31 期。
③ 参见杨解君、方路锦:《面向碳中和的行政法治保障》,载《南京工业大学学报(社会科学版)》2021 年第 5 期。
④ 参见周珂:《适度能动司法推进双碳达标——基于实然与应然研究》,载《政法论丛》2021 年第 4 期。
⑤ 参见邓禾、李旭东:《论实现碳达峰、碳中和的司法保障》,载《中国矿业大学学报(社会科学版)》2022 年第 5 期。
⑥ 参见杨临萍:《论司法助力碳达峰碳中和目标实现的方法和路径》,载《法律适用》2021 年第 9 期。

判庭),并建立信息共享机制,加强跨地区司法协作,促进地方法院在立案、审判和执行等方面对接。同时,在诉前及诉后,通过行政预警、判决执行和司法成果转化,加强立法、执法和司法的有效衔接。三是采取"惩罚性/补偿性司法+预防性司法"模式。事后惩罚和补偿机制难以独立回应由气候变化而引发的社会风险。故一方面,对因其他主体减排而造成的侵权,要求其给予合理补偿或赔偿;另一方面,借助于专业技术,对因减排而产生的风险予以识别,推动气候治理的预防性司法保护。相较于前者为"侵权—救济"的法律推演而言,后者引入了禁止令或中止请求制度。比如,在涉及林业碳汇上,一方面以恢复性司法为主,另一方面需补足绿色发展的司法保障体系,从而提高生态系统碳汇能力。不过,这对司法专业化的要求颇高——需持续提升司法服务能力。[1]

七、营造"政府+非政府"共同治理格局

公众参与是环境法的一项基本制度,所承载的公众参与权也已上升为部分国家宪法性权利。[2] 在我国,《气候变化应对法(草案)》总则部分表示,"鼓励和引导企事业单位、社会团体和个人参与气候变化政策和立法制定、实施和监督"。事实上,公众参与的理论逻辑来源于"民主—政治—经济"原则,即公众有权在反映其利益的公共决策中体现现代表性。[3] 通常来说,公众参与具有三大功能。一是实现民主的必要环节。由于民主意味着多数人参与,因此,民主具有"公众本位"性质,表征的是公众有权获取相关信息。就该层面而言,公众参与彰显了民主价值,可通过主体多元化来追求气候"善治"。二是气候治理工具的重要补充。在"政府—社会"框架下,公众参与一方面有助于政府的理性决策;另一方面可参与社会学习,进而化解社会冲突。换言之,公众参与在官方和非官方之间提供了弹性渠道来表达各自诉求,以消除误解。[4] 三是实现气候公正的有效途径。气候公正的要义是利益和责任之公平分配。通过信息交流与协作,公众参与可发挥传导性,反

---

① 关于以上立法、执法和司法层面的分析,参见冯帅:《"碳中和"的科学逻辑与法治路径》,载《四川师范大学学报(社会科学版)》2022年第5期。

② 参见张辉:《美国环境公众参与理论及其对中国的启示》,载《现代法学》2015年第4期。

③ See Anne Shepherd & Christi Bowler, *Beyond the Requirement: Improving Public Participation in EIA*, 40 Journal of Environmental Planning and Management 725 (1997).

④ See Hinric Vossh, *Environmental Public Participation in the UK*, 4 International Journal of Social Quality 26 (2014).

馈不同地区和行业的减排数据及具体情况,以促进实质公正。①

目前,我国的公众参与多集中于生态环境保护——以"自上而下"的官方渠道和"自下而上"的民间渠道使公众获得信息知情权、决策参与权和诉讼监督权。但是,在气候治理领域,因《气候变化应对法(草案)》尚处于酝酿中,故公众参与还缺乏立法支持。从"感知—认知—行为"的社会心理学来看,公众只有提取和接收相关信息后,才能对气候治理进行识别和理解,进而采取具体行动。② 然而,调查结果显示,仅76.6%的公众认同气候变暖的科学性③,2.7%的公众不支持现有气候政策④。鉴于公众参与关乎立法实施。因此,现阶段,公众参与力度亟待强化。首先,明确公众范围。《气候变化应对法(草案)》认为公众包括"企事业单位、社会团体和个人",而《环境保护法》(2014年修订)将公众界定为"个人、法人和其他组织",二者颇具相似性。然而,为了与"政府"进行区分,公众应包括一切"非政府"主体——通过范围拓展将"公众参与"上升为"全民参与"。其次,重塑公众参与形式。在德国,公众参与存在正式、非正式之分,且国家和地方参与方式各异。⑤ 现阶段,我国宜将不同"公众"参与事项类型化,使之发挥各自特长和优势。比如,新闻媒体可广泛宣传,促进公众对气候变化的认知;个人可植树造林,以增加"造林碳汇"等。⑥ 在此过程中,尤应注意参与主体的自身属性及其沟通协商。最后,构建专门性公众参与机制。鉴于气候治理领域的公众参与机制缺失,故可考虑在现有规则的基础上,借鉴环境法和能源法的立法设计,构建专门机制,赋予公众以知情权、参与权和监督权,同时注重公众参与意识的培育及能力建设。如此,既结合中国国情,响应了社会呼求,将"被动参与"转向"主动参与"⑦,也回应了全球共治导向——调动利益相关者积极加入。

---

① 参见涂正革、邓辉、甘天琦:《公众参与中国环境治理的逻辑:理论、实践和模式》,载《华中师范大学学报(人文社会科学版)》2018年第3期。

② 参见俞国良、王青兰、杨治良:《环境心理学》,人民教育出版社1999年版,第2~3页。

③ 参见洪大用、范叶超:《公众对气候变化认知和行为表现的国际比较》,载《社会学评论》2013年第4期。

④ 参见崔维军、向焱:《公众气候变化认知对政府应对行动支持度的影响——基于中国天气网网民的调查》,载《中国人口科学》2014年第1期。

⑤ 参见周娴、陈德敏:《公众参与气候变化应对的反思与重塑》,载《中国人口·资源与环境》2019年第10期。

⑥ 造林碳汇与经营性碳汇为林业碳汇的两种方式,目的是通过增加森林覆盖率来吸收大气 CO_2 含量。参见李怒云、龚亚珍、章升东:《林业碳汇项目的三重功能分析》,载《世界林业研究》2006年第3期。

⑦ 参见常纪文:《〈中华人民共和国气候变化应对法〉有关公众参与条文的建议稿》,载《法学杂志》2015年第2期。

在公众参与力度得以强化之时,"政府+非政府"的共同治理格局亦将形成。其中的"非政府"即公众。在该框架下,中央政府和地方政府负责国家、地方的减排布局,通过政策和立法引入,指导其他主体减少排放或增加碳汇;而企事业单位、社会团体和个人等非政府主体,一方面发挥灵活性作用,与政府职能形成互补,推进社会管理机制创新,另一方面执行政府决策,采取现实行动。当然,这一格局蕴含政府与非政府之间良性互动,故还需理顺二者在社会管理中的各自角色。

总的来说,《巴黎协定》遵约机制的完善作为全球气候治理的重要环节,被嵌进国际格局之中。其要实现包容、共赢、高效的价值观,就需缔约方持续推动。换言之,国际法治作为全球化时代的秩序建构,具有"良法"和"善治"双重面向。前者表明国际立法以民主为根基,体现了可持续发展、和谐共进等实质价值和公开透明、逻辑严谨等形式价值,后者表明国际法得以普遍认可和遵守。① 相较于"良法"制定时的利益博弈而言,"善治"更易被权力"俘获"。因此,为了实现"善治",国际法将遵约作为一项义务确立下来,并通过遵约机制将其固定。② 作为负责任的发展中国家,中国正扮演这一角色——通过引领全球气候治理,适时推出"中国方案",同时将国内政策、立法和行动相结合,通过良好氛围的营造,为其他缔约方提供有效指引。概言之,在《巴黎协定》遵约机制的完善下,中国一方面注重新型国际关系的构建,倡导全球善治;另一方面以国内减排为引,通过履约行动的强化,回应机制构建和运行上的价值追求。

---

① 参见何志鹏:《国际法治:一个概念的界定》,载《政法论坛》2009年第4期。
② 参见冯帅:《遵约背景下中国"双碳"承诺的实现》,载《中国软科学》2022年第9期。

结　论

　　2015 年 12 月达成且自 2016 年 11 月生效的《巴黎协定》在第 2 条指出，应将全球平均气温升幅控制在工业化前水平以上低于 2℃ 以内，并努力限制在 1.5℃ 以内。而 IPCC 于 2018 年发布的《1.5℃ 报告》显示，要实现这一目标，就需在 2050 年左右实现全球"碳中和"。换言之，只有在 2050 年左右达到净零排放，才能确保《巴黎协定》目标的实现。但是，WMO 近日发布的《全球气候状况报告》表明，2019 年全球温室气体排放约为工业化前水平的 1.5 倍，导致 2020 年全球气温升高 1.2±0.1℃。按此趋势，未来五年全球气温或将突破 1.5℃ 的增幅。长此以往，至 21 世纪末，全球升温幅度或将达到 3.2℃。[①]

　　由于大气温室气体排放主要源于人类活动，因此，如何确保各国有效减排，应是问题解决的根本。进言之，在任一国均无法独善其身的全球风险社会，如何确保《巴黎协定》的切实遵守，成为国际社会必须面对的现实难题。在此背景下，遵约机制将发挥更重要的作用。

　　事实上，为了摆脱遵约困境，2018 年 12 月，《巴黎协定》第一次第三期缔约方会议达成《巴黎遵约程序》，并与《巴黎协定》第 15 条共同组建《巴黎协定》遵约机制——被视为"巴黎模式"的重要外在表现。与"蒙特利尔模式"和"京都模式"相比，"巴黎模式"传承了"条约授权 + 缔约方会议"的基本形式、"促进遵约 + 国际合作"的目标定位、"共同但有区别责任 + 各自能力"的根本原则和"资金援助 + 技术支持"的履约内容。同时，三者均设置遵约委员会[②]及附属机构，建立了以"自我管理"为中心的制度化结构，并最终指向人类的生存与发展。

　　不过，在此过程中，"巴黎模式"（包括《巴黎协定》遵约机制）也完成自身跨越式发展：在遵约动力上，内含从"强制遵约"到"自主遵约"的结构转型；在遵约主体上，展示出从"发达国家"到"发达国家 + 发展中国家"的规则渗透；在遵约判定上，实现从"自上而下"到"自上而下 + 自下而上"的逻

---

① See World Meteorological Organization, *State of the Global Climate* 2020, WMO（Apr. 19,2021），https://public. wmo. int/en/our-mandate/climate/wmo-statement-state-of-global-climate.

② 前文已述，尽管《不遵守情事程序》和《多边协商程序》将之称为"履行委员会"和"多边协商委员会"，但本质即遵约委员会。

辑迁移。

　　然而,就目前来看,《巴黎协定》遵约机制还存在诸多不足,主要包括三个方面:一是规则内容的"空心化"困境;二是履约主体的"多元非协同"困境;三是机制运行的"选择性失语"困境。究其原因,主要有两点:一则,《巴黎协定》遵约机制对国际法价值理性的偏离及其内在的结构性缺陷,对治理功能形成抑制;二则,《巴黎协定》遵约机制对程序公平和实体公平的定位出现偏差,导致其难以发挥实效。

　　对此,本书认为,需从理念、制度和要素上进行系统完善。首先,在理念转型上,从非对称博弈中的竞合关系走向新型国际关系,同时,以"共治"求"善治",变"全球治理"为"全球共治"和"全球善治",构建"风险—信任—民主"的机制完善模型。其中,前者是就国际社会的大背景而言,而后者主要针对《巴黎协定》遵约机制的内在结构。二者在逻辑关系上为"表"和"里"——在促进遵约机制的理念转型上缺一不可。其次,在制度优化上,明确缔约方的权利基础及其边界,细化条约单方退出的实体要求和程序要求,并强化遵约机制的法律效力,同时加强机制运行中的国际合作。其中,前三者是就《巴黎协定》遵约机制本身而言,而后者是保障机制运行的外部条件。这四个维度在逻辑关系上为"内"和"外",凸显了《巴黎协定》遵约机制从形式到实质、从实体到程序上的逐渐完善。最后,在要素完善上,界定国家能力的区分标准,在明确机构职能的基础上,形成缔约方的"自我"启动、一缔约方对另一缔约方的"他方"启动和秘书处的"组织"启动三种程序启动方式,并拓展委员会审议范围,将资金援助和技术支持纳入遵约措施,同时明确遵约机制与资金、技术、能力建设、全球盘点和透明度等机制的内在关联。

　　长期以来,我国被认为是"最不可能遵约"(the least-likely)的国家[1],严重影响了我国对外形象。因此,在《1.5℃报告》的基础上,我国作出2030年前"碳达峰"、2060年前"碳中和"的"双碳"承诺。故能否遵约已不是一道"要不要"实现的选择题,而是一道"如何"实现的应用题。[2] 不过,作为全球气候治理的深度参与者,在《巴黎协定》遵约机制的完善下,我国虽可以发挥更大作用,但需明确,我国仍是发展中国家,责任承担须建立在自愿的基础上,且不能超过必要限度。具言之,一则,在基本立场上,我国仍属于发展中国家,需维护本国及其他发展中国家合法权益,但为了树立负责任大国形

---

[1]　See Ann Kent, *Beyond Compliance*: *China*, *International Organizations*, *and Global Security*, Stanford University Press,2007, p. 221 – 222.

[2]　参见张永生、巢清尘等:《中国碳中和:引领全球气候治理和绿色转型》,载《国际经济评论》2021年第3期。

象,也可积极参与《巴黎协定》遵约机制的优化和完善——并非强制性的,须在我国可接受的程度和范围内。换言之,我国可以是价值引领者,但不能是行动领导者。二则,在主要贡献上,可在国际、国内层面采取相关行动。在国际层面,通过共商、共建、共享的"三共"原则构建"气候变化命运共同体",在以"南南""南北"合作加强国家层面网格化气候援助之时,通过城市气候联盟引导非国家主体参与路径,进而以国际话语权的提升为工具,对外输出《巴黎协定》遵约机制完善的"中国方案"。在国内层面,以"碳中和"目标为参照,持续跟进 NDC 承诺,并构建直接、间接关联机制,实现《巴黎协定》的国内化进程,同时以全国统一碳交易市场为契机,形成"国家—发展"型减排制度供给,并通过科学立法、综合执法、协同司法及强化公众参与力度,营造"政府+非政府"共同治理格局。考虑到全球气候治理正面临领导力空缺和制度失灵困境,因此,我国的遵约之路有望对其他国家起到良好示范作用,为全球"碳中和"注入强劲动力,助力《巴黎协定》行稳致远,推动全球气候治理走向全球气候"法治"。①

---

① 参见冯帅:《遵约背景下中国"双碳"承诺的实现》,载《中国软科学》2022 年第 9 期。

附录 I 《不遵守情事程序》

以下程序是遵循《蒙特利尔议定书》第 8 条拟定的。其适用应不妨碍《维也纳公约》第 11 条规定的解决争端程序的实施。

1. 如一个或多个缔约国对另一个缔约国在履行其议定书规定的义务方面持有保留,则此种关切事项可以用书面形式提交秘书处。提交时应有确凿的资料予以支持。

2. 秘书处收到提交的呈文后应于二周内将该呈文的副本一份送交在履行议定书某一规定方面引起问题的缔约国。任何答复和支持答复的资料应于上述副本送达之日起三个月内提交给秘书处和所涉各缔约国,如任何具体个案的情况需要,此一期限可予以延长。然后秘书处应将提交的呈文、答复和各缔约国提供的资料转交给本文件第 5 段提到的履行委员会,该委员会应在可行范围内尽早审议此事。

3. 秘书处在编写其报告的过程中如了解到任何缔约国可能未遵守议定书规定的义务,秘书处即可请有关缔约国就此一事项提供必要的资料。如三个月内或该事项情况需要的更长期限内有关缔约国无回应,或该事项未能通过行政办法或外交接触得到解决,则秘书处应将此事项列入按议定书 12 条(c)款向缔约国会议提交的报告,并相应通知履行委员会。

4. 如一缔约国认定,虽经最大的善意努力仍不能完全履行其议定书规定的义务,则可以用书面形式向秘书处提交呈文,着重解释其认为造成不能履行的具体情况。秘书处应将此种呈文转交给履行委员会,该委员会则应在可行范围内尽早予以审议。

5. 依此成立履行委员会。该委员会应由缔约国会议按公平地域分配原则选举十个缔约国组成,任期二年。任期届满的缔约国可以连选连任一个任期。履行委员会应选举主席及副主席各一人。每人一次可任职一年。副主席另应兼任委员会报告员。

6. 履行委员会除另有决定外应每年开会二次。秘书处应为该委员会会议作出安排并提供服务。

7. 履行委员会的职能如下:

(a)收取、审议和汇报根据第 1、第 2 和 4 段提交的任何呈文;

(b)收取、审议和汇报秘书处就编写议定书第 12 条(c)款所提报告而

转交的任何资料或意见,以及秘书处就议定书条款遵守情况收到和转交的任何其他资料;

(c)凡认为必要时,通过秘书处请求就审议中的事项提供进一步资料;

(d)在有关缔约国邀请下,为执行本委员会的职能而在该缔约国领土进行收集资料;

(e)特别为拟订建议的目的,在向按照议定书第5条第1款行事的缔约国提供财务和技术合作包括技术转让方面,与多边基金执行委员会经常交换情况。

8.委员会应审议第7段所指的呈文、资料和意见,争取在尊重议定书各项条款的基础上为有关事项求得友好的解决。

9.履行委员会应向缔约国会议提出报告,包括提出其认为适当的建议。报告应在缔约国会议开始之日至少六个星期前发给各缔约国。缔约国收到委员会报告后,可在考虑到事项所涉情况的前提下决定和要求采取步骤求得充分遵守议定书,其中包括协助缔约国遵守议定书的措施和促进实现议定书目标的措施。

10.不是履行委员会成员的缔约国,凡是被按第1段提交的呈文点名或自己提交这类呈文的,应有权参与委员会对该呈文的审议。

11.任何缔约国,不管其是否为履行委员会成员,凡涉及履行委员会审议事项的,均不应参加制订和通过将载入委员会报告的有关该事项的建议。

12.第1、3或4段所指事项牵涉的各缔约国,应通过秘书处向缔约国会议通报,按公约第11条就可能的不遵守情事进行的程序取得了什么结果,这些结果的落实情况如何,以及缔约国会议按第9段通过的决定的执行情况。

13.缔约国会议可以在根据公约第11条进行的程序结束之前发出临时性的要求和/或建议。

14.缔约国会议可要求履行委员会提出建议,以协助缔约国会议审议可能的不遵守情事。

15.履行委员会成员和任何参与讨论的缔约国应保护其所收到保密资料的机密性。

16.报告不应载有收到的任何保密资料,任何人索取报告时都应发给。与委员会提交给缔约国会议的建议有关,而由委员会交换或与委员会交换的一切资料,在任何缔约国索取时,秘书处都应发给;该缔约国应保护收到的保密资料的机密性。

(资料来源:《蒙特利尔议定书》第四次缔约方会议之第Ⅳ/5号决定)

附录Ⅱ 《多边协商程序》

职 权 范 围

设 立

1. 根据《联合国气候变化框架公约》第13条,缔约方会议兹设立一种多边协商程序("程序"),作为一个常设的多边协商委员会("委员会")负责落实的一套程序。

目 标

2. 程序的目标是解决有关履行公约的问题,途径是:
(a)就如何协助缔约方克服履行公约过程中的困难提供咨询意见;
(b)增进对公约的理解;
(c)防止发生争端。

性 质

3. 这一程序将以提供便利、相互合作、非对抗性、透明、及时的方式实施,并且是非裁判性质。所涉缔约方有权全面参与这一程序。

4. 这一程序应区别于并且不影响第14条(争端的解决)的规定。

如何处理问题

5. 可提出与履行公约有关的问题,连同佐证资料;具体分为:
(a)一缔约方,提出与本方履行公约有关的问题;
(b)一些缔约方,提出与它们自己履行公约有关的问题;
(c)一缔约方或一些缔约方,提出与另一个或另一些缔约方履行公约有关的问题;
(d)缔约方会议。

委员会的任务

6. 委员会应在收到根据第5段提出的请求后与所涉缔约方协商审议有关履行公约的问题,并根据问题的性质就缔约方在履行过程中遇到的困难向其提供适当的协助,途径是:

(a)澄清和解决问题；

(b)提供关于如何为与解决这些困难而获取技术和资金的意见和建议；

(c)就汇编和交流信息提供咨询意见。

7.委员会不应重复本公约其他机构开展的活动。

组 成

8.委员会应由[10][15][25]名成员组成。成员应是缔约方提名的科学、社会—经济及环境等有关领域的专家。委员会可利用其认为必要的外部专家。

9.[委员会成员应由缔约方会议根据公平地域分配[a]和轮换原则指定,任期3年[其中一半由附件一缔约方指定、另一半由非附件一缔约方指定][b]。成员可连任一期。公约附属机构主席可作为观察员参加委员会会议。]

审 议 工 作

10.委员会每年至少举行一次会议。凡切实可行,委员会会议应结合缔约方会议或附属机构届会举行。

11.委员会应就其工作的所有方面向缔约方会议的每一届常会提出报告,以便缔约方会议作出其认为必要的任何决定。

结 果

12.委员会的结论和任何建议应转交所涉各缔约方供其考虑。此种结论和建议应与以上第6段规定的任务一致。其中包括:

(a)有关所涉各缔约方与其他缔约方为推进公约目标而进行合作的建议;以及

(b)委员会认为所涉各缔约方为有效履行公约宜采取的措施。

13.所涉各缔约方应有机会就结论和建议提出意见。此外,委员会还应在缔约方会议常会之前及时将结论和建议以及所涉各缔约方的任何书面意见转交缔约方会议。

---

a 77国集团和中国表示,它们坚持"公平地域分配"原则,因为这是联合国的既定做法,它们强烈反对某些缔约方要求把"公平地域分配"一语置于方括号中。

b 一些缔约方表示,"公平地域分配"一语是不可接受的,应在"轮换原则…"之后加:其中一半由附件一缔约方指定,另一半由非附件一缔约方指定。这些缔约方还表示,它们认为"公平地域分配"并不是既定做法,在这种情况下是不适用的。

逐 渐 演 变

14. 委员会职权范围可由缔约方会议参照对公约的任何修正、缔约方会议的任何决定或本程序运作过程中取得的经验加以修改。

（资料来源：UNFCCC 第四次缔约方会议之第 10/CP.4 号决定）

附录Ⅲ 《与〈京都议定书〉之下的
遵约有关的程序和机制》*

为实现《联合国气候变化框架公约》——以下简称"《公约》"——第二条所述最终目标，

忆及《联合国气候变化框架公约》及《公约》的《京都议定书》——以下简称"《议定书》"——的规定，

遵循《公约》第三条，

根据《公约》缔约方会议第四届会议第8/CP.4号决定通过的职权，

现通过以下程序和机制：

一、目　标

这些程序和机制的目标是，便利、促进和执行根据《议定书》作出的承诺。

二、遵约委员会

1.特此设立遵约委员会，以下简称"委员会"。

2.委员会应通过全体会议、主席团和两个事务组——促进事务组和强制执行事务组——开展工作。

3.委员会应由作为《议定书》缔约方会议的《公约》缔约方会议选出的二十名成员组成，其中十名在促进事务组任职，十名在强制执行事务组任职。

4.每个事务组应从其成员中选出一名主席和一名副主席，任期两年。其中一人来自附件一所列缔约方，另一人来自非附件一缔约方。应由这些人组成委员会主席团。每个事务组的主席应由附件一缔约方和非附件一所列缔约方轮流担任，保证任何时候应有一位主席来自附件一所列缔约方，另一位主席来自非附件一缔约方。

5.作为《议定书》缔约方会议的《公约》缔约方会议还应就委员会的每一位委员选出一位候补委员。

---

* 笔者注：《与〈京都议定书〉之下的遵约有关的程序和机制》即文中的《〈京都议定书〉遵约程序和机制》或《京都遵约程序》。

6.委员会委员及候补委员应以个人身份任职。他们应在气候变化领域及相关领域,如科学、技术、社会—经济或法律等领域,具有公认的专业能力。

7.促进事务组和强制执行事务组在工作中应相互配合,相互合作,在具体判断确有必要时,委员会主席团可指定一个事务组的一名或几名成员在无表决权的基础上为另一个事务组的工作贡献力量。

8.委员会作出决定,至少需要四分之三委员这一法定人数出席。

9.委员会应尽一切努力以协商一致方式议定任何决定。如果尽一切努力争取协商一致但仍无结果,作为最后办法,应以出席并参加表决的委员的至少四分之三多数通过决定。此外,强制执行事务组需要获得出席并参加表决的附件一所列缔约方多数成员和出席并参加表决的非附件一所列缔约方多数成员同意才能作出决定。"出席并参加表决的委员"指出席会议并投赞成票或反对票的委员。

10.除非另行决定,委员会应每年至少举行两次会议,应注意最好与《公约》附属机构的会议衔接举行此种会议。

11.委员会应考虑到作为《议定书》缔约方会议的《公约》缔约方会议按照《议定书》第三条第6款并参照《公约》第四条第6款为向市场经济转型的附件一所列缔约方规定的任何灵活性。

三、委员会全体会议

1.全体会议应由促进事务组和强制执行事务组的全体成员组成。两个事务组的主席应担任全体会议的联合主席。

2.全体会议的职能是:

(a)向作为《议定书》缔约方会议的《公约》缔约方会议每届常会报告委员会的活动,包括各事务组通过的决定的清单;

(b)执行作为《议定书》缔约方会议的《公约》缔约方会议给予的下文第十二节(c)项所述一般政策指导;

(c)将有关行政和预算事项的建议提交作为《议定书》缔约方会议的《公约》缔约方会议,以确保委员会的有效运作;

(d)拟订任何可能需要的新的议事规则,包括有关保密、回避(利益冲突)、政府间组织和非政府组织提交信息及翻译的规则,供作为《议定书》缔约方会议的《公约》缔约方会议以协商一致方式通过;以及

(e)履行作为《议定书》缔约方会议的《公约》缔约方会议为使委员会有效运作可能要求的其他职能。

四、促进事务组

1. 促进事务组应由下列成员构成：

(a)5 个联合国区域集团的各出一名,小岛屿发展中国家出一名,同时应考虑到《公约》主席团现行作法所体现的那些利益集团;

(b)附件一所列缔约方两名;及

(c)非附件一缔约方两名。

2. 作为《议定书》缔约方会议的《公约》缔约方会议应选出任期两年的五名成员和任期四年的五名成员。此后,作为《议定书》缔约方会议的《公约》缔约方会议每次应选出任期四年的五名新成员。成员连任不得超过两届。

3. 在选举促进事务组的成员时,作为《议定书》缔约方会议的《公约》缔约方会议应力求均衡地反映以上第二节第 6 段所指各领域的专业能力。

4. 促进事务组应根据《公约》第三条第 1 款中所载共同但有区别的责任和各自能力的原则,负责向缔约方提供执行《议定书》的咨询和便利,并负责促进缔约方遵守其根据《议定书》作出的承诺。它还应顾及与所要处理的问题有关的情况。

5. 在以上第 4 段中规定的总体任务范围内,在下文第五节第 4 段中规定的强制执行事务组的任务范围之外,促进事务组还应负责处理以下履行问题:

(a)关于《议定书》第三条第 14 款的问题,包括审议附件一所列缔约方如何大力设法履行《议定书》第三条第 14 款的信息时发现的履行问题;

(b)关于附件一所列缔约方提供有关利用《议定书》第六、第十二和第十七条补充本国行动的信息,同时考虑到根据《议定书》第三条第 2 款提出的任何报告。

6. 为了促进遵约并为预先警报可能出现不遵约情况作出安排,促进事务组还应负责指导并促进遵守:

(a)根据《议定书》第三条第 1 款作出的有关承诺期开始之前和该承诺期内的承诺;

(b)根据《议定书》第五条第 1 款和第 2 款作出的第一个承诺期开始之前的承诺;以及

(c)根据《议定书》第七条第 1 款和第 4 款作出的第一个承诺期开始之前的承诺。

7. 促进事务组应负责实施以下第十四节所列不遵约后果。

五、强制执行事务组

1. 强制执行事务组应由下列成员构成:

(a)5 个联合国区域集团的各出一名,小岛屿发展中国家出一名,同时应考虑到《公约》主席团现行作法所体现的那些利益集团;

(b)附件一所列缔约方两名;及

(c)非附件一缔约方两名。

2. 作为《议定书》缔约方会议的《公约》缔约方会议应选出任期两年的五名成员和任期四年的五名成员,此后,作为《议定书》缔约方会议的《公约》缔约方会议每次应选出任期四年的五名新成员。成员连任不得超过两届。

3. 在选举强制执行事务组的成员时,作为《议定书》缔约方会议的《公约》缔约方会议应确保该组成员具备法律经验。

4. 强制执行事务组应负责确定附件一所列缔约方是否遵守:

(a)《议定书》第三条第 1 款规定的该缔约方限制或减少排放的量化承诺;

(b)《议定书》第五条第 1 和 2 款和第七条第 1 和 4 款规定的估算法和报告方面的要求;忆及

(c)《议定书》第六、第十二和第十七条所规定的资格要求。

5. 强制执行事务组还应决定是否:

(a)在按照《议定书》第八条设立的专家审评组与所涉缔约方发生分歧的情况下,根据《议定书》第五条第 2 款对清单进行调整;和

(b)在按照《议定书》第八条设立的专家审评组与所涉缔约方就交易有效性或该方未采取纠正行动的问题发生分歧时,对汇编和核算配量的核算数据库进行纠正。

6. 强制执行事务组应对以上第 4 段所述不遵约情况负责实施以下第十五节所列后果。强制执行事务组对不遵守《议定书》第三条第 1 款的情况适用有关后果,其目的时纠正不遵约情况,以保障环境的完整性,规定遵约给予奖励。

六、提　　交

1. 委员会应通过秘书处接收专家审评组根据《议定书》第八条提交的报告所指或下列各方提交的履行问题以及由作为报告主体方提出的任何书面意见:

(a)任何缔约方就与本方有关的事宜提交的履行问题;或

（b）任何缔约方针对另一缔约方而提交的有佐证信息支持的履行问题。

2. 秘书处随即应向提出的履行问题涉及的缔约方——下称"有关缔约方"——提供根据以上第 1 段提交的任何履行问题。

3. 除以上第 1 段所指报告外，委员会还应通过秘书处接收专家审评组的所有其他最后报告。

七、分配问题和初步分析

1. 委员会主席团应按照第四节第 4 至 7 段及第五节第 4 至 6 段所载每个事务组的职责，将履行问题分配给适当的事务组。

2. 有关事务组应对履行问题进行初步分析，除一缔约方就本方提出的问题以外，确保它要处理的问题：

（a）具备充分信息的佐证；

（b）不是微不足道或无确实根据；及

（c）以《议定书》的要求为依据。

3. 对履行问题的初步分析应在有关事务组收到这些问题之日起三周内完成。

4. 对履行问题进行初步分析以后，应通过秘书处以书面形式将决定告知有关缔约方，如果作出的是进一步处理的决定，则还应提供一份说明，列出履行问题、说明该问题依据的信息和将处理该问题的事务组。

5. 在审评附件一所列缔约方是否符合《议定书》第六、第十二和第十七条规定的资格要求时，强制执行事务组如决定不处理与这些条款规定的资格要求有关的任何履行问题，应通过秘书处以书面形式将此决定通知有关缔约方。

6. 秘书处应将任何不进一步处理问题的决定告知其他缔约方并予以公布。

7. 有关缔约方应有机会就与履行问题和与关于进一步处理的决定有关的所有信息提出书面意见。

八、一 般 程 序

1. 在初步分析履行问题之后，本节所列程序应适用于委员会，但这些程序和机制另有规定的情况除外。

2. 有关缔约方应有权在相关事务组审议履行问题期间指派一人或多人作为其代表。该缔约方不得出席事务组审议和通过决定的会议。

3. 每一事务组应根据下列任何有关信息审议：

（a）按照《议定书》第八条提交的专家审评组的报告；

（b）有关缔约方提交的信息；

（c）针对另一缔约方提出履行问题的缔约方提交的信息；

（d）《公约》缔约方会议、作为《议定书》缔约方会议的《公约》缔约方会议及《公约》和《议定书》附属机构的报告；以及

（e）另一个事务组提供的信息。

4. 有关的政府间组织和非政府组织可向有关事务组提交相关的事实信息和技术信息。

5. 每一事务组均可征求专家的咨询意见。

6. 有关事务组审议的任何信息都应提供给有关缔约方。事务组应向有关缔约方说明它审议过哪一部分信息。有关缔约方应有机会就这些信息提出书面意见。在不违反与保密有关的任何规则的前提下，事务组审议过的信息也应予以公布，除非事务组自行确定或应有关缔约方请求确定，在其决定成为最终决定之前暂不公布有关缔约方提供的信息。

7. 决定应包括结论及理由。有关事务组随即应通过秘书处以书面形式将其决定通知有关缔约方，并附上所依据的结论及理由，秘书处应将决定告知其他缔约方并予以公布。

8. 有关缔约方应有机会就相关事务组的任何决定提出书面意见。

9. 如有关缔约方提出请求，按照第六节第 1 段所提交的任何履行问题、按照第七节第 4 段提出的任何通知、按照上文第 3 段提供的任何信息以及相关事务组的任何决定，包括它所依据的结论和理由，均应翻译成联合国的六种正式语文之一。

九、强制执行事务组的工作程序

1. 在收到按照第七节第 4 段发出的通知后十周内，有关缔约方可向强制执行事务组提交书面意见，包括对提交给强制执行事务组的信息的反驳意见。

2. 如有关缔约方在收到按第七节第 4 段发出的通知后十周内提出书面要求，强制执行事务组应举行听证会，有关缔约方应有机会在听证会上发表意见。听证会应在收到要求或收到按照以上第 1 段提交的书面意见后的四周内举行，以时间在后者为准。有关缔约方可在听证会上提出专家证词或意见。这样的听证会应公开举行，除非强制执行事务组自行确定或应有关缔约方请求确定听证会的一部分或全部应非公开举行。

3. 强制执行事务组可在听证会上或在任何时候以书面形式向有关缔约

方提出问题和要求澄清,有关缔约方应在此之后六周内作出答复。

4. 在收到缔约方按照上文第 1 段提交的书面意见后四周内,或在按照上文第 2 段举行听证会之日后四周内、或如果缔约方没有提出书面意见,则在按照第七节第 4 段向它发出通知后十四周内(以时间在后者为准),强制执行事务组应:

(a)作出认定有关缔约方没有遵守第五节第 4 段提及的《议定书》某个或某些条款规定的承诺的初步调查结果;或

(b)否则决定不再处理此问题。

5. 初步调查结果或关于不再处理此问题的决定应提供结论及其理由。

6. 强制执行事务组随即应通过秘书处以书面形式将其初步调查结果或关于不再处理此问题的决定通知有关缔约方。秘书处应将关于不再处理此问题的决定告知其他缔约方并予公布。

7. 有关缔约方在收到关于初步调查结果的通知后十周内,可向强制执行事务组提出进一步的书面意见。如果该缔约方没有在这段期间内提出意见,强制执行事务组应通过一项最后决定,确认其初步调查结果。

8. 如果有关缔约方提交了进一步的书面意见,强制执行事务组应在收到该进一步意见后四周内加以审议并且作出最后决定,指出是否确认整个初步调查结果或具体指明的其中一部分。

9. 最后决定应提供所依据的结论及其理由。

10. 强制执行事务组随即应通过秘书处以书面形式将其最后决定通知有关缔约方,秘书处应将最后决定告知其他缔约方并予公布。

11. 在具体情况需要时,强制执行事务组可延长本节规定的时限。

12. 强制执行事务组可酌情在任何时候将履行问题转给促进事务组审议。

十、强制执行事务组的快速程序

1. 如果履行问题涉及《议定书》第六、第十二和第十七条规定的资格要求,则应适用第七至九节,但下列除外:

(a)第七节第 2 段所指的初步分析应在强制执行事务组收到履行问题之日起两周内完成;

(b)有关缔约方可在收到第七节第 4 段所指通知的四周内提交书面意见;

(c)如经有关缔约方在收到第七节第 4 段所指通知的两周内提出书面要求,强制执行事务组应举行第九节第 2 段所指的听证会。听证会应在收

到要求或收到以上(b)分段所指的书面意见的两周内举行,以时间在后者为准;

(d)强制执行事务组应在按照第七节第4段发出通知后六周内,或在举行第九节第2段所指的听证会后的两周内(以时间较短者为准),通过其初步调查结果或作出关于不再处理此问题的决定;

(e)有关缔约方可在收到第九节第6段所指的通知后四周内提交进一步的书面意见;

(f)强制执行事务组应在收到第九节第7段所指的任何书面意见后两周内作出最后决定;及

(g)第九节所规定的时间只有在强制执行事务组认为不干扰根据以上(d)和(f)分段作出决定时才适用。

2.如果附件一所列某个缔约方被按照第十五节第4段中止在《议定书》第六、第十二和第十七条下的资格,该缔约方可通过专家审评组或直接请求强制执行事务组恢复其资格,强制执行事务组应尽快就此种请求作出决定。如果强制执行事务组从专家审评组收到一份报告,说明不再存在涉及有关缔约方的资格的履行问题,即应恢复该缔约方的资格,除非强制执行事务组认为仍然存在此种履行问题,在这种情况下,应该适用以上第1段所指程序。如果有关缔约方直接提出请求,强制执行事务组应尽快作出决定,在不再存在涉及该缔约方资格的履行问题的情况下应恢复其资格,否则应适用以上第1段所指程序。

3.如果一缔约方根据《议定书》第十七条转让数量的资格按照第十五节第5段(c)被中止,该缔约方可请求强制执行事务组恢复其资格。根据该缔约方按照第十五节第6段提交的遵约行动计划该缔约方提交的进度报告,包括关于其排放趋势的信息,强制执行事务组应恢复其资格,除非它确定该缔约方未在确定处于不遵约状态以后的承诺期(下称"随后承诺期")内证明它将符合遵守限制或减少排放的量化承诺,强制执行事务组应适用上面第1段所指程序,为了本段中程序的目的作出必要的调整。

4.在某个缔约方被按照第十五节第5段(c)分段中止在《议定书》第十七条下转让数量的资格的情况下,如果通过根据《议定书》第八条设立的专家审评组关于随后承诺期最后一年的报告证明在随后承诺期内已经达到限制或减少排放的量化承诺的要求,或由强制执行事务组作出一项决定,即应立即恢复该项资格。

5.如果对是否应调整《议定书》第五条第2款下的清单出现意见分歧,或对是否应改正《议定书》第七条第4款下核算配量的汇编和核算数据库出现意见分歧,强制执行事务组应在获得关于此种分歧意见的书面通知十二周内就此事项作出决定。强制执行事务组在这方面可征求专家的咨询意见。

十一、上　诉

1. 如果一缔约方认为强制执行事务组对其作出的与第三条第 1 款有关的最终决定未经正当程序,可就该决定向作为《公约》缔约方会议的《议定书》缔约方会议提出上诉。

2. 上诉应在该缔约方得知强制执行事务组的决定后 45 天内向秘书处提出。作为《议定书》缔约方会议的《公约》缔约方会议应在该缔约方提出上诉后的第一届会议上审议这一上诉。

3. 作为《议定书》缔约方会议的《公约》缔约方会议可由出席会议并参加表决的缔约方四分之三多数否决强制执行事务组的决定。如遇这种情况,作为《议定书》缔约方会议的《公约》缔约方会议应将上诉事项退回强制执行事务组处理。

4. 在就上诉作出决定以前,仍应维持强制执行事务组的决定。如 45 天内对强制执行事务组的决定未提出上诉,则该决定即为最终决定。

十二、与作为《议定书》缔约方会议的《公约》缔约方会议的关系

作为《议定书》缔约方会议的《公约》缔约方会议应:

(a)根据《议定书》第八条第 5 款和第 6 款审议专家审评组的报告,指出应在以下(c)分段所指一般政策指导中处理的一般性问题;

(b)审议全体会议工作进展报告;

(c)提供一般政策指导,包括就涉及履行情况、可能影响到《议定书》附属机构工作的任何问题提供此种指导;

(d)通过有关行政和预算事项提案的决定;及

(e)根据第十一节审议上诉并作出决定。

十三、履行承诺的宽限期

为了履行在《议定书》第三条第 1 款下作出的承诺,在作为《议定书》缔约方会议的《公约》缔约方会议为根据《议定书》第八条完成承诺期最后一年专家审评工作规定的日期后 100 天内,缔约方可继续根据《议定书》第六、十二和十七条取得来自上一个承诺期的排放减少量单位、经证明的排放减少量、配量单位和清除量单位,其他缔约方可继续根据《议定书》第六、十二和十七条向其转让这些排放减少量单位、经证明的排放减少量、配量单位和

清除量单位,但以任何此种缔约方的资格未被根据第十五节第 4 段予以暂停为限。

十四、促进事务组对不遵约实施的后果

促进事务组在考虑到共同但有区别的责任以及各自能力的前提下,应就下列一个或多个后果作出决定:

(a)就《议定书》的履行事宜向个别缔约方提供咨询意见和促进提供协助;

(b)促进向任何有关缔约方提供资金和技术援助,包括由来自《公约》和《议定书》所确定者以外的来源为发展中国家提供技术转让和能力建设;

(c)促进资金和技术援助,包括技术转让和能力建设,同时考虑到《公约》第四条第 3、4 和 5 款;及

(d)拟订对有关缔约方的建议,同时考虑到《公约》第四条第 7 款。

十五、强制执行事务组对不遵约实施的后果

1. 如果强制执行事务组确定一个缔约方未遵守《议定书》第五条第 1 款或第 2 款或第七条第 1 款或第 2 款,应考虑到该缔约方不遵约的原因、类型、程度和频率,就实施下列后果作出决定:

(a)宣布不遵约情况;和

(b)根据以下第 2 段和第 3 段拟订一项计划。

2. 以上第 1 段所指不遵约缔约方应在强制执行事务组作出上述确定后三个月或强制执行事务组认为适当的其他时限之内向强制执行事务组提交一项计划以供审评和评估,其中应包括:

(a)关于缔约方不遵约的原因的分析;

(b)缔约方为纠正不遵约情况而准备执行的措施;

(c)在不超过十二个月以利评估执行进展的时间范围内执行这种措施的时间表。

3. 以上第 1 段所指不遵约缔约方应定期向强制执行事务组提交计划执行情况的进度报告。

4. 如果强制执行事务组确定附件一所列某个缔约方未能符合《议定书》第六条、第十二条或第十七条之下的某项资格要求,应根据这些条款的有关规定,中止该缔约方的资格。经有关缔约方请求,可按照第十节第 2 段的程序恢复该缔约方的资格。

5. 如果强制执行事务组确定,某一缔约方的排放量超过了配量(按照

《议定书》附件 B 规定的限制或减少排放的量化承诺并根据《议定书》第三条的规定和《议定书》第七条第 4 款所指核算配量的模式计算,同时考虑到该缔约方按照第八节获取的排放减少量单位、经证明的排放减少量、配量单位和清除量单位),强制执行事务组应宣布该缔约方未遵守《议定书》第三条第 1 款下的承诺,并实施下列后果:

(a)从该缔约方第二个承诺期的配量中扣减等于其超量排放吨数 1.3 倍的吨数;

(b)按照以下第 6 段和第 7 段拟订一份遵约行动计划;及

(c)中止按《议定书》第十七条作出转让的资格直至按照第十节第 3 段或第 4 段予以恢复。

6. 以上第 5 段所指不遵约缔约方应在被确定不遵约后三个月内或具体案件的情况需要时在强制执行事务组认为适当的其他时限内向强制执行事务组提交一份遵约行动计划,供审评和评估,其中包括:

(a)关于缔约方不遵约的原因的分析;

(b)在优先考虑国内政策和措施的条件下,缔约方为在下一承诺期内遵守限制或减少排放的量化承诺而准备采取的行动;及

(c)在不超过三年的时限内或下一个承诺期结束前的时限内(以时间在前者为准)执行此类行动的时间表以利评估执行情况的年进度。经缔约方请求,强制执行事务组在具体案件的情况需要时可延长执行此种行动的时限,但不得超过以上所述最长为三年的时限。

7. 上文第 5 段所指不遵约缔约方应每年向强制执行事务组提交一份关于遵约行动计划执行情况的进度报告。

8. 对于以后的各个承诺期,以上第 5 段(a)分段所定的扣减率应以修正案作出规定。

十六、与《议定书》第十六条和第十九条的关系

与遵约有关的程序和机制的运作不应妨碍《议定书》第十六条和第十九条。

十七、秘 书 处

《议定书》第十四条述及的秘书处应作为委员会秘书处。

(资料来源:《京都议定书》第一次缔约方会议之第 27/CMP.1 号决定)

附录Ⅳ　《〈巴黎协定〉第十五条第二款所述委员会有效运作的模式和程序》*

一、宗旨、原则、性质、职能和范围

1. 根据《巴黎协定》第十五条设立的促进履行和遵守《巴黎协定》规定的机制由一个委员会组成(下称"委员会")。

2. 委员会应以专家为主,并且是促进性的,行使职能时应采取透明、非对抗的、非惩罚性的方式。委员会应特别关心缔约方各自的国家能力和情况。**

3. 委员会的工作应遵循《巴黎协定》的规定,包括其第二条。

4. 在开展工作时,委员会应努力避免重复劳动,不得作为执法和争端解决机制,也不得实施处罚或制裁,并应尊重国家主权。

二、体　制　安　排

5. 委员会应由作为《巴黎协定》缔约方会议的《公约》缔约方会议(《协定》/《公约》缔约方会议)根据公平地域代表性原则选出的在相关科学、技术、社会经济或法律领域具备公认才能的 12 名成员组成,联合国五个区域集团各派两名成员,小岛屿发展中国家和最不发达国家各派一名成员,并兼顾性别平衡的目标。

6.《协定》/《公约》缔约方会议应选举委员会成员,并为每名成员选举一名候补成员,同时考虑到委员会的专家性质,并努力反映上文第 5 段所述的专门知识的多样性。

7. 委员会当选成员和候补成员任期三年,最多可连任两届。

8. 在《协定》/《公约》缔约方会议第二届会议(2019 年 12 月)上,应选举委员会的六名成员和六名候补成员,初始任期两年;另选六名成员和六名候补成员,任期三年。此后,《协定》/《公约》缔约方会议应在其有关常会上选举六名成员和六名候补成员,任期三年。成员和候补成员的任期应到继

任者选出后为止。

9. 如果委员会的一名成员辞职或因其他原因无法完成指定的任期或履行委员会的职能,该缔约方应提名一名来自同一缔约方的专家在剩余的未满任期内接替该成员。

10. 委员会成员和候补成员应以个人专家身份任职。

11. 委员会应从其成员中选出两名联合主席,任期三年,并兼顾确保公平地域代表性的需要。联合主席应履行下文第 17 段和第 18 段所述委员会议事规则中规定的职能。

12. 除非另有决定,自 2020 年始,委员会每年至少应举行两次会议。在安排会议时,委员会应酌情考虑到与为《巴黎协定》服务的附属机构的届会同时举行会议的可取性。

13. 在拟订和通过委员会的决定时,只能有委员会成员和候补成员及秘书处官员在场。

14. 委员会、任何缔约方或参与委员会审议过程的其他方面应保护所收到机密信息的机密性。

15. 通过委员会决定所需的法定人数为 10 名成员出席。

16. 委员会应尽一切努力以协商一致方式议定任何决定。如果尽一切努力争取协商一致但仍无结果,作为最后办法,可由出席并参加表决的委员中的至少四分之三通过决定。

17. 委员会应制订议事规则,顾及透明、促进性、非对抗和非惩罚性原则,特别关心缔约方各自的国家能力和情况,以期建议《协定》/《公约》缔约方会议第三届会议(2020 年 11 月)审议和通过。

18. 上文第 17 段所述的议事规则将处理委员会适当和有效运作所需的所有事项,包括委员会联合主席的作用、利益冲突、与委员会工作有关的任何补充时限、委员会工作的程序阶段和时限以及委员会决定的论证过程。

三、启动和进程

19. 委员会在履行下文第 20 和 22 段所述职能时,在遵守这些模式和程序的前提下,应适用将根据上文第 17 和 18 段制定的相关议事规则,并应遵循以下原则:

(a)委员会工作中的任何内容都不能改变《巴黎协定》规定的法律性质;

(b)在审议如何促进履行和遵守时,委员会应努力在进程的所有阶段与有关缔约方进行建设性接触和磋商,包括请它们提交书面材料并为它们提供发表意见的机会;

（c）委员会应根据《巴黎协定》的规定，在这一进程的所有阶段特别注意缔约方各自的国家能力和情况，同时认识到最不发达国家和小岛屿发展中国家的特殊情况，包括确定如何与有关缔约方协商、可向有关缔约方提供哪些援助来支持其与委员会的接触，以及在各种情况下采取哪些适当措施来促进履行和遵守；

（d）委员会应考虑到其他机构开展的工作和其他安排下的工作，以及通过服务于《巴黎协定》的论坛或《巴黎协定》下设论坛正在开展的工作，以避免重复开展授权的工作；

（e）委员会应考虑到与应对措施的影响有关的因素。

20. 委员会应根据缔约方提交的关于其履行和/或遵守《巴黎协定》任何规定的书面材料，酌情审议与该缔约方履行或遵守《巴黎协定》规定有关的问题。

21. 委员会将在上文第17和18段所述议事规则规定的时限内对该提交材料进行初步审查，以确认该材料是否包含充分的信息，包括所涉事项是否与该缔约方自身履行或遵守《巴黎协定》某项规定有关。

22. 委员会：

（a）在下列情况下将启动对有关问题的审议：

（一）据《巴黎协定》第四条第十二款所述公共登记册中的最新通报状态，缔约方未通报或未持续通报《巴黎协定》第四条规定的国家自主贡献；

（二）缔约方未提交《巴黎协定》第十三条第七款和第九款或第九条第七款规定的强制性报告或信息通报；

（三）据秘书处提供的信息，缔约方未参与有关进展情况的促进性多边审议；

（四）缔约方未提交《巴黎协定》第九条第五款规定的强制性信息通报；

（b）如果一个缔约方按照《巴黎协定》第十三条第七款和第九款提交的信息与《巴黎协定》第十三条第十三款所述模式、程序和指南之间持续存在重大矛盾，经有关缔约方同意，可对相关问题进行促进性审议。审议将依据按照《协定》第十三条第十一款和第十二款编写的技术专家审评最后报告中提出的建议，以及缔约方在审评过程中提供的书面意见。在审议此类事项时，委员会将考虑到《协定》第十三条第十四款和第十五款，以及《巴黎协定》第十三条为由于能力问题而有需要的发展中国家缔约方规定的灵活性。

23. 上文第22（a）段所述的有关问题审议将不会讨论第22（a）段（一）至（四）所述的贡献、通报、信息和报告的内容。

24. 如果委员会决定启动上文第22段所述审议，它应通知有关缔约方，并请其就此事提供必要的信息。

25. 关于委员会对根据上文第 20 或 22 段的规定以及上文第 17 和 18 段所述议事规则提出的事项的审议：

(a)有关缔约方可参加委员会的讨论，但不能参加委员会关于拟订和通过一项决定的讨论；

(b)如果有关缔约方提出书面要求，委员会应在审议该缔约方相关事项的会议期间进行协商；

(c)在审议过程中，委员会可获得下文第 35 段所述的补充资料，或与有关缔约方协商，酌情邀请《巴黎协定》下设或服务于《巴黎协定》的相关机构和安排的代表参加其相关会议；

(d)委员会应向有关缔约方发送其结果草案、措施草案和任何建议草案的副本，并在最终确定这些结果、措施和建议时考虑该缔约方提出的任何意见。

26. 委员会将根据发展中国家缔约方的能力，在第十五条规定的程序时限方面给予它们灵活性。

27. 在资金允许的情况下，应根据相关发展中国家缔约方的请求向它们提供援助，使它们能够参加委员会的相关会议。

四、措施和产出

28. 在确定适当措施、结果或建议时，委员会应参考《巴黎协定》相关规定的法律性质，应考虑到有关缔约方提交的意见，并应特别注意有关缔约方的国家能力和情况。如若相关，也应承认小岛屿发展中国家和最不发达国家的特殊情况以及不可抗力情况。

29. 有关缔约方可向委员会提供信息说明特定能力限制、需求或所获支持的充分性，供委员会在确定适当措施、结果或建议时审议。

30. 为了促进履行和遵守，委员会应采取适当措施。可包含以下措施：

(a)与有关缔约方进行对话，旨在确定挑战、提出建议和分享信息，包括与获得资金、技术和能力建设支持有关的挑战、建议和信息；

(b)协助有关缔约方与《巴黎协定》下设或服务于《巴黎协定》的适当资金、技术和能力建设机构或安排进行接触，以便查明潜在的挑战和解决办法；

(c)就上文第 30(b)段所述的挑战和解决办法向有关缔约方提出建议，经有关缔约方同意后酌情向有关机构或安排通报这些建议；

(d)建议制订一项行动计划，并应请求协助有关缔约方制订该计划；

(e)发布与上文第 22(a)段所述的履行和遵守事项有关的事实性结论。

31. 鼓励有关缔约方向委员会提供资料，说明在实施上文第 34 段(d)项所述行动计划方面取得的进展。

五、审议系统性问题

32. 委员会可确定一些缔约方在履行和遵守《巴黎协定》规定方面面临的系统性问题,提请《协定》/《公约》缔约方会议注意这些问题,并酌情提出建议供其审议。

33.《协定》/《公约》缔约方会议可随时要求委员会审查系统性问题。在审议该问题后,委员会应向《协定》/《公约》缔约方会议报告,并酌情提出建议。

34. 在处理系统性问题时,委员会不得处理与个别缔约方履行和遵守《巴黎协定》规定有关的事项。

六、信　　息

35. 在工作过程中,委员会可寻求专家咨询意见,并寻求和接收《巴黎协定》下设或服务于《巴黎协定》的进程、机构、安排和论坛提供的信息。

七、与作为《巴黎协定》缔约方会议的《公约》缔约方会议之间的关系

36. 按照《巴黎协定》第十五条,委员会应每年向《协定》/《公约》缔约方会议报告。

八、秘　书　处

37.《巴黎协定》第十七条提到的秘书处担任委员会的秘书处。

(资料来源:《巴黎协定》第一次第三期缔约方会议之第 20/CMA.1 号决定)

后 记

本书是笔者国家社科基金后期资助一般项目"《巴黎协定》遵约机制研究"（批准号：21FFXB050）之最终成果。

该选题始于 2017 年美国宣布退出《巴黎协定》之际。当时，关于《巴黎协定》缘何未能阻止美国的这一行动，引起了笔者好奇。于是，2018 年，在与博士后合作导师王明远教授商量之后，笔者以"《巴黎协定》遵约机制研究——以传承、发展与未来完善为重心"为选题申报了中国法学会部级法学研究课题并获得立项。但该课题仅侧重于《巴黎协定》遵约机制发展脉络的梳理，并于 2019 年结项，未及深入《巴黎协定》遵约机制的内在结构和理论分析，因此，带着对这一问题的继续追问，在与西北政法大学刘萍教授讨论之后，笔者决定深入挖掘和探索，并在 2021 年形成一部较为体系性的书稿。其时，恰逢 2021 年国家社科基金后期资助项目申报工作启动，故此，带着对《巴黎协定》遵约机制浓厚的研究兴趣，笔者申报了该项目并很幸运地获得资助。之后，在一年半的时间里，笔者参照专家意见对书稿进行了仔细修改和完善，并于 2023 年顺利结项。

在撰写和修改过程中，由于美国的气候政策具有摇摆性，而欧盟成员国的内部分歧也日益严重，这对《巴黎协定》遵约机制的发展造成了一定影响，因此，部分观点需反复推敲和斟酌，以总结归纳出《巴黎协定》遵约机制前行的客观规律。这一过程所花的时间和精力较多，但不排除尚有部分观点还可进一步探讨，这也是笔者后续重点关注和研究的方向。

本书的部分观点曾以论文形式公开发表于《环球法律评论》《政治与法律》《中国软科学》《太平洋学报》《四川师范大学学报（社会科学版）》等期刊（部分论文被人大复印报刊资料全文转载和索引）。在此特别感谢各位编辑老师和评审专家对稿件修改提出的宝贵意见。

本书写作期间，笔者在清华大学法学院王明远教授的指导下从事博士后研究，获得了很好的学术指导和研究条件。重庆大学法学院曾文革教授和西北政法大学刘萍教授对本书的修改提出了宝贵建议。法律出版社徐菲编辑在本书出版环节给予了诸多支持和帮助。衷心感谢诸位师长的提携，学生定当继续勤勉向上。

2023 年 4 月 6 日

于四川大学江安图书馆